核能材料标准化发展报告

韩恩厚　魏　凤　邓阿妹　等　编著

本书研究获中国科学院"中国核电材料标准化体系研究"项目支持

科学出版社

北　京

内 容 简 介

核电在世界能源结构中占有重要地位，核电材料标准化对于防止核泄漏、确保核电站安全运行、保障电力供应具有重要意义。本书基于全球信息调研，全面阐述了国际原子能机构、国际自动化协会、国际标准化组织、国际电工委员会等国际组织以及美国、欧盟、法国、英国、德国、中国等主要国家和地区的核电材料标准化发展情况。在此基础上，对比分析了主要国家和地区核电材料发展的侧重点，提出了我国核电材料领域发展的建议。

本书的研究内容可供核电材料性能测试和评估人员、高等院校相关专业师生及企业和科研院所的标准化工作者与科技管理者参考使用。

图书在版编目(CIP)数据

核能材料标准化发展报告/韩恩厚等编著. —北京：科学出版社，2022.3
ISBN 978-7-03-071379-7

Ⅰ. ①核… Ⅱ. ①韩… Ⅲ. ①核工程–工程材料–标准化–研究报告–中国
Ⅳ. ①TL34-65

中国版本图书馆 CIP 数据核字（2022）第 018658 号

责任编辑：林　剑　　策划编辑：王　倩/责任校对：崔向琳
责任印制：吴兆东/封面设计：无极书装

科 学 出 版 社 出版
北京东黄城根北街 16 号
邮政编码：100717
http://www.sciencep.com

北京九州迅驰传媒文化有限公司 印刷
科学出版社发行　各地新华书店经销

*

2022 年 3 月第 一 版　　开本：787×1092　1/16
2022 年 3 月第一次印刷　　印张：16 1/4
字数：360 000
定价：198.00 元
（如有印装质量问题，我社负责调换）

本书编写委员会

组长：韩恩厚　魏　凤

成员：邓阿妹　周　洪　郑启斌
　　　高国庆　丰米宁　孙玉琦
　　　周超峰　钟永恒　王　辉
　　　刘　佳　勇美菁　江玲玲

目 录

1 全球核电材料发展态势分析 1
　1.1 核电材料的概念、地位与作用 1
　1.2 主要国家和组织核电材料相关政策与规划 6
　1.3 核电材料技术的研发现状 14
　1.4 核电与核电技术发展趋势 43
　1.5 本章小结 46
2 国际组织核电材料标准化发展 47
　2.1 国际原子能机构 47
　2.2 国际自动化协会 71
　2.3 国际标准化组织 73
　2.4 国际电工委员会 78
3 美国核电材料标准化发展 92
　3.1 美国国家层面对核电的认识、定位与发展规划 92
　3.2 主要机构核电材料标准化发展 94
4 欧盟核电材料标准化发展 144
　4.1 欧盟层面对核电的认识、定位 144
　4.2 欧盟层面核电标准发展现状 145
　4.3 法国核电材料标准化发展 154
　4.4 英国核电材料标准化发展 181
　4.5 德国核电材料标准化发展 185
5 我国核电材料标准化发展 206
　5.1 我国核电材料标准总体情况 206
　5.2 我国主要的核电材料标准化机构 207
　5.3 本章小结 236
6 总结与展望 237
　6.1 主要国家（地区）核电材料发展的优劣势对比分析 237
　6.2 对我国核电材料领域发展的建议 238
附录 239

1　全球核电材料发展态势分析

1.1　核电材料的概念、地位与作用

1.1.1　背景和意义

核能发电在世界能源结构中占据着重要地位。作为核能发电的核心装置，核电站反应堆随着核电技术不断提升而改进。从20世纪50年代首座商业核电站（美国希平港压水堆核电站）建成以来，核反应堆经历了第一代原型堆发展和压水反应堆（pressurized water reactor，PWR）、沸水反应堆（boiling water reactor，BWR）、水-水高能反应堆（water-water energetic reactor，VVER）及重水反应堆（heavy water reactor，HWR）等第二代核反应堆发展时期，如今发展到第三代反应堆，且各国正在大力研发第四代反应堆堆型[1]。第三代反应堆是吸取了多起核事故的教训而在第二代反应堆的基础上发展起来的。满足美国"先进轻水堆用户要求"（URD）或欧洲"欧洲用户对轻水堆核电站的要求"（EUR）的核电机组均可被称为第三代核电机组。总的来说，从第一代原型堆验证核电商业开发开始，到第四代强化防止核扩散的反应堆研发，全球发展核电的国家（地区）都尽可能保证核电安全，乃至将核电的安全性放在首位。

尽管从工业安全角度来看，核工业拥有最好的安全记录，但核电站的事故比其他类型的工业装置事故具有更大的潜在危害，最严重的就是核泄漏，因为裂变过程产生的大量放射性物质会对生物造成严重损害[2]。例如，1986年4月，切尔诺贝利核电站发生泄漏事故，这场事故造成了惨重的后果，爆炸时泄漏的核燃料浓度高达60%，且事故发生后没有及时处置，这场核泄漏事故对当地的影响将超过百年。2012年3月，日本福岛第一核电站发生泄漏，这场泄漏事故中较为幸运的是，反应堆金属外壳完好，防止了放射性物质的大量扩散。

防止核泄漏除了需要技术的完备性外，还要通过外部阻隔来控制事故的影响程度。此外，核反应堆中环境恶劣——辐照、潮湿、高温及高压等条件都对"外部阻隔"结构提出了更高的性能要求。保证核电发展的安全，重中之重是对核反应堆的保护，并需要严格做好核燃料的防护措施。因此研发性能符合要求同时兼具功能性的核电防护材料是首要工作。

---

[1]　闫淑敏. 第一代到第四代反应堆. 国外核新闻，2004，(4)：31-33.
[2]　OECD. Nuclear Energy Today. OECD Policy Brief，2008.

1.1.2 核电材料的概念、范畴与分类

"核电材料"广义上是指核电站建设中使用的所有材料,本报告中的核电材料特指满足民用核设施中有核级要求,且符合有关核安全法规、导则和技术标准的有色金属、陶瓷等建筑材料。按照核电站内相关设备部件服役工况和使用功能的不同,依据安全等级可将核电设备划分为四级:核一级、核二级、核三级和非核级[①]。核一级指任何系统、结构或部件的失效均会导致严重后果;核二级指失效会造成中等严重后果;核三级则指失效会造成较低严重后果。所谓有核级要求的设备,即指核一级、核二级和核三级设备。

核电站设备主要分为三部分:核岛设备(nuclear island,NI)、常规岛设备(conventional island,CI)及辅助设备(balance of plant,BOP)。核岛[②]是核电站安全壳内核反应堆及与反应堆有关的各个系统的统称,也是核电站的核心部分。核岛主要由核蒸汽供应系统(nuclear steam supply system,NSSS)、安全壳喷淋系统及辅助系统组成。核蒸汽供应系统又包含反应堆、反应堆冷却泵、稳压器(压水反应堆中)、蒸汽产生装置(压水反应堆中)及管道等,其中大多为核一级设备,该系统也是对材料要求最严苛的结构,系统中又以反应堆中的环境条件最为极端。

在核反应堆内部,主要通过三个实体保护屏障来防止放射性物质泄漏,分别是燃料包壳、压力壳(冷却剂系统压力边界)和安全壳[③]。除此之外,核岛内还有一些用于冷却反应堆、传递能量等的功能性结构。

燃料包壳是燃料最外层的保护结构,它的作用在于阻止裂变产物的外泄,阻隔燃料和冷却剂,同时给芯块提供强度和刚度,保持燃料棒的几何形状。包壳暴露在辐照场下,且与高温芯块和冷却剂接触,还承受着内外部的压力(内部是芯块膨胀挤压,外部是冷却剂压力和热应力),因此包壳的设计非常严格。

包壳材料应具备中子吸收截面小,抗辐照损伤能力强,抗腐蚀能力强,导热性好,易于加工焊接,具有较好的强度、塑性及蠕变性能,且还应满足易获得、成本低的经济特性。适宜作包壳的材料有铝及铝合金、镁合金、锆合金和奥氏体不锈钢及高密度热解碳等,现在商用反应堆主要采用锆合金作为包壳材料。锆在高温环境下强度高、延展性好、中子吸收截面小、在高温水中抗腐蚀性能好,有较高的导热性和加工性能,与二氧化铀芯块有较好的相容性。主要锆合金有 Zr-2、Zr-4、Zr-1Nb、Zr-2.5Nb,最新发展的有 M5、ZIRLO 合金等。

堆内结构材料主要功能是支撑燃料组件及组件的精确定位,为控制棒及堆芯测量装置和辐照监督提供支撑与向导,合理分配冷却剂流量和减少压力容器内表面的中子注量等。

堆内结构的材料应具备以下特征:①强度高、塑韧性大、耐高温;②中子吸收截面和

---

① https://www.pub.iaea.org/MTCD/publications/PDF/Pub1639_web.pdf.
② https://www.nuclear-power.net/nuclear-power-plant/nuclear-island/.
③ https://www.world-nuclear.org/information-library/safety-and-security/safety-of-plants/safety-of-nuclear-power-reactors.aspx.

中子俘获截面及感生放射性好；③抗辐射、耐腐蚀并与冷却剂有较好的相容性；④热膨胀系数小，热导性能好；⑤易加工、成本低。压水堆的堆内构件材料主要是奥氏体不锈钢，部分采用镍基合金。

堆内压力容器主要作用是稳定堆内压力。堆内压力容器的材料需满足：①强度高、塑韧性好、抗辐射、耐腐蚀，与冷却剂相容性好；②容易冷热加工，包括焊接性能好和淬透性大；③纯净度高、偏析和夹杂物少、晶粒细、组织稳定。堆内压力容器对材料的要求尽管有耐腐蚀、抗辐射方面的要求，但主要仍是抗压方面的。

轻水堆压力容器材料早期曾采用 A212B 锅炉钢，但为了提高强度、增大淬透性和改善焊接性能，以及随着堆功率增大，轻水堆压力容器材料经历了 A212B 钢（板材）—A302B 钢（板材）—A533B 钢（板材）—$A508_2$ 钢（锻材）—$A508_3$ 钢（锻材）的发展过程。目前国内外广泛采用 $A508_3$ 钢。

反应堆回路要求制造材料具有较强的抗应力腐蚀、晶间腐蚀和均匀腐蚀的能力，基体组织稳定、夹杂物少且具有足够的强度和塑性、铸造和焊接性能好、成本低。

在沸水反应堆中，反应堆回路材料多采用 AISI 304 不锈钢。压水堆则多采用含有少量 δ 铁素体的 AISI 316 离心铸造管。快堆一回路管道多用 316 不锈钢，二回路管道采用 304 或 316 不锈钢。CANDU 重水堆的回路管道一般采用奥氏体不锈钢。

蒸汽发生器传热管要求材料具有热稳定性和良好的焊接性能、基体组织稳定、热导率高、热膨胀系数小、抗均匀腐蚀和抗局部腐蚀能力强，具有足够的塑性和韧性。压水堆蒸汽发生器的传热管早期采用 18-8 型不锈钢，后来使用耐热和耐腐蚀的 Inconel 600 镍基合金。

安全壳的体积很大，内层的钢密封衬由现场组装和焊接，焊前无法预热，焊后难以进行热处理。因此要求安全壳材料具有焊接性能好、杂质少、强度高、塑韧性大等性能。

安全壳大多采用 A516、16Mn 等碳锰钢材料。当壳体厚度超过 38 mm 时，为提高淬透性，改善强度和韧性及焊接性能，需采用低合金高强度钢：A537 或 A387。

反应堆控制材料是实现反应堆可调功能的材料，其特点是中子吸收截面大，对反应堆的正向反应有抑制、释放和调节作用。对控制材料的要求有能有效吸收中子，抗腐蚀，在极端环境下其化学和尺寸具有稳定性，有足够机械强度和热传导性。常用的控制材料有铪（Hf）、镉（Cd）、银–铟–镉（Ag-In-Cd）、硼（B）及钆（Gd）、钐（Sm）等稀土元素。

铪是制作水堆控制棒最好的材料，它除具有较大的热中子和超热中子吸收截面外，还具有耐腐蚀、熔点高、耐热性好等特点，但铪的价格限制了其在民用堆上的应用。目前绝大多数反应堆都用银–铟–镉作为吸收体，它的缺点是在含硼压水堆中抗腐蚀性不够理想。

核电材料还可细分为碳素钢、低合金钢、不锈钢、镍基合金、钛及其合金、锆合金等，其类型涉及板、带、管、丝、棒和锻件等。除了要研发适合反应堆功能需求的材料外，还要对材料的各项性能进行测试。对核材料的测试包括材料的腐蚀开裂特性、辐照特性的测试等，阿贡国家实验室核工程部中的环境辅助裂解（EAC）实验室就是通过使用四个高压釜系统评估核反应堆结构材料在模拟的轻水堆（light water veactor, LWR）冷却剂环境中的蠕变特性①。

综合上述各结构材料的要求,反应堆材料性能应满足如下要求:

1)核性能。堆芯内结构材料的中子吸收截面应尽可能小,同时,为减小放射性危害,材料的活化截面也应尽可能小,含较少的长半衰期元素。

2)机械性能。强度、塑韧性和热强性高,缺口敏感性和晶体长大倾向性小。

3)化学性能。抗腐蚀、抗高温氧化能力强;点腐蚀、晶间腐蚀和应力腐蚀倾向性小。

4)耐辐照性能。在辐照场下,组织和结构稳定,脆化、膨胀等辐照效应和PCI(芯块与包壳的相互作用)小。杂质和气体含量少,成分偏析少。晶粒和沉淀强化相对细小稳定。

5)工艺性能。冶炼、铸造、锻压、冷加工和焊接性能应良好。淬透性大,无时效、回火脆性和二次硬化以及延迟脆性等倾向。

6)物理性能。导热率大,热膨胀系数小。

7)经济性。原材料来源方便,制造成本低廉,工艺简单。

核电设备因其承担功能不同,所在的服役环境也有差别,因此对不同核电设备的制造材料要求也有区别,且相对其他制造材料的检测也更为严格。核电材料一般需要满足如下要求②:

1)设计要素。核能关键设备通常在高温、高压、强腐蚀和强辐照的工况条件下工作,对材料的要求极高,通常要满足核性能、机械性能、化学性能、物理性能、耐辐照性能、工艺性能、经济性等各种性能的要求,要达到专用的标准法规要求。

2)质保要求。按法规、标准和采购技术条件规定完成材料的生产。我国HAF003/01和ASME等标准对核电材料生产全过程质量控制有明确的要求。核电材料的设计、生产、试验、探伤运输全过程要在严格的质保体系下完成。要对不符合规范要求的项目进行有效的管理和监督,对有损于质量的情况提出切实有效的纠正措施,对各流程进行记录和监察,过程要求具有可追溯性。

3)化学成分。受压元件的S、P含量一般都要求在150 ppm③以下,反应堆压力容器某些部件要求80 ppm,个别部件S含量要求为50 ppm以下。某些特定残余元素有严格规定,如奥氏体不锈钢硼含量不得超过18 ppm;与堆内冷却剂接触的所有零件(一般采用不锈钢或合金制造),其钴、铌和钽含量严格限定为钴≤0.20%,铌+钽≤0.15%。某些接触辐照的承压容器,要求限制材料的铜、磷含量。

4)力学性能。从指标要求上看,夏比V型冲击值要求比容器材料高得多,往往要同时提供2个或3个试验温度下的冲击吸收功、侧向膨胀量和纤维区面积等。

5)无损检测。超声波探伤的验收要求比常规压力容器高得多;部分容器用钢板超声检测(ultrasonic testing,UT)探伤重叠部分要求达到10%~15%。对于所有受压部件都有严格的表面质量要求,经过目视检测(visual testing,VT)和渗透检测(penetrant testing,

---

① https://www.ne.anl.gov/facilities/eda/eac.html.
② http://www.ecorr.org/news/science/2016-02-01/1508.html.
③ 1 ppm = 1×10^{-6}。

PT）探伤检验。

6）规格、单重、表面光洁度要求。核电设备用钢板厚度达到 300 mm，最大锻件重达 300 t 以上。核级管材、不锈钢材等产品尺寸精度要求高，对于一些小径、薄壁、特长管材，对直度和表面光洁度要求较高。

1.1.3 核电材料的作用

任何核电系统的安全、经济运行很大程度上取决于燃料和建设材料的成功。在长达 60 年的核电站系统服役寿命中，设备材料会受到复杂的化学环境（冷却剂）、应力、振动、强磁场、高温、腐蚀环境和裂变过程释放的高能粒子的破坏从而发生退化引起性能下降，甚至造成材料失效。因此核电材料的作用就是克服不同程度和类型的环境破坏，防止核辐射的泄漏，保障核电站的安全运行。

核电材料的退化极为复杂，像轻水堆在一次、二次循环系统中会使用超过 25 种金属合金，不同合金在不同反应堆系统的不同部分的退化形式千差万别，给材料行为和使用寿命的准确评估带来了巨大困难。

材料退化问题很多，现在研究的主要退化问题包括：材料疲劳、金属腐蚀、机械振动疲劳、应力腐蚀开裂等[1]。

(1) 材料疲劳

材料疲劳是指在循环加载下，发生在材料某点处局部的、永久性的损伤递增过程。疲劳的破坏形式主要有以下特点：载荷应力是交变的；载荷作用时间较长；疲劳断裂具有瞬变性；疲劳的断裂区都是脆性的。一般而言，疲劳断裂归入脆性断裂。

对核材料疲劳问题的研究侧重于研究反复载荷作用下，材料损伤和演化的机制。

(2) 金属腐蚀

金属腐蚀是指金属材料和它所处的环境介质之间发生化学或电化学作用而引起的变质或破坏作用。评价金属腐蚀程度通常采用腐蚀速度来衡量，腐蚀速度的测定方法有失重法、深度法、容量法或腐蚀电流密度法。

(3) 机械振动疲劳

机械振动在自然界和工业界是常见现象，但是一些核电站动力设备的振动可能会引起核电站停堆。机械振动疲劳是指机械由于动力学和振动激励产生的疲劳现象，这种疲劳是不可避免的，常见疲劳位置在管道、焊接等处。

(4) 应力腐蚀开裂

一般而言，把材料在一定应力作用下于特定的腐蚀环境中发生的低应力脆性破坏称之为应力腐蚀开裂。应力腐蚀开裂是不锈钢和镍合金等核电结构材料的主要失效形式，且危害性较大，应当全面评价不锈钢等核电结构材料的抗应力腐蚀开裂性能。奥氏体不锈钢因具有优异的耐蚀性能及优良的综合力学性能和加工性能，而被广泛应用于核工业中[2]。

---

[1] 张家倍，马琳伟，鲁红权. 核电运行技术支持：基础及应用. 上海：上海科学技术出版社，2010.
[2] 薛锦. 应力腐蚀与环境氢脆——故障分析及测试方法. 西安：西安交通大学出版社，1991.

1.2 主要国家和组织核电材料相关政策与规划

1.2.1 美国

美国成立原子能委员会（Atomic Energy Commission，AEC）最初是为了促进和控制和平时期原子科技的发展。1946年，美国杜鲁门总统签署《原子能法》，确定核能原子能可为民用。在原子能法案之前，AEC 就启动了一个关于动力反应堆的项目，计划五年内建造五座实验反应堆，包括钠反应堆、沸水反应堆、快速增殖和均匀反应堆模型等。1961年由于当时美国电力行业越来越多转向核电站，AEC 决定改变其组织结构，分离监管职能和非监管职能。在1974年1月，时任总统签署了《能源重组法案》，标志着原子能委员会对美国核能项目长达28年管理工作的结束。次年，原子能委员会职能被分给其他组织，研究开发职能由能源研究和开发署（Energy Research and Development Administration，ERDA）承担，管理许可职能则由核能管理委员会（Nuclear Regulatory Commission，NRC）承担①。

21世纪初，由于能源危机和环境问题，美国乃至全球都在大力开发清洁能源，核电工业从这一时期开始再次得到发展。2005年，美国《能源政策法案》通过众议院和参议院投票，成为法律，其中对核能有诸多激励措施，包括风险监管、税费减免、先进核技术开发等②。在《能源政策法案》中还批准了爱达荷州国家实验室启动12.5亿美元用于先进高温反应堆的研发项目，该项目与2002年启动的"核电2010年计划"（Nuclear Power 2010 Program）③ 在目标上均是通过少量第三技术和示范工程重启美国核电工业。

(1) NRC

NRC 是负责美国核能开发利用监管、许可的机构，具体职能包括：制定有关核反应堆和材料安全的政策与法规，颁发建设许可证及对核能相关事务进行裁决。

2016年，美国核能管理委员会发布报告——《NRC 愿景和策略：安全完成高效非轻水堆任务准备》④，其中提出了 NRC 的任务，即批准和规范民用核材料的使用，以确保对公众健康和安全的充分保护，促进共同防御和安全，并保护环境。

在《NRC 愿景和策略：安全完成高效非轻水堆任务准备》报告的0~5年短期技术准备策略中，对促进支持非轻水堆生命周期（包括燃料和材料）所需的行业规范和标准进行了说明，具体包括：①与利益相关方合作，确定现有法规和标准适用于非轻水堆及其相关燃料与废物，并识别存在差距的技术领域（如仪表和控制，土木/结构，在使用中的检查和测试、材料、设备资质、质量保证等）；②参与那些积极进行非轻水堆代码和标准开发的组织；③审查签注的代码和标准。在5~10年的技术准备策略中对规范和标准做出了

---

① https://www.energy.gov/sites/prod/files/AEC%20History.pdf.
② https://www.congress.gov/109/plaws/publ58/PLAW-109publ58.pdf.
③ https://web.archive.org/web/20070106155127/http://www.ne.doe.gov/np2010/neNP2010a.html.
④ https://www.nrc.gov/docs/ML1635/ML16356A670.pdf.

一定的要求，包括：①继续促进行业规范和标准的发展；②根据需要制定监管指南和规则，以及批准行业规范和标准。

NRC 是美国能源部（Department of Energy，DOE）下属的一个独立机构，在其官方网站上有其四年一次的战略规划，最新的文件是 2018 年 2 月更新的《战略规划：2018—2020 财政年》①。安全战略的目标是保证核材料的安全使用。

《战略规划：2018—2020 财政年》② 中提出了两个安全方面的重点任务，分别是：①保证放射性材料的安全使用；②加大放射性物质的安防工作。这两项任务旨在实现三个目标：①预防、减轻和应对事故，确保辐射安全；②保障核设施和放射性物质的防护；③确保机密和受控非机密信息的保护。

美国对核能的安全防护有一套法规，名为《联邦法规第 10 编》（10 CFR）③。该法规对核应用的各方面均给出了框架，如第 11 部分关于特殊核材料资格标准和程序的获取及控制等。

(2) DOE

美国联邦与民用核能有关的科研项目大多都是能源部核能源办公室参与的，包括新一代核电站研发、先进燃料循环技术等。

1999 年，为满足民众对能源的长期需求，美国政府意识到核能在能源结构中的作用，因此启动了核能研究计划（Nuclear Energy Research Initiative，NERI）。NERI 的目的主要是资助国家实验室、大学和工业设施。

2002 年，DOE 发布《2010 年前在美国部署新核电站的路线图》（A Roadmap to Deploy New Nuclear Power Plants in the United States by 2010）④。该路线图分为两部分：第一卷是摘要报告，支撑近期部署小组（能源部组织的小组）的评估、总结和建议；第二卷则是近期部署路线图，也是该小组的全面工作报告，包括从评估方法、制度、法规、技术和经济等因素对候选设计进行描述。

2004 年，NERI 已推动了诸多核能项目，如先进燃料循环倡议（Advanced Fuel Cycle Initiative，AFCI）、第四代核能系统（The Fourth Generation Nuclear Energy System，Gen Ⅳ）项目、氢核（Nuclear Hydrogen Initiative，NHI）项目及下一代核电站计划（Next Generation Nuclear Plant，NGNP）。AFCI 和 Gen Ⅳ 是美国政府研究第四代核能技术的重要研究项目，AFCI 主要开发燃料系统和使能技术，Gen Ⅳ 的任务是开发新的反应堆系统。

2005 年，一些核能项目转移到爱达荷州国家实验室，该实验室由爱达荷州国家工程与环境实验室和阿贡国家西部实验室合并而成。其也是领导美国参与第四代反应堆国际论坛的机构，同时还参与了美国下一代核电站及先进燃料循环倡议项目⑤。

2005 年的《能源政策法案》建立了 NGNP 项目，即在 2021 年前开发、建造和运营一

---

① https://www.nrc.gov/reading-rm/doc-collections/nuregs/staff/sr1614.
② https://www.nrc.gov/docs/ML1803/ML18032A561.pdf.
③ https://www.nrc.gov/reading-rm/doc-collections/cfr.
④ https://www.energy.gov/ne/downloads/volume-i-summary-report-roadmap-deploy-new-nuclear-power-plants-united-states-2010；https://www.energy.gov/ne/downloads/roadmap-deploy-new-nuclear-power-plants-united-states-2010-volume-ii-main-report.
⑤ https://www.webcitation.org/5xa6kZwMJ.

个高温气冷反应堆原型和相关的动力或制氢设施，项目由爱达荷州国家实验室领导，并与私营部门分摊研究费用。2009年成立了NGNP工业联盟，成员主要包括反应堆供应商和潜在的最终用户。2010年，DOE表示，NGNP的研发将与新反应堆概念研究、开发和示范（Research，Development and Demonstration，RD&D）项目中的第四代系统同时进行。

DOE于2007年将位于爱达荷州国家实验室的先进试验反应堆（advanced test reactor，ATR）作为用户设施，允许通过公开征求和基于同行评审的项目使用反应堆试验空间与辐照后检查设施。ATR国家科学用户设施为核能研究界提供了一种测试概念的方法，这种方法有潜力提高现有和先进核系统的能力，从而提高运行性能、经济性、安全性和可靠性。全世界的许多国家正在研究先进反应堆概念和每个独特系统可能使用的材料，但这些燃料和材料通常是类似的。

2017年，DOE颁布《先进核反应堆开发与部署远景与战略》[①]。同年，美国众议院通过《2017年先进核技术开发》法案，参议院议员又提交了《核能创新与现代化法》法案，旨在支持第四代核电技术开发与部署，重点支持钠冷快堆、高温气冷堆和熔盐堆的研发。

《先进核反应堆开发与部署远景与战略》中指出美国若要在2050年后维持必要的核电装机容量，需要成功开发与部署第四代核电技术；同时还指出，美国要在第四代核电技术开发中发挥领导作用，将涉及美国国家安全的防止核扩散要求纳入新的核反应堆设计并推广至全球使用。《核能创新与现代化法》法案也指出，开发与部署第四代核电技术还要求美国要继续引导国际核工业市场，保障核能利用的安全、可靠。

《先进核反应堆开发与部署远景与战略》提出七项保障措施，以加快第四代核电技术开发与部署，包括提供技术、财政支持；为企业使用国家的实验室、工程设计资源等提供便利；确定优先开发的技术，资助企业的研发活动；开发先进核燃料元件，支持核燃料循环相关研发；建立有效、可靠的监管框架；探索政策激励机制，发挥投资效益；保障人力资源需求。《2017年先进核技术开发》法案中，要求DOE加强技术能力和设施建设，以支持第四代核电技术开发与部署；要求NRC强化技术能力，建立监管框架，以满足监管、审批第四代核电技术的需求。鉴于美国预期第四代核电技术将在2030~2035年实现商业化，《核能创新与现代化法》法案中，要求NRC在2024年底前完成行政立法，建立一套与第四代核电技术相适应的监管框架，开展许可证审批工作。

DOE先进反应堆技术办公室通过其NGNP项目资助先进反应堆概念（advanced reactor concept，ARC）与先进小型模块化反应堆（advanced small modular reactor，ASMR）的研究、开发和示范工作的开展，促进第四代核能技术的经济和环境进步。"小型模块化反应堆（small modular reactor，SMR）计划"是能源部2012年提出的一项计划，当时预计投资6700万美元。

NGNP项目将展示高温气冷堆（high temperature gas-cooled reactor，HTGR）技术的可行性，该技术能为各种工业用途提供电力和高温过程热量。该项目通过与大学、工业企业和NRC等合作，进行新一代气冷堆及事故耐受反应堆所需的技术研发；同时开展超高温

---

① https://gain.inl.gov/Shared%20Documents/Vision%20and%20Strategy%20for%20the%20Development%20and%20Deployment%20of%20Advanced%20Reactors.pdf.

反应堆系统国际论坛，与国际研究人员合作，研发 TRISO 涂层颗粒燃料、材料、设计方法和用户应用。

DOE 还推出"核能技术研发创新"项目，并在五年的项目执行期间提供 4 亿美元的资助。该项目中含有先进反应堆概念计划。计划支持先进反应堆子系统的研究，以期跨越利用液态金属、氟化物盐或气体等冷却剂开发先进核裂变能系统的长期技术障碍。ARC 计划通过采用技术评审小组流程加大与行业的互动，借助核反应堆专家对可行的反应堆概念进行评估，以确定先进概念的研发需求并帮助 DOE 研发投资决策。该计划将侧重于长期概念的高价值研究，有前景的中期概念的研发需求，有益于多个概念的创新技术的发展及对未来转型概念的新思想的激励。

SMR 的设计来源于先进和创新概念，即使用非轻水堆冷却剂，如液态金属、氦或液态盐，该设计可以提供额外的功能并兼具经济性。SMR 的研发活动将侧重四个关键领域：①开发评估先进 SMR 技术和特性的方法；②开发和测试材料、燃料和制造技术；③解决 NRC 和行业发现的关键监管问题；④开发先进的仪器和人机界面。

2019 年初，DOE 宣布在 2021 年之前向三大核能企业（通用电气、法马通和西屋电气）拨款 1.112 亿美元，用于事故容错燃料（accident tolerant fuel，ATF）的开发、测试和商业化[①]。其中，通用电气将推进 ATF 组件结构材料——FeCrAl 基合金研发，同时开展 ATF 锆合金包壳涂层材料研究和耐高温高稳定性的 UO_2 陶瓷燃料研发；法马通将开展 ATF 锆合金包壳镀铬涂层研发，以及掺杂铬的 UO_2 核燃料芯块研发；西屋电气则将重点放在推进 U_3Si_2 燃料芯块研发上，开发铬涂层锆包壳管和新型的碳化硅包壳。

（3）美国其他机构发布的政策

2019 年美国《S.903-核能领导法案》中提到了解决与极端环境有关的材料目标，极端环境包括极高的辐射、温压及腐蚀等环境。该法案中关于核电材料的目标源于《先进核能技术法案》[②]。

1.2.2　欧盟

联合核材料项目是欧洲能源研究联盟（European Energy Research Alliance，EERA）16 个联合项目之一，这些联合项目涵盖了所有的低碳能源技术和系统。EERA 创建于 2008 年，旨在支持 2007 年启动的欧洲委员会欧洲战略能源技术行动计划（Strategic Energy Technology Plan，SET-Plan），实现 2020 年和 2050 年设定的可持续发展目标，应对气候变化，保障能源供应安全和竞争力。

欧洲可持续核工业倡议（European Sustainable Nuclear Industrial Initiative，ESNII）早期系统将依赖商用材料，如铁素体/马氏体钢、奥氏体钢和镍合金，这些材料都需要符合极端条件和 60 年设计寿命。

欧盟可持续核能技术平台（Sustainable Nuclear Energy Technology Platform，SNETP）认

---

① https://www.energy.gov/ne/articles/doe-awards-111-million-us-vendors-develop-accident-tolerant-nuclear-fuels.
② https://www.congress.gov/bill/115th-congress/house-bill/5260/text.

识到了基础技术发展的重要性。在 2015 年战略部署中，SNETP 认为，基础技术为识别第一代、第三代、第四代核反应堆和热电联产应用的共同干线开辟了道路，特别是结构部件和燃料的材料性能、系统和部件的结构完整性及制造和装配工艺。

对结构和燃料材料行为的研究可以发现不同核反应堆世代和类型的共同之处。因此，SNETP 明确指出，应该加强与 EERA/JPNM 的接口，以开发新的创新材料。EERA/JPNM 与 SNETP 于 2016 年 12 月签署的谅解备忘录巩固了这一意向，扩大了合作，不仅与 ESNII 加强协作，而且与 SNETP 的其他支柱机构，即核电二代和三代协会（NUGENIA）和核热电联产工业倡议加强协作。此外，裂变反应堆材料所面临的几个问题在核聚变反应堆和核聚变系统中也很常见，如高温和腐蚀等方面。具有耐高温和耐腐蚀等优越性能的材料可能会在其他能源技术中找到，特别是在 JPNM 等已开展的在恶劣环境中开展高温工作的能源联合项目中，如 AMPEA（用于能源应用的先进材料和工艺）、聚焦式太阳能（Concentrating Solar Power，CSP）、地热能、生物能源和燃料电池等。

2019 年 3 月，EERA 还发布了《可持续核能材料战略研究议程》（后称《议程》）[①]，确定了欧盟将要开展的核材料研究路线，以确保为欧盟第四代核反应堆的设计、许可、建设与安全长期运行提供合适的结构和材料，促进第四代核反应堆的商业部署。

《议程》主要对反应堆结构材料和反应堆燃料材料开展研究。两个研究方向的重点均放在三类领域，分别是材料的性能机理、先进材料的模型和表征及先进材料的研发。

反应堆结构材料的性能机理研究包括对金属材料高温力学行为和性能衰退的研究、冷却剂和结构材料的环境匹配性研究、结构材料辐射效应研究、焊接件质量评估等。先进结构材料研发包括奥氏体钢性能改善，马氏体铁素体双相钢、SiC 核包壳材料的开发和性能分析，新型耐火合金材料的研发及新的先进结构材料生产和制作工艺的开发等。

1.2.3　中国

中国核电起步于 20 世纪 80 年代，第一座核电站——秦山核电站于 1991 年底投入使用，1987 年动工的大亚湾核电站在 1994 年并网发电。这两座核电站的建设依托于两项规划，分别是《中华人民共和国国民经济和社会发展第六个五年计划（1981—1985）》和《中华人民共和国国民经济和社会发展第七个五年计划（1986—1990）》。

1991 年以后，我国进入核电发展阶段。1991~2005 年的三个五年计划（"八五""九五""十五"）均把核电的安全性放在首位，贯彻"安全第一、质量第一"的方针，要求研发新型安全带循环、储能、发电设备。2005 年，我国调整核电政策为"积极发展核电"，迎来了核电的大发展。"十一五"期间，我国建设的核电机组超过 25 个，是过去 15 年建设机组数量的两倍。

2015 年后，我国注重安全高效地发展核电，重点发展东部沿海和中部部分地区，且仍然以压水堆为主。在引进、消化、吸收、再创新国外三代先进压水堆的同时，重视自主三代核电技术的研发。此外，同时也研发多种四代堆型，安全建设自主核电示范工程和项

---

① https://www.eera-set.eu/press-release-eera-jp-nuclear-materials-publishes-its-strategic-research-agenda.

目,如高温气冷堆核电站示范工程就是其中之一。《中华人民共和国国民经济和社会发展第十三个五年规划纲要》("十三五"规划)也要求加速开发新一代核电装备和小型核动力系统、民用核分析与成像(表1.1)。

2019年,国务院发布《中国的核安全》白皮书,从核安全观、政策法规体系和监管体系等方面阐述了我国是如何将核安全置于首位地发展核电①。

表1.1 "六五"到"十三五"发展规划中对核电发展的描述

序号	规划名称	涉及核电发展的内容
1	《中华人民共和国国民经济和社会发展第六个五年计划》	建设30万千瓦核电站。研制30万千瓦核电站设备
2	《中华人民共和国国民经济和社会发展第七个五年计划》	有重点有步骤地建设核电站。加强对核能技术的研究开发
3	《中华人民共和国国民经济和社会发展第八个五年计划纲要》	有计划地新建、扩建和改建一批大中型电站(包括水电、火电和核电)。实行因地制宜、水火电并举和适当发展核电的方针。五年内,重点建设秦山核电二期工程,60万千瓦核电机组设备研制,攻关200兆瓦核供热堆工程技术
4	《中华人民共和国国民经济和社会发展第九个五年计划纲要》	核电军用转民用;贯彻因地制宜、水火并举、适当发展核电;大力推进核技术的和平利用,重点发展核电,配套建设核燃料循环体系;积极发展低温核供热技术
5	《中华人民共和国国民经济和社会发展第十个五年计划纲要》	支持发展大型燃气轮机、大型抽水蓄能机组、核电机组等新型高效发电设备适度发展核电,鼓励热电联产和综合利用发电
6	《中华人民共和国国民经济和社会发展第十一个五年规划纲要》	积极推进核电建设。重点建设百万千瓦级核电站,逐步实现先进压水堆核电站的设计、制造、建设和运营自主化。加强核燃料资源勘查、开采、加工工艺改造以及核电关键技术开发和核电人才培养 加快危险废物处理设施建设,妥善处置危险废物和医疗废物。强化对危险化学品的监管,加强重金属污染治理,推进堆存铬渣无害化处置。加强核设施和放射源安全监管,确保核与辐射环境安全
7	《中华人民共和国国民经济和社会发展第十二个五年规划纲要》	新能源产业重点发展新一代核能、太阳能热利用和光伏光热发电、风电技术装备、智能电网、生物质能;在确保安全的基础上高效发展核电;强化核与辐射监管能力,确保核与辐射安全
8	《中华人民共和国国民经济和社会发展第十三个五年规划纲要》	加强前瞻布局,在空天海洋、信息网络、生命科学、核技术等领域,培育一批战略性产业。大力发展新型飞行器及航行器、新一代作业平台和空天一体化观测系统,着力构建量子通信和泛在安全物联网,加快发展合成生物和再生医学技术,加速开发新一代核电装备和小型核动力系统、民用核分析与成像,打造未来发展新优势。 以沿海核电带为重点,安全建设自主核电示范工程和项目。推进核设施安全改进和放射性污染防治,强化核与辐射安全监管体系和能力建设

资料来源:http://www.npc.gov.cn/wxzl/gongbao/2000-12/28/content_5002538.htm;http://www.npc.gov.cn/gongbao/2001-01/02/content_5003506.htm;http://www.npc.gov.cn/wxzl/gongbao/2011-08/16/content_1665636.htm;http://www.gov.cn/xinwen/2016-03/17/content_5054992.htm

---

① http://www.scio.gov.cn/ztk/dtzt/39912/41587/41589/Document/1663475/1663475.htm。

在监管和安全方面，我国出台了多部监督管理条例，如 2011 年修订的《核电站核事故应急管理条例》[①]、2008 年出台的《民用核安全设备监督管理条例》[②]《核材料管制条例》[③] 和《民用核设施安全监督管理条例》。在 2019 年 9 月国务院还发布了《中国的核安全》白皮书[④]。

为总结梳理我国核能发展情况，我国核能行业协会每年会发布中国核能发展报告。《中国核能发展报告（2019）》梳理了 2018 年我国核能发展情况，以及对未来核能发展的分析和展望。在推进我国核电站发展的道路上，国家投入诸多财力、物力和人力，设立多项重大专项（表 1.2）。

表 1.2 我国设立的核电相关的重大专项列表

专项名称	年份	牵头单位	分项牵头单位	研究任务
大型先进压水堆及高温气冷堆核电站重大专项	2014	国家能源局	压水堆分项（国家核电技术有限公司） 高温堆分项（清华大学核研院、华能山东石岛湾核电公司、中核能源科技有限公司） 后处理科研分项（中核集团）	专项内设 46 个课题。46 个课题中与核电材料相关的有"包壳材料关键性能试验研究平台建设""高强度安全壳板研制""新型镍基合金焊接材料 ERNiCrFe-13 研制""高温堆蒸汽发生器用合金 6625 材料国产化研究""高强度安全壳板材配套焊材研制""SA-508 4N 锻件及其配套焊接工艺研究""核电用超宽幅双相不锈钢 S32101 板材的研制""压水堆核电材料的环境相容性"等
核安全与先进核能技术	2018	科学技术部	中国核电工程有限公司、中广核工程有限公司、哈尔滨工程大学、清华大学、中国科学院合肥物质科学研究院	围绕核安全科学技术、先进创新核能技术两个方向，开展核能内在规律和机理研究。专项共部署 9 个重点研究任务，实施周期 5 年（2018~2022 年），任务包括"严重事故下堆芯熔融物行为与现象研究""放射性废物减容与减害技术研究""风险指引的安全裕度特性分析技术研究""核燃料元件性能先进分析模型与方法研究"等
材料基因工程关键技术与支撑平台	2016	工业和信息化部	—	项目围绕新材料"研发周期缩短一半、研发成本降低一半"的战略目标，融合高通量计算（理论）、高通量试验（制备和表征）、专用数据库等关键技术，变革材料研发理念和模式，实现新材料研发由"经验指导实验"的传统模式向"理论预测、实验验证"的新模式转变

资料来源：http://www.nea.gov.cn/2014-11/03/c_133762921.htm；http://www.htrdc.com/gjszx/tzgg/2621.shtml；http://www.idpc.org.cn/zdizx/cljygc/zxjjcl/index.htm

---

[①] http://www.nea.gov.cn/2017-11/03/c_136725277.htm.
[②] http://www.nea.gov.cn/2017-11/03/c_136725293.htm.
[③] http://www.nea.gov.cn/2017-11/03/c_136725276.htm.
[④] http://www.scio.gov.cn/zfbps/32832/Document/1663405/1663405.htm.

1.2.4 日本

日本于1954年开始实施核研究计划,当时预算约为2.3亿日元。1955年发布了《原子能基本法》规定核技术仅限用于和平目的。根据该法,当年还成立了核安全委员会(Nuclear Safety Committee, NSC)、日本原子能研究所(Japan Atomic Energy Research Institute, JAERI)及原子燃料公司(后更名为PNC)。1956年日本原子能委员会(Japan Atomic Energy Committee, JAEC)成立,促进了核电的开发和利用[1]。除了《原子能基本法》,日本还通过《核原料、核燃料和反应堆管理法》等相关立法稳步履行《核安全公约》的义务。

日本第一个反应堆是沸水反应堆的雏形模式——日本动力示范反应堆(Japan Power Demonstration Reactor, JPDR)。该反应堆从1963年服役到1976年。后来,日本从英国进口了第一台商用核动力反应堆——东海1号,该反应堆属于气冷反应堆,服役32年。其后,日本建设的反应堆三分之一是使用浓缩铀的轻水反应堆。

1975年,轻水堆改进和标准化计划由日本国际贸易和工业部(Ministry of International Trade and Industry, MITI)和核电行业发起,该项计划旨在到1985年,分三个阶段标准化轻水堆设计。前两个阶段,对沸水反应堆和压水堆设计进行了修改,改善其运行和维护。第三个阶段将反应器的规模增至1300~1400 MWe,并对设计进行重大改变。

2001年,经济产业大臣提交的10年能源计划得到内阁认可,该计划呼吁将核电发电量增加约30%(13 000 MWe)。2002年,日本政府选择依赖核能来实现《京都议定书》的温室气体减排目标,新的能源政策法规定了能源安全和稳定供应的基本原则,赋予政府更大的权力,建设拉动经济增长的能源基础设施。

JNC和JAERI在2005年合并,并在文部科学省(Ministry of Education, Culture, Sports, Science and Technology, MEXT)下设日本原子能研究开发机构(Japan Atomic Energy Agency, JAEA)。JAEA是一个综合性核研发机构。2005年,原子能委员会重申核电的政策方向,确认将重点放在轻水堆上。2006年,日本各政党敦促政府加快快中子增殖反应堆(fast breeder reactor, FBR)的发展,称这是"一项基本的国家技术",并提议增加预算,加强从研发到核查和实施的协调,以及国际合作。日本在第四代反应堆计划中发挥着主导作用,重点关注钠冷却FBR。

2013年,《日本核安全公约——国家报告第六次回顾会议》[2]中重点对轻水堆核电站提出了新的监管要求。福岛事件后,日本将核电站的抗震设备等级提高到与反应堆的安全等级一致,并对《反应堆管理法》进行了大幅度修订。

2017年,JAEC通过《核能基本政策》[3](Basic Policy for Nuclear Energy)。在《核能

---

[1] http://www.world-nuclear.org/information-library/country-profiles/countries-g-n/japan-nuclear-power.aspx.
[2] http://www.nsr.go.jp/data/000067034.pdf.
[3] White Paper on Nuclear Energy 2016. http://www.aec.go.jp/jicst/NC/about/hakusho/hakusho2016/gaiyo_1_e.pdf.

基本政策》中，JAEA表示将从新核能技术的实际应用出发，推进核与反应堆工程、燃料和材料、核聚变与高温气体反应堆等方面的基础研究与开发活动。

1.3 核电材料技术的研发现状

材料科学与工程领域存在材料成分设计、组织与微结构、制备与加工、性能、使役行为五个方面。由于核电站的安全性和可靠性比其他领域更加重要和突出，因此材料的使役行为在核电领域中异常重要。同时，对于核电站中材料与设备的难以更换甚至不可更换性，一次性制造后希望安全使用40年（二代核电的设计寿命）、60年（三代核电的设计寿命；美国已把二代核电暂定延长寿命到60年）、甚至80～100年，对核电材料成分设计、加工、装备制造、使役行为、安全性与可靠性评价提出了异常高的要求。

核电站的核心部分由反应堆及相关构件组成。目前商业核电站多是水堆，堆内材料处于高温高压水环境中。以下围绕水堆中的材料、性能、测试进行介绍。现役水堆核电站建设使用的材料有以下几种类别：燃料包壳使用的锆合金材料、压力容器用的低合金钢、(镍基）高温合金等、不锈钢、焊接材料、电缆及混凝土等。

1.3.1 锆基合金

燃料元件和组件是核电站的核心，燃料元件和组件的材料性能直接影响核电站的经济性和安全性。锆合金的热中子吸收截面小、导热率高、机械性能好，又具有良好的加工性能及与二氧化铀（UO_2）具有良好的相容性，尤其对高温水、高温水蒸气也具有良好的抗蚀性能和足够的热强性。自20世纪50年代采用轻水反应堆（LWR）作为商业电力生产的主要设计后，锆基合金就被广泛用做水冷堆的包壳材料和堆芯结构材料，成为核电站的重要应用材料。

为了获得具有更好机械性能和耐腐蚀的锆合金，生产出了锆-1合金。该合金在核电工业早期得到了发展。然而，由于当时的工艺和技术可能将氮掺入合金，而氮对锆具有腐蚀作用，便对其成分进行了改进，从而得到了锆-2合金。锆-2合金的耐腐蚀性明显提高，被成功用于沸水堆。锆-2合金中含有镍，而镍具有高吸氢性，这使得锆-2合金对氢化物脆化非常敏感，因此不适合作为在较高温度下运行的压水堆的燃料包壳，也不适合作为含有高浓度氢的冷却剂。后来研究人员用铁代替镍，开发了锆-4合金（表1.3）。

表1.3 锆-4合金成分与属性

成分		属性	
元素	比例/%	属性项	数值
锡	1.20～1.70	中子截面/barns	0.22
		密度/(g/cm^3)	6.55

续表

成分		属性	
铁	0.18～0.24	25℃时的热膨胀系数/(μm/(m·℃))	6.00
		热容量/(J/(g·℃))	0.285
		导热系数/(W/(m·℃))	21.5
铬	0.07～0.13	熔点/℃	1850
		弹性模量/GPa	99.30
		泊松比	0.37

随着核反应堆技术朝着提高燃料燃耗、反应堆热效率、安全可靠性和降低燃料循环成本的方向发展，对关键核心部件——燃料包壳材料的性能提出了更高的要求，其中包括腐蚀性能、吸氢性能、力学性能及辐照尺寸稳定性等。锆-4合金已不能满足高燃耗及长寿期堆芯的要求，于是自20世纪70年代起，许多国家投入了大量人力、物力进行了改善锆-4合金抗腐蚀性能的研究，通过在ASTM标准范围内调整锆-4合金中元素含量、改进热加工工艺来改变显微组织结构，以达到改善锆-4合金包壳材料腐蚀性能的目的。结果表明，改进的锆-4合金可满足燃耗低于40～45吉瓦·天/吨（铀）燃料组件的要求，但不能满足燃耗达到70吉瓦·天/吨（铀）的要求。一些国家在制定提高燃料燃耗、降低燃料循环成本规划的同时，进行了新锆合金的研究，并相继推出一系列新锆合金，推向工程化应用，目前所使用的锆基合金都是基于金属添加技术，国外锆基合金多添加Fe、Cr和Sn，国内锆基合金多添加Nb。其中，较为成熟的高性能锆合金有法国M5合金、美国Zirlo合金、俄罗斯E635合金及韩国HANA合金（表1.4）。

表1.4 几种发展成熟的锆合金

锆合金类型	国别	成分配比	性能	应用
M5合金	法国	Zr基，1.0%Nb，0.125%O，0.05%Fe，0.015%Cr	堆内腐蚀、辐照增长和蠕变都小于低锡Zr-4合金。在高燃耗下，M5合金具有氧化速度和数据分散性都小的特点，其水侧腐蚀和吸氢率为低锡Zr-4合金的1/4，轴向蠕变和燃料棒增长为低锡Zr-4合金的1/2。另外，M5合金的抗柱芯-包层相互作用（PCI）性能好，对347℃含硼、锂水溶液的抗蚀性能也很好	用做设计燃耗为55～60吉瓦·天/吨（铀）的第三代改进型AFA-3G燃料组件的包壳管
Zirlo合金	美国	Zr基，1.0%Nb，1.0%Sn，0.1%Fe	Zirlo合金的耐水侧腐蚀性能、燃料棒辐照增长和抗蠕变性能均较常规Zr-4合金和低锡Zr-4合金优越，当燃耗达37.8吉瓦·天/吨（铀）时，Zirlo合金的腐蚀速率比常规Zr-4合金低67%，比低锡Zr-4合金低58%，辐照增长比常规Zr-4合金低60%	1992年，美国用Zirlo合金制造的组件燃耗达55吉瓦·天/吨（铀），燃料循环费用与标准组件相比下降13%～14%。1995年Zirlo合金达到工业规模应用

续表

锆合金类型	国别	成分配比	性能	应用
E635合金	俄罗斯	Zr基，1.3%Sn，1.0%Nb，0.35%Fe	E635合金具有下列优点：①在温度360℃、压力18.6兆帕、水中含0.007%Li的高压釜中，耐蚀性明显优于Zr-4合金，也优于Zr-Nb合金，在500℃蒸汽中耐蚀性能更优越；②在240～380℃，辐照生长不大，抗碘致应力腐蚀性能较好	可作为反应堆燃料元件包壳和VVER及RBMK堆芯组件
HANA合金	韩国		HANA合金的各项性能比Zr-4合金提高50%以上	HANA合金制成的30个燃料棒已安装在灵光核电站1号机组内进行为期5年的商用化燃烧试验

由于锆合金须满足中子俘获截面要求，因而所添加的合金元素及其含量受到制约。采用传统炒菜模式探讨新型锆合金的方法有待改善。美国提出的材料基因组的方法和思路对研发新型锆合金具有重要价值。只有将建立数据库、计算模拟、快速评价考核（包括密度、热膨胀、相转变行为、热导率分析，比热分析、弹性模量评价、蠕变与拉伸及爆破等力学性能测试、安全性能试验等）有机结合，才能较快地获得满足24个月换料或更高燃耗的新型锆合金。日本福岛核电站事故后，针对燃料包壳材料的高温力学性能、抗水侧腐蚀、抗吸氢和抗辐照性能，特别是在冷却剂丧失事故（loss-of-coolant accident，LOCA）条件下也不存在放氢的材料是目前燃料包壳材料研发的国际前沿。

1.3.1.1 氢脆

氢脆（HE）是金属材料氢暴露后，因吸氢而导致韧性和延性降低的现象。该现象表现为在应力作用下金属材料呈现延迟断裂。氢脆会降低金属材料的力学性能，限制金属材料使用寿命，甚至造成金属材料的失效，从而引起工程事故。

Banerjee和Mukhopadhyay[1]的专著对锆包覆层吸收的氢来源做了分析，认为主要有四种方式：①锆合金在包覆层和冷却剂（水或重水）界面发生水腐蚀时产生的氢和/或氘；②冷却剂的放射性分解；③包覆层内的燃料颗粒中存在水分；④为清除在辐射分解过程中产生的新生氧而注入冷却剂中的氢。

尽管研究人员对氢来源有了一定的研究，但是对于氢脆机制和各种现象的认识仍然模棱两可。锆合金的氢脆程度与三个因素有关：氢含量（或氢化物体积分数），氢化物的取

---

[1] Banerjee S, Mukhopadhyay P. Phase Transformations: Examples from Titanium and Zirconium Alloys. Oxford: Elsevier, 2010.

向、形态和分布，晶粒尺寸和显微组织①。2014 年，Kim 等②对溶解氢在锆合金腐蚀中发挥的作用进行过研究，通过拉曼光谱和透射电镜研究氧化锆相变和结构的变化。Allen 等③、Motta 等④也都对锆合金的腐蚀开展过研究。2015 年，Suman 等⑤对氢在锆合金中的机理和影响做了总结。

锆合金对氢脆具有很高的敏感性。氢腐蚀的程度不仅受到氢化物浓度影响，而且还受到氢化物形貌的影响。氢化物能显著降低包层的力学性能，尤其是径向析出时。近年来，有研究表明，在乏燃料长期干储存过程中，如果在包层上施加的环向应力超过一定的极限，即所谓的阈值应力，则周向氢化物会重新沉淀为径向氢化物。氢化物重定向现象目前已被认为是核燃料工业中最关键的问题之一，它对核燃料稳态储存期间的包层完整性及乏燃料的运输造成威胁。事实上，这一现象是相当复杂的，受到许多因素的影响。Lee 等⑥综述了影响重定向问题的主要因素，即温度、应力、热循环次数、冷却速率和氢浓度。此外，他们还详细讨论了近年来各因素对触发重定向的阈值应力协同效应的研究。

1.3.1.2 锆合金的性能研究

自热核反应堆建立以来，中子辐照下锆合金的尺寸变化一直是人们研究的热点。锆合金在辐照过程中的抗膨胀性能与其他工程合金不同。在没有依赖于微观结构的外加应力的情况下，锆合金表现出各向异性的尺寸变化，这个过程被称为辐照生长（irradiation growth）。同时，和其他材料一样，锆合金也表现出对外加应力的尺寸响应，这个过程被称为辐照蠕变（irradiation creep）。

自从第一个商用反应堆投入使用，业界对辐照生长和辐照蠕变的研究从未停止过。表 1.5 对辐照生长和辐照蠕变的重要研究进行了回顾⑦。

表 1.5　辐照生长和辐照蠕变研究的概要回顾

时间	研究人员	研究主题
1968	Fidleris	锆合金的单轴反应器内蠕变
1975	Rickover	锆在核反应堆中应用的研究

---

① Cockeram B V, Kammenzind B F. The increase in fatigue crack growth rates observed for Zircaloy-4 in a PWR environment. Journal of Nuclear Materials, 2018, 499: 111-125.

② Kim Y S, Jeong Y H, Son S B. A study on the effects of dissolved hydrogen on zirconium alloys corrosion. Journal of Nuclear Materials, 2014, 444 (1-3): 349-355.

③ Allen T R, Konings R J M, Motta A T. 5.03-corrosion of zirconium alloys. Comprehensive Nuclear Materials, 2012, 5: 49-68.

④ Motta A T, Couet A, Comstock R J. Corrosion of zirconium alloys used for nuclear fuel cladding. Annual Review of Materials Research, 2015, 45: 311-343.

⑤ Suman S, Khan M K, Pathak M, et al. Hydrogen in zircaloy: mechanism and its impacts. International Journal of Hydrogen Energy, 2015, 40 (17): 5976-5994.

⑥ Lee J M, Kim H A, Kook D H, et al. A review of factors influencing the hydride reorientation phenomena in zirconium alloy cladding during long-term dry storage. Korean Journal of Metals and Materials, 2018, 56 (2): 79-92.

⑦ Adamson R B, Coleman C E, Griffiths M. Irradiation creep and growth of zirconium alloys: A critical review. Journal of Nuclear Materials, 2019, 521: 167-244.

续表

时间	研究人员	研究主题
1975	Fidleris	锆合金堆内蠕变和辐照生长实验结果综述
1979	Lustman	20年的发展，锆在核工业中的应用：第四届研讨会
1980	Carpenter 等	辐射诱导蠕变与生长之基本机制之研究
1983	Franklin 等	核反应堆中锆合金的蠕变
1987	Nichols	燃料元分析中锆合金变形与断裂的力学建模
1988	Woo 和 McElroy	辐射引起蠕变和生长的基本机制
1988	Fidleris	辐照蠕变和生长现象
1996	Garzarolli 等	锆在动力反应堆中的行为与性能
2000	Adamson	中子辐照对锆合金组织和性能的影响
2007	Griffiths	辐照过程中锆合金的微观组织演变：剂量、速率和杂质依赖性
2008	Holt	锆合金元件的堆内变形
2009	Adamson 等	锆合金反应器内蠕变
2010	Adamson	锆合金生产与技术
2010	Shishov	中子辐照下 Zr-Nb-(Sn, Fe)合金的组织演变及变形稳定性
2010	Cheadle	Zr-2.5Nb CANDU 反应器压力管的研制
2017	Adamson 等	锆合金辐照生长

在2016年的第十八届国际核工业锆研讨会上，Walters 等[1]发表了对锆在不同反应器中等效辐射损伤的研究成果。他们比较了不同功率的中子能谱辐照下锆的损伤率，利用不同中子通量测量的损伤率函数，将不同材料的实验堆中的原子位移与 CANDU 及轻水堆条件联系起来。

2018年，Cockeram 等针对氧化锆在压水堆一次水环境下缺乏疲劳裂纹扩展速率（fatigue crack growth rate，FCGR）实验的情况，开展了压水堆环境中、氢化和非氢化条件下的 FCGR 测试。在此之前，Gee[2]、Wisner[3]等均对锆合金的 FCGR 进行了测试，结果表明，高温水环境加大了锆-2合金和锆-4合金的 FCGR。在 Cockeram 的实验中，采用直流电位降（direct current potential drop，DCPD）的方法对裂纹扩展进行了测量。结果显示，在压水堆一次水环境中，无氢化物材料的 FCGR 的值高于有氢化物材料，含氢材料的开裂趋势不断增加，使得其 FCGR 值提高。同时，对比水和空气中的 FCGR，施加应力强度对压水堆环境下的 FCGR 也有一定影响。

---

[1] Walters L, Douglas S, Griffiths M. Equivalent radiation damage in zirconium irradiated in various reactors// ASTM. Zirconium in the Nuclear Industry: 18th International Symposium. West Conshohocken: ASTM International, 2018.

[2] Gee C F. Fatigue Properties of Zircaloy-2 in a PWR Water Environment. Environmental Degradation of Materials in Nuclear Power Systems—Water Reactors, 1983: 687-700.

[3] Wisner S B, Deynolds M B, Adamson R B. Zirconium in the nuclear industry: Tenth international symposium. West Conshohocken: ASTM, 1994.

在 Adamson 等[1]的综述中，总结了锆合金性能测量方法的发展，以及从这些测量中获得的结果。随着测量方法的改进及实验和操作数据的增加，对蠕变和生长进行建模的理论基础也得到了发展。他们还介绍了锆合金在过去 60 ~ 70 年的认识演变历史和预测尺寸变化的能力。

1.3.1.3 锆基合金表面改性研究

2011 年日本福岛核电事故使人们意识到了现有 UO_2-Zr 核燃料系统的缺陷，尤其在反应堆能动安全系统失效后越发明显。此后，研究人员提出了事故容错燃料（ATF），它是为提高燃料元件抵御严重事故能力而开发的新一代燃料系统。表面改性燃料包壳则是 ATF 燃料包壳的发展方向之一[2]。

锆基合金表面改性方法能节约成本，且能提升锆基合金包壳的熔点和中子有效利用率，但存在膨胀系数匹配的问题，这关系着热循环中涂层的分层。表面改性必须要阻止因包壳蠕变引起的直径变化，同时也要抵抗因锆合金辐照生长而引起的轴向长度的变化[3]。由此，锆基合金与包壳材质的界面性质将成为重要的技术问题，但涂层不会提高锆基相表面改性的高温强度，而局部氧化弥散强化（ODS）处理可弥补涂层的不足并提高包壳强度[4]。这两种表面改性技术的联合使用可提高锆基燃料包壳的抗氧化性能和高温强度。

涂层并不会显著改变 LWR 的核心物理性质[5]，并且有可能增强包层的传热特性[6]。无论是在正常还是非正常条件下，涂层必须与锆基包覆衬底保持黏附性和化学稳定性，以防其在超出设计基准事故（DBA）过程中快速氧化。锆基合金表面涂层以前被认为可以增强其耐蚀性，并减轻栅棒微动失效的敏感性[7]。能够表现出高温蒸汽抗氧化性能的材料一般包含氧化铬（chromia）、氧化铝（alumina）和/或二氧化硅（silica）。因此，任何 ATF 涂层技术都需要至少包含 Cr、Al 或 Si 中的一种元素。

---

[1] Adamson R B, Coleman C E, Griffiths M. Irradiation creep and growth of zirconium alloys: A critical review. Journal of Nuclear Materials, 2019, 521: 167-244.

[2] Tang C, Stueber M, Seifert H J, et al. Protective coatings on zirconium-based alloys as accident-tolerant fuel (ATF) claddings. Corrosion Reviews, 2017, 35 (3): 141-165.

[3] Kim H G, Kim H G, Yang J H, et al. Development status of accident-tolerant fuel for light water reactors in Korea. Nuclear Engineering & Technology, 2016, 48 (1): 1-15.

[4] Kim H G, Kim I H, Jung Y I, et al. Microstructure and mechanical strength of surface ODS treated zircaloy-4 sheet using laser beam scanning. Nuclear Engineering and Technology, 2014, 46 (4): 521-528.

[5] Younker I, Fratoni M. Neutronic evaluation of coating and cladding materials for accident tolerant fuels. Progress in Nuclear Energy, 2016, 88: 10-18.

[6] Kam D H, Lee J H, Lee T, et al. Critical heat flux for SiC and Cr-coated plates under atmospheric condition. Annals of Nuclear Energy, 2015, 76: 335-342.

[7] Gray D M, White D W, Andresen P L, et al. Fuel rod with wear-inhibiting coating: U. S. Patent Application 11/780, 537. 2009-1-22.

(1) 发展现状

现今,锆基合金涂层领域应用最为广泛的是 Cr 涂层,其中包括 Cr[①]、CrAl[②]、CrN[③]等。厚度为几微米到几十微米的金属铬涂层可以在水或高温蒸汽环境下形成保护 Zr 的 Cr 保护层[④]。

此外,与铬涂层有关的报道显示,这些涂层在冷却剂丧失事故(loss-of-coolant accident,LOCA)试验过程中减少了熔覆膨胀,并且对熔覆淬火后延性损失具有抵抗能力[⑤]。目前研究人员正在进行多项堆内实验,以进一步评价该技术的性能,初步的离子辐照数据表明该技术具有足够的性能[⑥]。在 LWR 相关温度下,对于中子辐射,Cr 金属作为一种体心立方(body-centered cubic,BCC)晶格金属,可能表现出尺寸的稳定性[⑦]。

有研究表明,CrN 涂层(小于 5 μm)在典型的燃料辐照条件下具有良好的稳定性。未辐照的 CrN 涂层在集成 LOCA 试验中表现出良好的附着性,即使在顶破实验中也依然如此,但是与没有涂层的包覆层相比,其氧化性和破裂现象没有改善[⑧]。

鉴于涂层材料对 ATF 包壳稳定性和完整性的重要性,我们对几种用作 ATF 包壳涂层的材料的性能进行了分析,结果如表 1.6 所示。

表 1.6 用于 ATF 包壳的几种涂层材料的性能特点分析

条件	Cr	CrN	CrAlN	TiAlN	TiN/TiAlN	Ti_2AlC	Ti_3SiC_2	CrAlC
耐冷 LWR 冷却剂腐蚀	Y	Y	N	N	Y	U	U	N
中子辐照下稳定(260~400℃)	Y	Y	U	U	U	N	N	U
增加了耐高温蒸汽氧化能力	Y	N	Y	Y	U	Y	N	U

注:Y、N 和 U 分别表示是、否和未知

从表 1.6 中可以看出,Cr 涂层是最有希望进一步发展的技术。尽管在 LWR 冷水堆的

---

① Kim H G, Kim I H, Jung Y I, et al. Adhesion property and high-temperature oxidation behavior of Cr-coated Zircaloy-4 cladding tube prepared by 3D laser coating. Journal of Nuclear Materials,2015,465:531-539.

② Kim H G, Kim I H, Jung Y I, et al. Progress of Surface Modified Zr Cladding Development for ATF at Kaeri. Jeju,Korea:Water React Fuel Perform Meeting,2017.

③ Kuprin A S, Belous V A, Voyevodin V N, et al. Vacuum-arc chromium-based coatings for protection of zirconium alloys from the high-temperature oxidation in air. Journal of Nuclear Materials,2015,465:400-406.

④ Park J H, Kim H G, Park J, et al. High temperature steam-oxidation behavior of arc ion plated Cr coatings for accident tolerant fuel claddings. Surface and Coatings Technology,2015,280:256-259.

⑤ Brachet J C, Dumerval M, Lezaud-Chailloux V, et al. Behavior of Chromium Coated M5™ Claddings under LOCA Conditions. Jeju,Korea:Water Reactor Fuel Performance Meeting,2017.

⑥ Wu A, Ribis J, Brachet J C, et al. HRTEM and chemical study of an ion-irradiated chromium/Zircaloy- 4 interface. Journal of Nuclear Materials,2018,504:289-299.

⑦ Zinkle S J, Snead L L. Designing radiation resistance in materials for fusion energy. Annual Review of Materials Research,2014,44(1):241-267.

⑧ Van Nieuwenhove R, Andersson V, Balak J, et al. In-pile testing of CrN, TiAlN, and AlCrN coatings on zircaloy cladding in the halden reactor//ASTM. Zirconium in the Nuclear Industry:18th International Symposium. West Conshohocken:ASTM International,2018.

水相环境中也会形成如同在高温环境下的氧化物保护层①，但三类氧化物保护层仅有氧化铬在该种环境下具有稳定性，另外两种则会快速溶于水形成硅酸和 AlO（OH）②。

(2) 挑战和研究需求

1) 堆芯锆残留。锆涂层是短期可行性最大的 ATF 包壳涂层材料，但使用锆金属作为涂层也带来了严峻挑战：在 LWR 堆芯中残留有 25~40t 金属锆。对于冷却剂受限的事故，即使是基于 LOCA 的设计，在低至 700℃ 的温度下也会发生气泡和爆震③。即使外层表面可能受到涂层的保护，但至少有一部分包层的内部表面会暴露在氧化环境中。近年来，科研人员正在研究通过添加内表面涂层来解决该问题。

2) 超设计基准事故行为的说明。迄今为止，没有哪一个研究人员针对表 1.6 中的涂层材料在蒸汽氧化测试中超过 LOCA 场景设计基础的温度限制（1204℃）④ 进行讨论。这些环境对涂层的要求很高，一方面涂层需要承受蒸汽氧化，另一方面涂层又需要与反应性极强的 Zr 金属发生化学反应⑤。

一些新兴的涂层（Cr、CrN 和 TiN）在正常运行期间具有改善燃料性能的巨大潜力，应该致力于提高它们的性能，使其最终应用于商业反应堆。Zr 基包层被认为是安全的，适用于正常的预期运行事件（AOO）和设计基准事故（DBA）场景。Brachet 等⑥很好地解释了镀铬锆基核燃料包壳如何提高设计基准 LOCA 的包壳温度极限，并延长淬火后延性丧失前的高温持续时间（以小时计，而不是以分钟计）。该研究表明，铬涂层可以显著提高高温氧化后涂层的力学性能（即延性和强度）。

1.3.2 低合金钢

核反应堆压力容器（RPV）是核蒸汽供应系统的关键设备，也是全寿命周期内唯一不可更换的大型设备，因此其安全服役状况决定了核电站的运行寿命⑦。由于 RPV 长期服役于强辐照、高温、高压、强流体冲刷的恶劣环境中，承压部件的脆性断裂破坏是 RPV 的主要失效方式之一。也因此针对 RPV 钢的中子辐照脆化研究是主要研究方向之一，包括辐照脆化的监测、检测及防护。

---

① Tang C, Stueber M, Seifert H J, et al. Protective coatings on zirconium-based alloys as accident-tolerant fuel (ATF) claddings. Corrosion Reviews，2017，35（3）：141-165.

② Doyle P J, Raiman S S, Rebak R, et al. Characterization of the hydrothermal corrosion behavior of ceramics for accident tolerant Fuel cladding//Friedlander G, Kennedy J W, Macias E S. Environmental Degradation of Materials in Nuclear Power Systems. Cham：Springer，2017：269-280.

③ Powers D, Meyer R O. Cladding Swelling and Rupture Models for LOCA Analysis. Washington D. C.：Nuclear Regulatory Commission，1980.

④ 美国核管理委员会 10CFR 第 50 部分：生产与利用设施国内许可。

⑤ Terrani K A, Parish C M, Shin D, et al. Protection of zirconium by alumina-and chromia-forming iron alloys under high-temperature steam exposure. Journal of Nuclear Materials，2013，438（1-3）：64-71.

⑥ Brachet J C, Le Saux M, Le Flem M, et al. On-going studies at CEA on chromium coated zirconium based nuclear fuel claddings for enhanced accident tolerant LWRs fuel//Switzerland：Enhanced Acident Tolerant for Nuclear Light Water Reactors，2015：13-19.

⑦ 上官斌，李承亮. 反应堆压力容器辐照监督无损评估技术研究. 核动力工程，2019，40（6）：59-63.

1.3.2.1 发展历史

第一代核反应堆压力容器钢是在当时石油化工压力容器技术基础上，根据使用经验确定的。20世纪60年代前期，英国的气冷堆容器采用含碳0.16%~0.20%和含锰1.0%~1.3%的C-Mn钢。美国早期的压力容器采用具有良好焊接性能的锅炉钢板制造。1955年选用ASME SA212Gr.B板材，此钢可焊性好，但常温和高温强度低，不久后又发现其厚截面冲击韧性低。为改善强韧性和减薄壁厚，美国采用了强度较高的SA302Gr.B。随着反应堆容量的增大，压力容器壁厚增加，加上轻水堆中子剂量的增大导致辐照脆化加剧，壁厚超过100mm的SA302Gr.B钢板低温韧性显得不足。为提高厚截面淬透性，1964年通过在SA302Gr.B中添加Ni开发了改进型SA302Gr.B（0.40%~1.00% Ni），即后来的SA302Gr.C和SA302Gr.D。然而，正火或正火–回火后的SA302Gr.C及SA302Gr.D厚板经焊后热处理后韧性下降，且对中子辐照脆化敏感。1965年起，RPV钢板采用调质热处理工艺，开发了具有较高强韧性的钢种SA533。SA533按成分分为A、B、C、D四种，按强度又分为Ⅰ、Ⅱ、Ⅲ三级。其中SA533Gr.BclⅠ是轻水堆压力容器大量采用的钢种。1965年以后，出现了Mn-Mo-Ni的SA508系列钢。典型的RPV锻件用钢主要有美国的SA508Gr3、德国的20MnMoNi55、法国的16MND5、俄罗斯的15Х2НМФACL.1和日本的SFVV3等。在这些钢种中，美国的SA508Gr3被认为是目前最适于制造压水堆压力容器锻件的材料。之后，美国又开发了一种淬透性更强、低温韧性更好的钢种SA508Gr4N，其Mn含量显著降低而提高了Cr和Ni含量。

1.3.2.2 研究趋势

RPV钢需要同时考虑强韧匹配、可加工性、焊接性能、抗中子辐照性能等。随着RPV尺寸的增大、寿命要求的提高，以及第四代核能系统的高要求，RPV钢材料成分的选择、设计、制造工艺等一直是研究的热点与焦点。

从二代到三代核电的发展，各国RPV钢的成分有趋同之势。从单一合金元素强化基体转变为少量多种元素强化韧化基体；通过细化晶粒以提高综合性能；降低C、Cr、Mo等碳化物形成元素的含量，以减少再热裂纹敏感性，使基体堆焊不锈钢衬里时降低产生再热裂纹的倾向；严格控制P、S、Cu等有害元素，减少钢中的偏析，减弱辐照脆化敏感性，提高钢的综合力学性能；热处理工艺由以前的单一提高强度转变为在保证强度的基础上尽量提高韧性，即通过热处理提高成分均匀性、降低偏析，调整和细化（锻后）组织，以及进一步降低钢中氢含量以防止残余的氢在偏析区诱发裂纹，并保证微观结构得到均匀分布的回火贝氏体组织，获得最佳的强度和低温韧性的统一。Kuniki Hata等[①]研究了RPV钢的晶界磷偏析及其对辐照脆化的影响。结果表明，当A533B RPV钢中磷含量与日本核电站用的RPV钢中磷含量（0.015wt.%）相当时，不存在通量对晶界磷偏析的影响，且体磷含量较高的RPV钢不太可能发生晶间脆化。

---

① Kuniki Hata, Hisashi Takamizawa, Tomohiro Hojo, et al. Grain-boundary phosphorus segregation in highly neutron-irradiated reactor pressure vessel steels and its effect on irradiation embrittlement [J]. Journal of Nuclear Materials, 2020, 543.

对不同 RPV 钢种，不同截面厚度的锻件，美国 ASME、法国 RCC-M 在焊后消除应力处理时的加热和冷却速率、保温温度和时间都有严格的规定。优化冶炼工艺，冶炼出高纯度和内在质量优异的钢锭是保证核反应堆压力容器锻件质量的关键之一，同时也是保障 RPV 钢抗辐照能力的关键之一。Acosta 等[1]采用对中子辐照前后 RPV 模型钢的热电势进行试验，获得了材料韧脆转变温度的变化量与热电势的变化量两者之间的关系曲线，并给出了拟合公式。结果表明，RPV 模型钢在中子辐照脆化过程中，材料的韧脆转变温度的变化量与热电势的变化量两者之间存在二次幂函数关系。

随着人们对核能安全的重视程度不断提高，以及核电站运行时间接近设计寿命，RPV 钢寿期评估与延寿分析论证成为本领域极为重要的课题，特别是辐照脆化行为是 RPV 钢的首要问题。人们从主要研究单个合金元素和杂质元素对辐照脆化的影响，发展到多种元素和纯净度对辐照脆化的综合作用；从原子团簇的形成、演化到它们对长期性能的影响开展深入研究。

随着核电站功率的增加，压力容器逐渐变大，焊缝增多。由于焊缝对辐照敏感，所以 RPV 钢由原来的板焊结构转变为锻焊结构，活性区的纵缝消失，结构更加安全稳定，所以将来的核电建设将会有越来越多的锻焊结构代替板焊结构。

在压水堆核电站的发展过程中，一直是通过增加单机组的输出功率来降低发电成本，直到 1973 年，出于安全的考虑，美国原子能委员会规定任何单机组的容量不得超过 1300 兆瓦。所以目前压水堆核电站的单台机组容量为 1000～1300 兆瓦。另外，目前核电压力容器的生产几乎达到已有制造业的极限，通过在尺寸上的增加来提高输出功率已较困难。因此，出于对安全的保证，未来核电 RPV 钢的设计依然是低合金高强度钢，所不同的可能会进一步加入其他合金元素来提高韧性和强度。

1.3.3 铁基合金

在核电站建设中会使用大量合金，其中使用最多的是铁基合金。它通常作为包壳材料或普通建筑材料。

1.3.3.1 FeCrAl 合金

铁基合金自 1951 年以来一直被用作核燃料包壳材料之一，当时实验增殖反应堆（experimental breeder reactor，EBR）首次与奥氏体不锈钢包壳 MARK-I 进行组配[2]。奥氏体合金后来被应用到商业 LWR 中[3]。20 世纪 90 年代前，没有化学控制的高氧活性冷却装置 BWR 中用作包壳的奥氏体不锈钢（304、316 和 347 型）容易发生应力腐蚀开裂（stress

---

[1] Acosta B, Sevini F, Debarberis L. Combined thermo-electric power and resistivity measurements of embrittlement recovery in aged JRQ ferritic steel [J]. International Journal of Pressure Vessels and Piping, 2006, 83: 525-530.

[2] Walters L C, Seidel B R, Kittel J H. Performance of metallic fuels and blankets in liquid-metal fast breeder reactors. Nuclear Technology, 1984, 65 (2): 179-231.

[3] Strasser A, Santucci J, Lindquist K, et al. Evaluation of stainless steel cladding for use in current design LWRs. New York: Stoller (SM) Corp., 1982.

corrosion cracking，SCC）而最终被锆基包壳取代①。这种失效模式与以前常见的 Zr 基合金 SCC 失效模式不同，Zr 基合金 SCC 失效是腐蚀裂变产物在包覆层的内表面引发破坏②。尽管在 PWRs 中，奥氏体燃料包壳运行可靠，但为了实现更高的燃耗，以及更好的经济性，最终也用 Zr 包层替代。

与奥氏体钢的面心立方结构（镍的晶体结构）不同，铁素体钢具有体心立方结构，具有更好的 SCC 电阻③。铁素体合金也被开发用于其他潜在的商业核能应用，如通用电气在 20 世纪 60 年代的开发计划，该计划旨在利用铁素体合金的高温抗氧化性能，用于高温反应物的应用。

通过对多种候选铁基合金的调查试验研究④⑤，Brady 等提出了 LWR 用耐氧化铁基合金的再研究。合金能够形成氧化铬、氧化铝或二氧化硅的保护层也再次被检测所证实。

（1）发展现状

美国⑥和日本都设立了专门的研究计划，致力于将 FeCrAl 包壳技术发展为 ATF 技术之一。美国项目的主要重点是开发特定抗氧化合金的变体⑦，而日本打算通过氧化物弥散强化来大幅度提高 FeCrAl 合金强度⑧。

为了避免 FeCrAl 包壳因发生 α 沉淀（发生条件：辐照下的 LWR 相关温度达 300~400 ℃）而脆化，需要对商用 FeCrAl 合金进行评估。然而，有些关键成分（Cr<13 wt%，Al<4 wt%）虽然在空气中能抗氧化，但耐高温蒸汽性能差。因此，有必要对合金体中铝和铬的含量进行系统研究，以确定其耐 1500 ℃ 高温和抗氧化的能力⑨，同时尽量减少诱发脆化或

---

① Terrani K A, Zinkle S J, Snead L L. Advanced oxidation-resistant iron-based alloys for LWR fuel cladding. Journal of Nuclear Materials, 2014, 448 (1-3): 420-435.

② Armijo J S, Coffin L F, Rosenbaum H S. Development of zirconium-barrier fuel cladding//Eucken C, Garde A. Zirconium in the Nuclear Industry: Tenth International Symposium. Pennsylvania: ASTM International, 1991.

③ Andresen P L, Rebak R B, Dolley E. SCC Resistance of Irradiated and Unirradiated High Cr Ferritic Steels. Paper C2014-3760, Corrosion/2014. San Antonio, TX, 2014: 9-13.

④ Cheng T, Keiser J R, Brady M P, et al. Oxidation of fuel cladding candidate materials in steam environments at high temperature and pressure. Journal of Nuclear Materials, 2012, 427 (1-3): 396-400.

⑤ Pint B A, Terrani K A, Brady M P, et al. High temperature oxidation of fuel cladding candidate materials in steam-hydrogen environments. Journal of Nuclear Materials, 2013, 440 (1-3): 420-427.

⑥ Field K G, Yamamoto Y, Pint B A, et al. Accident tolerant FeCrAl fuel cladding: Current status towards commercialization//Basby J T, Ilevbare G, Andersen P L. Environmental Degradation of Materials in Nuclear Power Systems. New York: Springer, 2017.

⑦ Yamamoto Y, Pint B A, Terrani K A, et al. Development and property evaluation of nuclear grade wrought FeCrAl fuel cladding for light water reactors. Journal of Nuclear Materials, 2015, 467: 703-716.

⑧ Ukai S, Oono N, Ohtsuka S, et al. Development of FeCrAl-ODS Ferritic Steels for Fast Reactor Fuel Cladding. Xi'an: Energy Materials 2014, 2016.

⑨ Nagase F, Sakamoto K, Yamashita S. Performance degradation of candidate accident-tolerant cladding under corrosive environment. Corrosion Reviews, 2017, 35 (3): 129-140.

焊接引发裂纹的可能性①。此外，还需要考察合金成分对其熔点的影响②、熔点以上氧化特性③及与其他燃料组件成分的相容性④。

美国能源部就用于 ATF 包壳的 FeCrAl 合金的性能和行为进行了总结与评论⑤。FeCrAl 合金的强度和延性可以通过控制合金成分来调整微观结构从而达到与 Zr 基合金相当或更高的性能⑥。FeCrAl 以最佳的薄壁几何形状包覆 UO_2 颗粒的燃料性能和非正常行为已被评估表明可靠⑦。考虑到后 CHF 事件期间抗氧化性增强及 CHF 较高的迹象，预估 FeCrAl 包层的正常操作和 AOO 行为将优于 Zr 基包层⑧。

(2) 挑战与需求

尽管核级 FeCrAl 合金的成分得到了优化，并且减轻了早期的脆化问题，同时表现出了强大的环境稳定性，但材料本身却存在着一些固有问题。天然铁和铬的中子吸收截面大小具有不确定性⑨，包层吸收热中子效率在 4% ~ 6%，而 Zr 的吸热中子效率约为 1%⑩。为了补偿这种吸收，可以增加颗粒富集、减小包层厚度等，但这些方法都伴随着成本的增加。

另一个问题是有增加氚释放的可能性。氢同位素的渗透性会给体心立方的铁素体带来严重问题⑪，导致脆化，特别是燃料中三元裂变产生的氚。这个问题可以通过在覆层表面设计氧化膜来阻碍氢的渗透，氧化膜也可在操作过程中原位生长⑫。最近有研究表明氧化铝是一个有效的阻碍，而对空气中 FeCrAl 氧化的研究显示，结晶氧化铝仅在最高温度下形成，在 300 ~ 600 ℃ 暴露 100 小时后，仅形成粒径 10 ~ 50 nm 的氧化物⑬。

---

① Gussev M N, Field K G, Yamamoto Y. Design, properties, and weldability of advanced oxidation-resistant FeCrAl alloys. Materials & Design, 2017, 129: 227-238.

② McMurray J W, Hu R, Ushakov S V, et al. Solid-liquid phase equilibria of Fe-Cr-Al alloys and spinels. Journal of Nuclear Materials, 2017, 492: 128-133.

③ Pint B A. Performance of FeCrAl for accident-tolerant fuel cladding in high-temperature steam. Corrosion Reviews, 2017, 35 (3): 167-175.

④ Sakamoto K, Ouchi A, Suzuki A, et al. Development of Ce-type FeCrAl-ODS Ferritic Steel to Accident Tolerant Fuel for BWRs. La Grange Park: American Nuclear Society-ANS, 2016.

⑤ https://info.ornl.gov/sites/publications/Files/Pub114121.pdf.

⑥ Yano Y, Tanno T, Oka H, et al. Ultra-high temperature tensile properties of ODS steel claddings under severe accident conditions. Journal of Nuclear Materials, 2017, 487: 229-237.

⑦ Sweet R T, George N M, Maldonado G I, et al. Fuel performance simulation of iron-chrome-aluminum (FeCrAl) cladding during steady-state LWR operation. Nuclear Engineering and Design, 2018, 328: 10-26.

⑧ Liu M, Brown N R, Terrani K A, et al. Potential impact of accident tolerant fuel cladding critical heat flux characteristics on the high temperature phase of reactivity initiated accidents. Annals of Nuclear Energy, 2017, 110: 48-62.

⑨ Burns J R, Brown N R. Neutron cross section sensitivity and uncertainty analysis of candidate accident tolerant fuel concepts. Annals of Nuclear Energy, 2017, 110: 1249-1255.

⑩ Younker I, Fratoni M. Neutronic evaluation of coating and cladding materials for accident tolerant fuels. Progress in Nuclear Energy, 2016, 88: 10-18.

⑪ Peñalva I, Alberro G, Aranburu J, et al. Influence of the Cr content on the permeation of hydrogen in Fe alloys. Journal of Nuclear Materials, 2013, 442 (1-3): S719-S722.

⑫ Causey R A, Karnesky R A, San Marchi C. Tritium barriers and tritium diffusion in fusion reactors. Comprehensive Nuclear Materials, 2012, (4): 511-549.

⑬ Li N, Parker S S, Wood E S, et al. Oxide morphology of a FeCrAl alloy, kanthal APMT, following extended aging in air at 300 ℃ to 600 ℃. Metallurgical and Materials Transactions A, 2018, 49 (7): 2940-2950.

1.3.3.2 不锈钢

核电站中常用的铁基合金主要是不锈钢,包括奥氏体不锈钢、铁素体不锈钢、马氏体不锈钢和双相不锈钢等。不锈钢的多种结构与不锈钢中铁的晶格结构有关。在不锈钢中铁具有两种晶格结构:910 ℃以下为具有体心立方晶格结构的 α-Fe,910 ℃以上为具有面心立方晶格结构的 γ-Fe。另外,如果碳原子挤到铁的晶格中去,而又不破坏铁所具有的晶格结构,这样的物质又被称为固溶体。碳溶解到 α-Fe 中形成的固溶体称铁素体。下面介绍两种常用不锈钢的研究进展。

(1) 奥氏体不锈钢

奥氏体是碳溶解到 γ-Fe 中形成的固溶体。奥氏体合金内部原子按一定规律排列,排列方式一般有三种:体心立方晶格结构、面心立方晶格结构和密排六方晶格结构。奥氏体合金也是核电材料中应用最为广泛的一种。

2016 年,程晓农团队[1]研究出两种新型奥氏体耐热钢,分别是 B07 和 B08,并对这两种合金的物理性质进行了研究。该研究表明,适量的铝添加有助于提高材料的高温抗氧化能力,同时更高含量的镍有利于 Al_2O_3 氧化膜的形成;添加 Nb 元素可以有效提高合金的蠕变性能,而更高的镍含量能有效加强 B07 的塑韧性,并延长其蠕变寿命。

316LN 不锈钢也被称为奥氏体不锈钢,它是在 316L 中添加了 N,使其具备 316N 的特性。316LN 不锈钢具有良好的耐腐蚀性能,同时还具有抗晶间腐蚀的性能。其成分包括 C、Cr、Ni、Mo、N、Mn、S、Si、Fe 等。对该合金的研究主要是对其腐蚀性能的测试研究以焊接工艺的研究。

在核电站中,316LN 主要作为核电站一回路主管道材料。李兆登等[2]对 316LN 不锈钢和 ER316L 焊接头在高温高压水中的腐蚀性能进行过研究。研究发现,随着腐蚀周期的增加,腐蚀增重先降低,随后缓慢增加至稳定状态;焊接接头表面氧化膜的主要成分为 FeOOH、$FeCr_2O_4$ 和 Fe_3O_4。Rajasekaran 等[3]研究了常规钨极氩弧焊(GTAW)、活性熔剂钨极氩弧焊(AGTAW)、激光束焊接(LBW)和搅拌摩擦焊接(FSW)四种焊接工艺对制造的 316LN 焊接接头的影响。在所有的熔焊工艺中,AGTAW 工艺下的 316LN 表现出了较好的韧性。

El-Hossary 等[4]研究了压水堆用奥氏体不锈钢——AISI 304L、SSMn6Ni 和 SSMn10Ni 的射频等离子体表面碳氮共渗效果。该研究应用了结构和光学分析,研究了三种材料的表面显微硬度、摩擦系数、耐磨性、表面粗糙度平均值、接触角、表面能、耐腐蚀性及中子和

---

[1] 姚永泉. 新型 Fe-Cr-Ni-Nb-Al-Mo 奥氏体钢的高温抗氧化及蠕变行为研究. 镇江:江苏大学硕士学位论文,2016.

[2] 李兆登,崔振东,王维珍,等. 核级 316LN 不锈钢焊接接头的组织结构变化. 焊接学报,2019,40(8):89-95.

[3] Rajasekaran R, Lakshminarayanan A K, Vasudevan M, et al. Role of welding processes on microstructure and mechanical properties of nuclear grade stainless steel joints. Journal of Materials:Design and Applications, 2019:1464420719849448.

[4] El-Hossary F M, El-Kameesy S U, Eissa M M, et al. Influence of Rf plasma carbonitriding on AISI304L, SSMn6Ni and SSMn10Ni for nuclear applications. Materials Research Express, 2019, 6(9):096596.

γ射线屏蔽特性等。结果表明，射频等离子体表面碳氮共渗工艺能改善三种奥氏体钢的表面性能，除提高耐磨损、硬度、耐电化腐蚀等性能外，还增强了三种材料对慢中子的屏蔽作用。

Liu 等[1]综述了奥氏体不锈钢和镍基高温合金的多尺度 SCC 性质，在现有已知加工技术的基础上，对 SCC 具有多尺度特性的内在因素进行了探讨。

(2) 马氏体不锈钢和马氏体合金

马氏体是黑色金属材料的一种组织名称，是碳在 α-Fe 中的过饱和固溶体。铁素体/马氏体（FM）钢一直以来作为反应堆概念中的包层和结构组件。用于核反应堆的 FM 钢历来是用传统方法生产，但最近，添加制造工艺已成为制造新型 FM 部件的方式。Sridharan 等[2]对采用激光吹塑粉末增材制造工艺制造的 FM 钢——HT9 进行微观结构和机械性能评估，以确定增材制造工艺未来用于基于 FM 的组件制造的可行性。早在 2008 年，Petersen 和 Rodrian[3]就对作为反应堆结构材料的 FM 进行了热机械疲劳行为研究。

2015 年，Nie 等[4]对含有马氏体结构的 Zr-5Al-xSn（$x=2$、3、4、5、6）合金开展了研究工作。他们使用电弧熔炼制备该合金，并分析了该合金的晶格常数随锡含量的变化趋势。

第四代反应堆是各国大力发展的核反应堆，其中 ODS 钢是最有希望成为燃料包壳的候选材料。Ukai 等[5]综述了日本和法国 ODS/FM 钢的发展现状与进展情况。JAEA 开发了两种成分不同的 ODS/FM 钢：9Cr-ODS 和 11Cr-ODS，并对比了 9Cr-ODS、11Cr-ODS、12Cr-ODS 和 15Cr-ODS 的成分与性能。

1.3.4 镍基合金

在压水反应堆装置中，蒸汽发生器传热管是最容易受到腐蚀的部件。从核电发展史来看，有接近一半的压水堆故障或损坏都是由于传热管受损引起。现在传热管采用的主流材料都是镍基合金，除了传热管，镍基合金在反应堆中还作为管板一次侧堆焊层、水室隔板及相关的焊接材料。从核电站的历史和发展趋势来看，镍基材料在核岛中所占的比例在不断增加，材料类型也在不断变化和改进。

---

[1] Liu X, Hwang W, Park J, et al. Toward? The multiscale nature of stress corrosion cracking. Nuclear Engineering and Technology, 2017, 50 (1): S1738573317304552.

[2] Sridharan N, Gussev M N, Field K G. Performance of a ferritic/martensitic steel for nuclear reactor applications fabricated using additive manufacturing. Journal of Nuclear Materials, 2019, 521: 45-55.

[3] Petersen C, Rodrian D. Thermo-mechanical fatigue behavior of reduced activation ferrite/martensite stainless steels. International Journal of Fatigue, 2008, 30 (2): 339-344.

[4] Nie L, Zhan Y, Hu T, et al. Novel high-strength ternary Zr-Al-Sn alloys with martensite structure for nuclear applications. Journal of Nuclear Materials, 2013, 442 (1-3): 100-105.

[5] Ukai S, Ohtsuka S, Kaito T, et al. Oxide dispersion-strengthened/ferrite-martensite steels as core materials for generation Ⅳ nuclear reactors//Yvon P. Structural Materials for Generation Ⅳ Nuclear Reactors. Cambridge: Woodhead Publishing, 2017.

1.3.4.1 镍基合金发展历史

20世纪60年代以来，国际上广泛使用600镍基合金（15Cr-72Ni-8Fe）或800铁基合金（20Cr-32Ni-45Fe）作为蒸汽发生器传热管的制造材料，但该材料在核电高温高压水环境中易于产生晶间型应力腐蚀开裂。70年代以来，600镍基合金在实际核动力应用中暴露出了较为严重的问题，如一回路侧高温高纯水和二回路苛性介质中的应力腐蚀破裂，危及了核动力工程的安全可靠性及其效率。

加拿大、德国和瑞典等国认为，介于奥氏体不锈钢与600镍基合金之间的高Cr-Ni奥氏体不锈钢材料800铁基合金，既耐氯离子应力腐蚀、又耐晶间型应力腐蚀，在核反应堆的一、二回路水质下有良好的耐腐蚀能力。最早使用800铁基合金作为传热管材料的电站是德国State核电站，于1972年投入商业运行。我国秦山核电站一期、三期及援建巴基斯坦PC工程也采用800铁基合金作为传热管材料。在运行过程中发现，800铁基合金容易产生因蒸汽发生器管板上泥渣沉积物的堆积而使管板上段的传热管管壁均匀减薄的现象，但至今只出现了一例实际核电站中的应力腐蚀开裂，其原因是制造缺陷。

20世纪70年代，美国发展了耐应力腐蚀性能优良的690镍基合金（30Cr-60Ni-8Fe），该合金被认为是继不锈钢、600镍基合金、800铁基合金之后，用于压水堆蒸汽发生器的最佳耐应力腐蚀材料。自1982年起，作为第四代耐应力腐蚀材料，690镍基合金已应用于压水堆核电站蒸汽发生器上。由于该合金成分处于应力腐蚀开裂免疫区，因此，目前世界各国的核电站都相继采用它作为蒸汽发生器耐蚀材料，如我国的大亚湾核电站和岭澳核电站等的蒸发器传热管材料也采用了690镍基合金。

1.3.4.2 镍基合金研究趋势

690镍基合金的含碳量不大于0.03%，铬-镍含量为30Cr-60Ni-8Fe。690镍基合金管材的性能与冶金、热处理、制管工艺密切相关，冶金中不仅要控制合金元素杂质的含量，而且要严格控制Mg、Al等元素的含量，管材要经过三次热处理，即退火、特殊热处理（thermal treatment, TT）、消除应力，要严格控制挤压、锻造、轧制工艺。

抗晶间应力腐蚀是对690镍基合金的主要性能要求，而晶界的铬贫化、杂质向晶界的偏析、晶间碳化物及其对应力集中的效应，都是引起材料腐蚀的原因。因此需对该合金成分的精确控制、选择最佳的化学成分范围、微量元素处理技术，以及低成本、高纯度、低杂质含量，同时又能满足综合性能的冶炼工艺进行研究。

核电蒸发器传热管表面质量要求高，表面冷加工状态和水化学状态严重影响其抗应力腐蚀的能力。因此，690镍基合金应力腐蚀机制、生产工艺、焊接材料等方面的均是研究重点。我国对690镍基合金研究较晚，目前对其研究集中在微观组织演化、热成型、高温失塑裂纹、应力腐蚀裂纹等方面。汪家梅等[①]采用直流电压降裂纹长度在线测量技术研究了溶解氧和溶解氢对冷变形690镍基合金在360℃水环境中应力腐蚀（SCC）裂纹扩展速

---

① 汪家梅，朱天语，鲍一晨，等. 溶解氧和溶解氢对冷变形690 MA合金应力腐蚀开裂的影响规律[J]. 原子能科学技术，2021，6：1-8.

率的影响规律,并结合高分辨微观表征技术观察了裂纹尖端形貌和腐蚀产物特征,解释了溶解气体对SCC的影响机理。结果表明,溶解氢环境下的裂纹扩展速率约为溶解氧环境下的2~4倍。

1.3.5 焊接材料

核电站中采用了大量的焊接结构。由于微观成分、组织结构的不均匀,以及可能的焊接残余应力,焊接部位往往是薄弱环节,故而焊接具有非常高的安全重要性。

核电焊接材料分为核级和非核级。核级焊接材料与非核级焊接材料对比,一方面增加了特殊性能的要求,如Cu、Co等残留元素的含量限制和服役温度下的冲击性能等;另一方面对于生产过程的质保体系提出了更严格的要求,一般参照ASME标准NQA-1部分进行管理。在RCC-M标准中,根据焊缝类型(分承载焊缝和过渡层、TIG根部焊道和密封焊缝、堆焊层三类)有不同的性能要求,对处于强辐射区的核岛主设备焊缝,除了常规的性能要求外还需检测无塑性转变温度、系列温度下的冲击韧性、抗辐照脆化、低周疲劳、断裂韧性等特殊性能指标。

核电关键设备制造及安装中主要用到的核级焊接材料有:用于低合金钢的埋弧焊焊丝、焊剂和焊条;用于不锈钢焊接的308L、309L和316L焊丝和焊条;用于不锈钢堆焊的308L和309L焊带和焊剂,以及少量的镍基合金、钴基合金和碳钢焊材。

国外知名品牌的焊接材料生产企业涉足核电较早,有成熟的生产技术和质量保证体系,经过国际上多项产品认证,具有多年的核电厂的应用业绩,同时不断根据经验反馈进行焊接材料的改进优化,如20世纪50年代开始就用WE182/FM82,但用182/82合金焊材焊接600镍基合金后在运行中发现了应力腐蚀裂纹,然后改用152/52合金(30% Cr)焊材,特别是针对690镍基合金虽解决了应力腐蚀裂纹,但又发现了失延裂纹(DDC)问题,后对152/52合金焊材进行了改进,研发了152M/52M焊材(加添Nb),解决了因焊接材料导致的DDC问题,因此产品质量得到了认可。

焊接材料的微观成分调整、焊接工艺优化是核电材料焊接的两大关键,可确保焊接后的焊接部位在长期运行过程中不发生应力腐蚀开裂、腐蚀疲劳,甚至比母材还要好是追求的目标。

国内核电焊接材料研发起步晚、技术储备不足,因此高质量的核电焊接材料种类严重匮乏,同时普通等级的焊材也因部分企业质量管理体系尚未健全、质量稳定性不够等问题导致产品难以进入核电市场。

目前国内核电关键设备制造及安装中用到的焊接材料以进口为主;但进口焊材存在成本高、供货周期长的问题。国内核电大批量建设期间,迫切需要加强核级焊接材料的国产化。当然,在国产化过程中,可以从常规岛、从技术难度相对较低的碳钢焊条与低合金钢焊材做起,再到难度高的不锈钢焊接材料、镍基合金焊材;同时,重视先进高效焊接方法及其所用的焊接材料。

1.3.6 电缆材料

核电站电缆主要应用于核反应堆厂房、核辅助厂房和汽轮机厂房。电缆敷设方式一般采用管道或线槽敷设，要求电缆具有可靠的使用寿命、热稳定性、防潮性、化学稳定性和抗辐射性能。为保证系统设计的高可靠性，避免设备损坏导致严重后果，通常采用重复的多路独立线路系统和装置。通常电力电缆采用两套独立线路系统，控制电缆采用三套独立线路系统。

1.3.6.1 核电站电缆材料要求

核电站用1E级电缆按核电站电气系统设备的安全类别分为三类：K1、K2、K3（表1.7）。1E级是指核电站电气设备的安全分级中的安全级。该级别电气设备能执行或支持反应性控制、余热排除和放射性物质包容三项基本安全功能，以及防止和缓解事故，也即是指完成反应堆紧急停堆，安全壳隔离、堆芯应急冷却、反应堆余热导出、反应堆安全壳的热导出；防止放射性物质向周围环境排放等功能的电气系统设备的安全级。

表1.7 三种安全类别及范围

级别	范围
K1 类	安装在核反应堆安全壳以内，在正常环境条件下和在安全停堆地震荷载下以及在事故期间或事故之后仍能执行其规定功能的电缆
K2 类	安装在核反应堆安全壳以内，在正常环境条件下和在安全停堆地震荷载下仍能执行其规定功能的电缆
K3 类	安装在核反应堆安全壳以外，在正常环境条件下和在安全停堆地震荷载下仍能执行其规定功能的电缆

核电站用电缆产品的发展过程实质上是材料的更新换代过程。核电缆的性能指标、质量水平、制造技术和验收规则均比一般电缆要高很多。随着核电站电缆用材料的不断进步，核电站电缆的性能也得到了极大的进步和提高，特别是在机械性能、阻燃性能及耐热性能等方面。

核电站电缆的主要性能包括：①核级电缆都具有低烟、无卤、低毒、阻燃等性能特点，一般还应有耐辐照的性能要求。②核级电缆的规范要求20℃绝缘电阻常数不小于3670兆欧/米，同时又要求单根绝缘的垂直燃烧的性能指标，这对于低烟无卤阻燃绝缘材料来说有较大的难度。③核级电缆屏蔽一般采用复合屏蔽方式而不是传统的普通电缆屏蔽（屏蔽密度一般要求为80%），此时在不增加电缆外径的前提下达到100%的屏蔽密度，其抗盐腐蚀性能好，可更好地适应核电站的沿海气候。④核级电缆的成束耐燃性能要求达到B类或更高的A类的要求，故而选用的绝缘、护套及填充物等的阻燃性能要好。⑤核级电缆的弯曲半径要求更严格，以满足核级电缆的抗地震能力。⑥核级电缆耐长期运行的老化性能。在诸多要求相互叠加的前提下，材料的研发、合理选择和配合、制造工艺是电缆制备能否满足核电站运行要求的决定性因素。

随着我国核电站的兴建，我国电缆行业于20世纪80年代中期开始了核电站用电缆及材料的研究与开发。依据我国核电站电缆研发的路径,可将20多年的发展历程分为三个阶段,将秦山一期核电站用电缆定义为第一代核电站电缆,标志为使用寿命30年;将除秦山一期以外目前已建和在建的核电机组用电缆定义为第二代,标志为使用寿命40年;将目前在建的第三代核电站用电缆定义为第三代,标志为使用寿命60年。

1.3.6.2 核电站电缆的发展趋势

在核电站的设计、建造与运行历程中,其各类线路所选用的电线电缆由普通产品发展到阻燃的PVC电缆,再发展到低卤阻燃的乙丙橡胶和交联聚乙烯电缆,直到目前广泛采用的无卤低烟阻燃乙丙橡胶和交联聚烯烃电缆。电缆的使用寿命也从30年提高到40年,特别是K1类电缆,在无卤低烟阻燃的基础上还要通过一系列苛刻的核环境试验考核,以确保核电站的高安全性和高可靠性。20世纪90年代后期又提出了K0类电缆的概念,即在K1类电缆基础上增加无机绝缘层,以适应核电站核反应堆堆芯熔化这类极端事故,保证核电站最大的安全系数。目前,第三代核电站的设计要求使用寿命达到60年。因此,不断提高材料技术水平、生产工艺水平及产品检验水平对核电站电缆发展是十分重要的课题。

欧洲及美国、日本等国的核电工业发达,核电站用电缆的研制开发、品种和试验验证等方面工作开展得都比较早也更先进。例如,美国1969年研制了氧化镁绝缘不锈钢护套核电站用电缆,法国1970年研制了氧化镁和三氧化二铝混合物绝缘、不锈钢-铅-不锈钢护套电缆。目前美国研制出二氧化硅核电站用电缆,此种电缆具有良好的耐环境、高的耐辐射性能及卓越的电性能,适合于核反应堆的核岛内(1E级K1,K2类),在恶劣环境中的使用寿命可达60年以上。

因此,未来核电站电缆的发展最主要的技术基础还是要依赖材料技术、设计工艺技术和试验技术的发展,以及大量的试验验证工作。

1.3.7 混凝土

核电站建筑物的耐久性设计是保障核电厂安全运行、提高经济效益的重要手段。核电站的设计使用年限为50年或60年,我国规定的建筑物设计使用年限一般为50年或100年。钢筋混凝土的耐久性与环境条件密切相关,分布于我国的各个地区的核电站应当根据当地条件而设计。例如,山东海阳核电站属于微冻地区的海洋环境,地上建筑为Ⅱ-C类环境,地下为Ⅱ-D类环境,取水口或与海水直接接触的建筑为Ⅲ-C类环境。结构构件应按其使用环境设计相应的混凝土保护层厚度,预防外界介质渗入内部腐蚀钢筋。

水泥类材料的强度和工程性能是通过水泥砂浆的凝结、硬化形成的。水泥石一旦受损,混凝土的耐久性就被破坏,因此水泥的选择需注意水泥品种的具体性能,选择碱含量小、水化热低、干缩性小、耐热性、抗水性、抗腐蚀性及抗冻性能好的水泥,并结合具体情况进行选择。

集料与掺和料集料的选择应考虑其碱活性、耐蚀性和吸水性,同时选择合理的级配,改善混凝土拌和物的和易性,提高混凝土密实度。大量研究表明,掺粉煤灰、矿渣、硅粉等混合材能有效改善混凝土的性能，改善混凝土内孔结构，填充内部空隙，提高密实度。高掺量混凝土还能抑制碱集料反应，因而掺混合材混凝土是提高混凝土耐久性的有效措施。

混凝土配合比设计在满足混凝土强度、工作性的同时，应考虑尽量减少水泥用量和用水量，降低水化热、减少收缩裂缝、提高密实度。采用高效减水剂，改善混凝土内部结构，提高混凝土耐久性能。

为了进一步提高其耐久性，在混凝土中加入性能优良的聚丙烯、纤维素纤维等，可以减少混凝土早期开裂，提高混凝土的抗裂、抗渗性能，同时还可提高混凝土的抗折强度。

聚羧酸系高性能减水剂是继木钙为代表的普通减水剂和以萘系为代表的高效减水剂之后发展起来的第三代高性能减水剂，是目前世界上综合性能最优的一种高效减水剂，在提高混凝土性能方面有广阔的前景。

1.3.8 核电关键金属结构材料的使役行为研究

安全运行是核电站的首要目标。材料的失效往往会导致灾难性事故，特别是核电关键材料的失效将会造成十分严重的后果，不仅引发核电站的安全事故，甚至影响民众和环境的安全，危及国民经济的可持续发展。国际上核电先进国家长期运行的经验表明，以应力腐蚀开裂为代表的环境促进开裂已成为压水堆构件失效的主要原因之一。瑞典核电监察机构对蒸汽发生器以外构件的1085个失效（劣化）事件的统计研究发现，应力腐蚀开裂是核电站事故的第一位因素，其次分别是流动加速腐蚀、疲劳、磨损和一般腐蚀。

应力腐蚀开裂常造成长时间而又耗费显著的停堆和修复，甚至产生核辐射泄漏等核安全问题，是影响整个系统运行经济性和安全性的主要问题之一。据美国电力研究院统计，20世纪90年代以来，每年由于腐蚀导致的核电站能力因子降低达5%。其中，80%以上蒸汽发生器破坏是由于应力腐蚀开裂导致。

应力腐蚀开裂问题尚未解决的主要原因是机制研究有待突破。美国、法国、日本、加拿大、德国、韩国、瑞典等国家先后都检测到或出现过多起材料环境失效事件。核电环境中关键材料的失效过程非常复杂，影响因素多、研究难度较大，对失效的预测与控制更难。因此，核电关键材料在高温高压水中的环境损伤行为一直是研究的难点和热点。

1.3.8.1 核电关键材料环境行为的主要研究部署

为了确保在役核电站的服役安全和电站的延寿，各个国家（组织）都对长期服役过程中核电材料性能的退化非常重视。例如，美国核管理委员会于2004年就牵头组织了核电站寿命前瞻管理项目，并号召全世界一起参与和关注。美国电力研究院（EPRI）于2004年提出了材料退化矩阵，并一直持续部署研究项目。欧盟于2005年开始部署了主要针对辐照加速应力腐蚀开裂的PERFECT项目。法国2007年成立了专门针对核电站的材料退化研究院，旨在针对目前的急迫需求开展研究，提出解决办法，参加会员包括美国EPR、日本两大核电公司（TEPCO、KEPCO）等外国单位。日本2005年由日本国立核安全院牵头组织来自全国从事核电产学研方面的数十位专家，制订了老化路线图，安排了25年的研究计划，分成 5 年（2005~2009 年）、10 年（2010~2019 年）、10 年（2020~2029 年）三个阶段，并提出了每个阶段的产学研的分工和具体的研究内容。韩国 2009 年成立了针对核电材料退化前瞻管理的 PRIMA 研究网。我国 2006 年启动了"核电关键材料的环境行为与失效机理"的"973"项目；2011 年继续开展"核电关键材料与焊接部位在微纳米下的环境行为与失效机理"的"973"项目，同年安排了核电重大专项课题"压水堆核电材料环境相容性研究"等。可见，国际社会对核电材料的性能退化研究异常活跃，核电材料在高温高压水中的环境行为和长期辐照行为中安全服役是紧迫、艰巨的重要课题。

苛刻的环境、复杂的载荷、长期的服役、部件难更换、高可靠性是核电站部件的服役特点。这对材料制备时的成分控制规范、部件制备工艺标准、结构设计标准、构件运输与装配导则、运行水化学控制导则、在线监检测方法、电站老化管理导则、寿命预测等提出了更高的要求，只有在非常微观的尺度（如微纳米尺度）和微小的变化（纳安级腐蚀电流等）行为上加强研究，才能澄清材料的损伤机制，逐步实现可定量化地预测核电站的服役寿命，获得对工程实际的更有价值的结果。

1.3.8.2 服役过程中的主要性能退化机制

(1) 高温高压水腐蚀电化学

轻水堆核电站的许多材料工作在高温、高压水环境条件下，材料在核电站环境中的腐蚀损伤实质上是核电材料在高温高压水中的电化学行为。

相同环境、不同材料的电化学动力学差别较大，仍然需要深入研究。美国 Macdonald 发展了高温高压水中材料腐蚀电化学测试理论，先后研制了可用于高温、高压环境的带 pH 传感器的 W/WO$_3$ 电极系统，可测量到 0.5pH 单位。Huang 等[①]研制了一种可在 480℃ 超临界水中工作的参比电极。美国麻省理工学院的研究组尝试了采用交流阻抗方法对材料高温高压水环境中腐蚀过程进行直接监测研究。我国研制了高温高压环境中 pH 在线电化学测试系统，能准确测定在 550℃ 以内任意温度的试验介质中的电位与 pH，精度达 +0.01pH 单位。高温高压水中的电化学是核电站材料腐蚀相关失效行为的基础问题。我国的研究发现，304 不锈钢在模拟核电一回路高温高压水中的电化学动力学与常温条件下不同，高温下是由化学反应控制，而常温下则是由离子在液相中迁移控制。同时，其电化学特征与材料自身微观结构、表面膜的化学成分、膜的微观结构与电子结构和损伤之间存在一定关系。而 690 镍基合金在模拟缝隙水化学条件下，无论在高温还是常温下都表现出钝化行为（尽管在高温下的腐蚀电流很大），此时都呈现出由离子在液相中迁移控制。

(2) 晶界的优先氧化与晶界强度

离子、原子等在金属中都会扩散，相对来讲，晶界在材料中是薄弱环节。腐蚀对材料的作用一是表面上的材料损失，二是在材料内部特别是沿晶界的扩散或氧化。在气相环境中，晶界优先氧化；在水环境中，氧化过程可能是由阳离子或阴离子扩散控制。晶界上氧化后，由于氧化物的尺寸往往大于金属自身尺寸，此时会在晶界氧化物周围产生较大的氧

---

① Huang S, Daehling K, Carleson T E, et al. Construction and Calibration of an Internal Silver/Silver Chloride Reference Electrode for Supercritical Fluid Studies [J]. Corrosion-Houston Tx, 2012, 47 (3): 185-188.

化物楔形力。Evens 的分析结果表明,氧化后会在晶界上形成数百兆帕的拉应力,而铁铬镍奥氏体钢的氧化往往伴随着脱合金化。近年来的模拟结果表明,铁铬镍奥氏体钢是否产生脱合金与材料的成分存在确定性关系。

在核电高温高压水环境中,不锈钢、镍基合金等到底能否在晶界上优先氧化并产生沿晶应力腐蚀开裂一直是人们关注但尚未解决的问题。我国首次观察到 690 镍基合金在模拟实际的压水堆核电一回路高温高压水中的晶界氧化现象,平均沿晶氧化腐蚀的速度大于 18.67 微米/年,这预示着随着时间的延长,由于氧化物的楔形力的作用,沿着晶界产生开裂将是必然的。当然,原始晶界上的化学成分对晶界的氧化过程会产生重要影响;同时,水介质中溶解氧与溶解氢的含量具有同样的重要作用。

实际上,晶界自身的强度是影响何时产生开裂的关键。在聚焦离子束(FIB)中进行原位拉伸试验的结果表明,通过时效处理后在晶界上产生的少量磷的偏聚就使晶界强度降低到过去的 50%。同时,晶界氧化显著降低了晶界的强度,也预示着晶界氧化会促进沿晶应力腐蚀开裂。

(3) 材料内部微观结构对腐蚀的影响

从材料的晶界结构及分布的角度考虑如何提高材料性能的研究工作于 20 世纪 80 年代逐渐受到重视。日本学者 Watanabe 提出"晶界设计及控制"的概念,随后发展为晶界工程研究领域。690 镍基合金及 304 不锈钢等核电站关键材料在生产制造过程中,有可能运用晶界工程达到改善与晶界相关腐蚀性能的目的。弄清晶界结构特征对沿晶应力腐蚀开裂影响的机理问题,构件在加工及装配过程中对晶界显微组织的影响及这种影响对腐蚀性能的作用,是晶界工程实际应用需要研究的问题,也是材料环境行为与失效机理研究的重要内容。已有的研究结果已经表明,不是所有低 Σ 重位点阵(ΣCSL)晶界都对开裂免疫,只有共格 $\Sigma 3$ 晶界不开裂;同时也发现有部分裂纹停止在随机晶界处。所以腐蚀裂纹沿晶界扩展不仅和裂纹尖端的晶界特性有关,更重要的是晶界网络的拓扑分布。

然而,变形会改变晶界的特征分布。当施加单调变形时(X 方向),$\Sigma 3$ 晶界的数量和百分数降低,并增加低角晶界和随机晶界;然后在另一方向(Y 方向)施加变形时限制了 $\Sigma 3$ 晶界的降低,某些随机晶界将恢复到 $\Sigma 3$ 晶界从而使其数量和百分数都提高。这从位错结构角度看两者不同,前者表现为高能的位错堆积结构,而后者则是低能的位错缠结结构。

(4) 材料表面状态对腐蚀与应力腐蚀的影响

腐蚀是从接触环境的材料表面开始。应力会因提高材料的内能而加速腐蚀,甚至导致应力腐蚀的发生。美国奥康尼(Oconee)核电站的实际运行结果表明,运行 21 年后的蒸汽发生器管表面出现了 500 微米深的应力腐蚀裂纹。该裂纹正是在制备过程中表面存在的 20 微米深、500 微米宽的原始划伤处萌生并扩展的。如果按照平均速度计算,其开裂速度约为 0.008 埃/秒。麦圭尔(McGuire)等核电站也出现过从原始的 20~50 微米深、100 微米~1 毫米宽的划伤处经过长期运行后出现的应力腐蚀裂纹。因此,材料表面的加工状态,如抛光、磨光、表面存在划伤等表现出不同的行为,由于这样的发展速度极慢,研究难度很大。

不同的表面处理状态下,材料表面的变形层会显著不同,同时变形层内的微观结构也不同，这必然导致其腐蚀速度和应力腐蚀开裂的形态不同。

材料表面出现划伤后，划伤部位局部存在较大的残余压应力，材料的局部发生了变形并引起微观结构的变化，该部位的局部电化学行为与宏观区域也有显著不同。因此，在材料制备、加工，以及部件的运输与安装过程中，严格控制材料表面的加工状态是保障长期安全可靠使用的关键步骤。这需要进一步深入研究并提出控制的临界标准值。

（5）应力腐蚀开裂的裂纹形状与局部化学成分

传统的应力腐蚀裂纹总表现出钝性，同时多有分叉。人们长期关注的是裂纹的扩展速度，特别是由于测试技术的困难，人们只能获得长裂纹的扩展速度，对早期的裂纹萌生和扩展的研究结果较少。在核电环境中失效的服役蒸汽发生器管的高分辨透射电镜研究中发现，在原子尺度上裂纹是尖锐的，同时没有分叉，在裂纹路径和裂尖前沿没有位错和塑性变形的痕迹；同时，在裂纹路径上的化学成分存在明显的不均匀性。这至少说明，核电环境中长期服役后产生的应力腐蚀开裂机制与传统的裂尖塑性变形导致膜破裂机制不同。

（6）材料微观成分中纳米尺度原子团簇的形成及其对性能的影响

压水堆核电站的反应堆压力容器（RPV）都采用含有锰–镍–钼的低合金铁素体钢（A508-Ⅲ）。人们已经认识到由于中子辐照诱发析出了富铜原子团簇和其他镍、锰等原子团簇的形成，从而促使PPV钢发生辐照脆化。在合金中添加镍元素后，一方面增加了钢的淬透性，提高了韧性，降低了韧脆转变温度，但另一方面却增加了中子辐照脆化的敏感性。镍含量的提高会促使富铜原子团簇的析出，但是其根本原因还不十分清楚。周邦新等采用三维原子探针层析技术和时效模拟的方法，研究了不同镍、铜含量的RPV模拟钢中富铜、富镍和富锰原子团簇的形成。其指出，合金元素镍会增加压力容器钢中子辐照脆化敏感性的本质原因是，由于钢中的合金元素镍形成富镍原子团簇后会成为富铜原子团簇析出时成核的地方，因而提高镍的含量会促使富铜原子团簇的析出。近年来的研究在元素团簇的形成、元素在晶界上的偏析等方面进行了深入分析。

1.3.8.3 待解决的问题与研究趋势

核电关键材料的环境行为主要解决在高温、高压、辐照环境与力学联合作用下的材料行为描述与表征。它涉及材料、物理、化学、数学等学科领域，其研究结果将构成改善材料品质的创新技术的理论基础，使材料设计从单纯追求材料基本性质和提高材料的个别环境因素抗力到主动地适应多元环境。

材料环境失效的特点是时间相关性和突发性。材料环境失效的突发性往往导致灾难性事故，破坏性极大，特别是当有核污染时后果极其严重。发生这些事故的根本原因是关于材料环境退化的基础理论问题尚未解决，损伤检测、寿命预测方法尚未有效建立起来。因此，从潜在的重大环境失效问题中提取出共性的关键科学问题，集中力量进行攻坚，既是材料科学发展到今天的必然，又是目前产业界的迫切需要，更是资源有效利用和经济社会可持续发展的保证。

核电部件的安全性与可靠性高，使用寿命长。核电高温高压水环境中服役的金属材料的平均损伤速度慢，可以在数十分钟内只有一个原子的尺度变化，因此，深入开展微纳米尺度下材料的行为研究是当前的需求和热点。由于尺度的变化，研究手段、思路与传统的腐蚀、应力腐蚀、腐蚀疲劳等的研究有很大不同。为了确保核电站的高可靠性，需要从材料制备、加工、使用等多角度的变化参数出发，注重如下几个方面的研究。

(1) 高温高压水中材料的腐蚀电化学行为

高温高压水中腐蚀电化学的控制步骤与材料表面、界面特征密切相关。双电层周围材料/溶液界面在微纳米尺度发生着动态变化过程。在非常接近金属表面时，水的物理性质、介电常数、离子浓度与输运过程及体溶液会显著不同，这对于微观腐蚀电化学过程会产生特殊影响，值得深入研究。另外，材料表面膜由于微观结构、物理和化学性质不同、与近表面吸附离子间交互作用，使表面电化学位发生微纳米尺度上的变化，需要深入表征。裂纹尖端在纳米尺度上的缺陷与水的交互作用更难以用传统的方法描述。微裂纹的形成、连接和长大动力学过程、点蚀萌生和裂纹萌生与之关系等也需要进行微纳米尺度的表征。电化学噪声是从微钠尺度研究的一种有效手段。光电化学是研究表面膜的特征包括表面膜在擦伤与再钝化过程中膜的性质和开裂机制关系的有效手段。

(2) 材料内部的缺陷和对传输过程的影响

压力容器钢辐照后的微观结构发生变化，如纳米尺度原子团簇的析出、原子团聚、长大过程中成分变化、晶体结构变化及在位错上的偏聚、辐照使材料出现微观损伤等问题，限于实验手段，目前的相关研究还很薄弱，亟待加强。

腐蚀过程伴随着阴离子、阳离子、氢或氧等元素在晶内和晶界上的传输。在这个过程中，位错、空位如何作用，以及晶界传输过程的实验证据都有待进一步加强。同时，晶界氧化与氧化参数、力学之间的关系等也有待深入研究。

(3) 裂纹萌生机制

高温高压水中材料微纳米尺度缺陷的腐蚀，应力腐蚀裂纹孕育、发生和发展的损伤演化规律是人们目前关注的重要问题。材料微纳米尺度缺陷从腐蚀到裂纹萌生的环境损伤演化过程是决定核电关键结构寿命的关键。材料内部缺陷的状态，包括空位、材料中的氢、夹杂物等对腐蚀与裂纹的萌生的影响，特别是氢、空位的作用值得深入研究。

(4) 新的研究方法与手段的使用

研究手段的改善对获得新的结果至为重要。用中子衍射技术研究材料表面氧化物与水溶液界面上水的排序状态；电化学扫描原子力显微镜研究材料表面不均匀性、缺陷等对表面电位的影响；三维原子探针研究材料内部原子尺度的团聚对材料腐蚀的作用，并在三维尺度上表征应力腐蚀裂纹尖端周围的特征；多尺度计算模拟，特别是从量子、第一原理、分子动力学角度开展模拟计算，这些都是目前国际上开始兴起的研究解决核电环境中材料损伤行为的有效手段。

(5) 材料微观损伤研究结果与工程应用的结合

为了有效解决工程实际问题，如下几方面值得加强：表面初始状态，如抛光、打磨、冷加工、划伤等需要给出工程上可用的临界值；对改善锆合金和690镍基合金的晶界工程方法提高抗腐蚀性，需要从材料成分与微观结构的影响深入研究；水化学参数的变化对材料微纳米尺度上微观损伤的影响；焊接特别是异种钢焊接的影响；微动磨损与微振模式，以及磨损量与微观组织、结构、晶粒尺寸的关系；早期、原位损伤监测与检测技术的研究和应用；建立与微观机制一致性的损伤评价模型。

1.3.9　安全性评估与寿命评价技术

1.3.9.1　压水堆核电站的关键金属部件及其重要度排序

安全评估时关键金属部件的选择根据如下两个安全准则：事故期间可以容纳裂变产物的释放；正常运行期间能使安全壳内的放射性保持在可接受的低水平。压水堆核电厂有四道屏障防止裂变产物的释放，其中一回路压力边界是最重要的一道屏障，其组成包括反应堆压力容器、一回路冷却剂管道及安全端、蒸汽发生器、主泵泵壳、稳压器，它们都是金属部件。其重要度按照部件失效危及核电厂安全的程度排序，分别是：反应堆压力容器、冷却剂管道和安全端、蒸汽发生器、冷却剂泵泵壳及稳压器。

1.3.9.2　反应堆压力容器（RPV）的安全性

压力容器的使用寿命决定了核电站的使用寿命，直接影响核电站的经济性和安全性。早期核电站的设计寿命为 30 年，目前国际上新设计建造的核电站为 40～60 年。设计使用寿命的延长对压力容器的性能提出了更高的要求。保持反应堆压力容器的结构完整是压水堆核电厂的首要任务，全世界为此开展了大量的研究。人们关注的核心是三个方面：①厚壁结构的断裂韧性；②辐照脆化；③疲劳性能。

压水堆核电厂的 RPV 目前多使用 A508-Ⅲ钢。该钢的特点是对堆焊层下再热裂纹不敏感；Mn 质量分数较高以弥补淬透性；因为 Mn 易增大钢中偏析，所以又降低了磷和硫的质量分数。厚截面 A508-Ⅲ钢淬火后基体组织为贝氏体，这种贝氏体粗大，对提高强度和韧性不利，所以标准要求采用调质热处理工艺。

针对 RPV 钢安全性最著名的研究是美国的厚壁部件技术研究。该研究由美国核管理委员会于 20 世纪 60 年代组织，专门解决反应堆压力容器在各种载荷下的断裂力学评估问题。该研究采用的试样形式有：①厚壁筒体试件，如英国 AEA 的反应堆压力容器承压热冲击试验；②压力容器试件，如橡树岭实验室在厚壁部件技术研究中使用的压力容器试验件；③宽板件，如日本电力工程检测公司使用的试验件；④梁类试件，如橡树岭实验室研究反应堆压力容器堆焊层断裂行为的十字梁试验件。这些研究都试图尽可能模拟接近真实条件的情况

反应堆压力容器（RPV）材料受中子辐照后产生晶体缺陷，主要有贫原子区、微空洞、层错四面体和位错环等，统称为辐照损伤。辐照损伤引起反应堆压力容器材料性能变化，即辐照效应。这种效应总的趋势是使材料强度升高，塑性和韧性下降，尤其是屈服强度升高较快、均匀延伸率下降较大，所以材料变脆，即辐照脆化。

准确掌握反应堆材料辐照脆化的程度是断裂力学评估的基础。目前，ASME 规范中提供的 K_{IR}（I 型参考临界应力强度因子）和 T_{NDT}（参考零塑性转变温度）的拟合公式未能很好地解决数据分散问题。K_{IR} 采用下包络线，因此和 T_{NDT} 的相关性很差。为此，美国橡树岭国家实验室提出了主曲线法（Master Curve）来解决这一问题，该方法已被 ASTM 采纳。

对 RPV 安全威胁最大的是脆性断裂。脆性断裂的特点是爆发性的突然破坏，断裂之前没有塑性变形，无任何预兆，裂纹失稳后即迅速扩展断裂，一旦发生，后果十分严重，尤其辐照脆化又增大了 RPV 的这种危险，因此国内外均把防脆断作为研究和考核 RPV 的重点。ASME 的《锅炉与压力容器规范》第Ⅲ卷、第Ⅹ卷和 ASTM-E185、美国联邦法规 10CFR50 等对 RPV 的设计、制造、检验和在役检查分别做了详细要求和具体规定。其他国家对 RPV 的要求也都参考美国的规范、标准和法规。

防止 RPV 脆断的判据目前有两种：转变温度法和断裂力学法。转变温度法是指当压力容器运行温度高于弹性断裂转变温度时，材料处于韧性状态，故可防止脆断。尽管转变温度法可信度很高并被广泛采用，但该方法不能判断裂纹是否会迅速扩展，需要断裂力学来判断。RPV 壁厚很大，如果器壁中存在裂纹，可认为裂纹尖端塑性区很小，处于平面应变状态，因此 ASME 规范采用线弹性断裂力学的计算方法。断裂力学虽然科学，但计算和实验比较烦琐，尤其是实验时的开裂点难以测准。对 RPV 材料来说，K_{IC}（Ⅰ型裂纹临界应力强度因子）试样十分庞大，所以通常在压力容器选材、制造、验收及在役检查中多采用转变温度法作参考指标，断裂力学仅在确定运行限制曲线、寿期末、异常情况或缺陷尺寸超标时才用于评估。对 RPV 钢的辐照脆化，国内外均采用测量夏比 V 缺口系列冲击曲线上辐照前后的韧脆转变温度增值和上平台能量的降低值来检验，测量时采用随堆辐照监督试样。

早在 1965 年，美国压力容器研究委员会（PVRC）就开始组织厚板焊缝射线与超声波检测的可靠性研究。1974 年，PVRC 又与欧洲共同体委员会合作，开展了钢制件检验计划（PISC）。该计划分三期，即 PISC-Ⅰ、Ⅱ、Ⅲ，迄今已延续 40 年。目前的 PISC-Ⅲ 模拟核容器焊缝检测的初步结果表明，除按照 ASME-Ⅺ 规范的规定外，只要采用先进的补充测试技术，核容器缺陷总检出率可达 80% 以上，缺陷尺寸检测误差已经达到 1~5 毫米。

金属疲劳的评估是 RPV 安全评估的主要问题之一，过去一直是按照空气中的疲劳曲线取较大的安全系数进行设计和评估。其中要解决两大问题，一是材料在冷却剂介质中的疲劳性能；二是热疲劳的评估方法。关于金属在冷却剂介质中的疲劳性能，美国阿贡国家实验室进行了大量试验。研究指出，无论碳钢、低合金钢还是奥氏体钢在冷却剂介质中的疲劳寿命均比空气中要短，研究结果给出了这三类材料在冷却剂环境下的疲劳设计曲线，这一成果已被应用于美国核电站的延寿。关于热疲劳的评估方法也开展了相当多的研究，例如，利用德国退役的 HDR 核电站进行的热瞬态监测试验，获得了管道在暖态时管壁的温度分布数据。热疲劳主要由热分层、热条纹和热混合三种现象引起。目前，对于热分层的评估有较大的进展，措施之一是在一些容易发生热分层的部件上加装温度监测装置，以准确地统计这些部件的热瞬态；措施之二是研究热分层状态下流体向金属的传热，这对确定部件的温度分布有重要价值。对于热条纹和热混合，目前没有解决其评估问题，老化管理主要依靠经验反馈。

1.3.9.3 主管道和泵（铸造不锈钢）的热老化与结构完整性

核电站管道众多，管道失效特别是核级管道的失效将对核电站的安全性和可靠性构成重大威胁。同时，核电站管道经受的瞬态载荷复杂，尺寸与一般压力容器有较大差异。

压水堆核电站的一回路压力边界许多部件的材料使用铸造奥氏体-铁素体不锈钢。该材料有良好的抗热裂纹、耐腐蚀、抗应力腐蚀开裂性能，同时具有良好的机械性能。主要的双相不锈钢部件有反应堆冷却剂泵壳、反应堆冷却剂主管道直段和弯头、稳压器喷嘴等。部件的铸造工艺分为离心铸造和静态铸造两种，直管使用离心铸造，而泵壳、主管道弯头等形状复杂的部件采用静态铸造。早期核电站设计和建造时并未意识到双相不锈钢在运行温度下会发生热老化，因此老的核电站没有双相不锈钢断裂韧性的原始数据，故而后期美国核电站陆续出现了很多问题。

在轻水堆的运行温度下，铸造不锈钢最主要的老化机理是热脆，即韧性和延性下降的现象，又称为热老化。随着热老化程度的加深，压力部件的临界裂纹尺寸会下降，因此会削弱一回路压力边界的结构完整性。

由于一回路压力边界中铸造不锈钢部件更换难、费用大、无损检测困难，美国、法国等国家对此相当重视，开展了铸造不锈钢热老化的深入研究，已初步提出铸造不锈钢断裂韧性随运行时间下降的预测模型、热老化的评估程序，并将这些预测模型和评估程序应用于核电厂的在役检查、安全评估和延寿活动中。但是由于材料成分、性能的分散性，以及部件形状的复杂性，相关的研究还在进行。

铸造不锈钢热老化后机械性能产生变化，拉伸极限和屈服极限变大，拉伸延性下降，拉伸极限增加远比屈服极限增加要快。总的来说，热老化使双相不锈钢抗拉强度有所增加，疲劳性能有所减弱，但对这两个指标影响不大；热老化使夏比冲击功和断裂韧性大幅下降，削弱了双相不锈钢部件长期服役后的结构完整性。

美国阿贡国家实验室发展出两类方法以量化两种情况下的铸造不锈钢的热老化程度。第一类方法可以估计经长时间热老化后材料的断裂韧性下限值；第二类方法可以估算给定运行时间和温度下的断裂韧性值。这些方法可能不适用于某些静态铸造不锈钢部件，如弯头，因为导出这些公式的试验采用的部件形状与弯头差异很大。

铸造不锈钢的超声波检测非常困难，其焊缝金属的枝晶状晶粒尺寸可达数厘米，母材的可检测性极差，焊缝的检测几乎不可能。铸造不锈钢的晶粒尺寸可与裂纹的尺寸相仿，造成声波的急剧衰减、散射和方向改变。只有当裂纹尺寸达到壁厚的30%时才可能被可靠地检测，但要对裂纹的长度和深度定量非常困难。

在美国核管理委员会的延寿导则中，美国、法国等国都给出了管理铸造不锈钢部件热老化的具体措施。其要点包括：①运用热老化后机械性能的评估流程预测给定运行温度和时间或长时间（60年）运行后双相不锈钢的夏比冲击功、断裂韧性和应力应变关系，为安全评估提供基础数据；②给出部件对热老化敏感性的判据；③根据敏感性判别结果调整和加强双相不锈钢部件的在役检查和评估。

美国核管理委员会委托阿贡国家实验室对双相不锈钢热老化进行了系统的研究，利用化学成分和运行时间估算双相不锈钢的相比冲击功和断裂韧性，同时建立了特定化学成分的双相不锈钢对热老化敏感性的判据，为双相不锈钢热老化管理大纲提供了技术依据。

早期的管道评估采用线弹性断裂力学或裂尖张开位移法，但由于管道中容易产生裂纹的应力集中部位在各种载荷的作用下存在较大的塑性区，使用线弹性断裂力学并不合适。裂尖张开位移法也是如此，只能应用于塑性区较小的情况，且其理论基础不完善。断裂力学给出一种 J 积分理论,能够适用于塑性区较大的情况。美国电力研究院利用这一理论建立了核级管道的安全评估程序,对推动各国安全评估规范的发展产生了积极的影响。

1970 年以后,美国开展了多个国际性的核电站管道结构完整性评估项目,这些研究总是针对某些核电站的特定问题,如管道的破前泄漏分析(LBB)。核岛设计供应商对此问题感兴趣是因为通过 LBB 分析可以简化设计,带来巨大的经济效益(管道设计和计算工作量很大,占核电厂设计工作量的 1/4);核电站运营商对此也感兴趣,因为 LBB 分析可以免除某些缺陷的检查和挖补工作,节省大量费用。

1.3.9.4 应力腐蚀开裂(SCC)评估

镍基合金在核电站核岛有广泛应用。用量最大的是压水堆核电站的蒸汽发生器传热管,其次是用于反应堆压力容器顶盖的控制棒驱动机构贯穿件。

蒸汽发生器传热管的 SCC 按照应力腐蚀发生的部位可分为一回路水环境应力腐蚀开裂(PWSCC)和管外壁应力腐蚀开裂(ODSCC),为此而堵管的比例最大,这和当前压水堆核电厂一次侧和二次侧水化学控制方法有密切关系。

涡流检查是目前应用最广泛的传热管检查手段,原因是能有效检查出管道的均匀减薄,同时检查速度快;但缺点是对缺陷的长度和深度不能准确定量,这一点已由拔管的金属学检验证实。另外,常通过拔管来进行破坏性检查,目的是核实涡流和超声波检查的准确性、检查管道的老化机制、评估二次侧水化学状态及其对传热管老化的影响、检查管道的爆破压力及用于结构完整性评估等。破坏性检查的拔管对象是那些涡流检查有信号显示的管道。

镍基合金的 SCC 和水化学有密切联系。因此水化学的总体控制需要深入研究。由于传执管 SCC 很容易发生在传热管和管板及支撑板缝隙处,所以蒸汽发生器传热管缝隙化学变化是研究的热点。SCC 的裂尖化学研究是目前镍基合金 SCC 研究的前沿课题。

除 600 镍基合金传热管发生过 SCC,反应堆压力容器顶盖上的控制棒驱动机构贯穿件也发生了数起 PWSCC 穿透性裂纹事件。最著名的是美国 Davis Besse 压水堆核电厂顶盖贯穿件开裂。PWSCC 使材料为 600 镍基合金的贯穿件产生穿透性裂纹,一回路冷却剂由此产生泄漏。冷却剂中含有的硼酸将该贯穿件附近的顶盖腐蚀出一个直径约 125 毫米的大坑,大坑中的碳钢材料被完全腐蚀,仅剩下 10 毫米厚的不锈钢堆焊层。

实际上,在此之前,法国的法马通通过多年的研究,总结出一个 600 镍基合金材料发生 SCC 的概率预测模型。法国电力公司根据这一预测模型的结论更换了全部的 600 镍基合金贯穿件顶盖。该模型运用敏感指数来计算 600 镍基合金发生 SCC 的最小孕育时间。指数分为材料指数、应力指数和温度指数三种。其中,应力指数最难确定,因为这里的应力包含制造加工中产生的残余应力,要弄清楚部件的残余应力,需要解剖实际部件并测量。

1.3.9.5 金属疲劳评估

金属疲劳是核电站重要的老化机制之一,影响压水堆核电厂所有的关键金属部件。核一级金属部件均按照"规则设计",因此设计时必须作详细的应力分析和疲劳分析。而压水堆核电站的金属疲劳有其独特之处。

1）压水堆核电站的金属疲劳和电站结构关系密切。压水堆核电站核岛有许多安全辅助系统，常规岛有为数众多的压力容器和疏水管道，结构和其他形式的电站有很大不同。例如与沸水堆核电站相比，压水堆核电站多出一个蒸汽发生器和稳压器。连接稳压器和主管道的波动管常常由于热分层现象而产生热疲劳，这种热分层现象与压水堆核电站结构设计和运行方式有密切关系。

2）压水堆核电站金属部件的疲劳主要表现为热疲劳和振动疲劳，这也和压水堆的结构及运行方式有关。

3）压水堆核电站一回路采用高温高压含硼水为冷却剂，实验已经证明，冷却剂环境下金属的疲劳寿命与空气环境下相比有不同程度的缩短。因此压水堆核电站的金属疲劳分析必须考虑环境介质对疲劳寿命的影响。

ASME给出的疲劳设计曲线（S-N曲线）已经广泛应用于世界各国的核电站压力边界材料的疲劳设计。该设计曲线原理是在室温空气下，光滑试样的低周疲劳寿命数据拟合得到平均曲线，考虑到数据分散性、样品尺寸、表面粗糙度的影响，对曲线进行保守处理，即分别把循环周次除以20，应力幅值除以2，取两者的最小值组成一条新的曲线（即设计曲线），该曲线未考虑核电站冷却剂环境的作用。

对于LWR核电站来说，环境因素主要是苛刻的服役环境，如高温（25～350℃）、高压（0～16兆帕）、溶解氧含量、溶解氢含量、冷却介质中特殊的离子（Zn^{2+}、SO_4^{2-}、Cl^-）等；材料因素主要是成分（如含硫量）、夹杂物（如碳化物，硫化物）、热处理工艺（如热时效、退火等）、表面状态（如缺陷、粗糙度）、加工工艺（如轧制、铸造、焊接等）；交变应力因素主要有应变速率、应变幅值、加载波形（如矩形、三角等）、应力幅值、载荷比等。这些环境、材料、交变应力三因素交互作用影响疲劳裂纹的形成和扩展，从而影响材料的疲劳寿命。

1971年，Kondo和Kimura[①]首先提出高温水显著降低低合金钢疲劳裂纹增长速率，自此人们对高温水腐蚀疲劳进行了广泛的研究。美国阿贡国家实验室针对冷却剂环境下的疲劳进行了系统的研究，研究对象包括碳钢等、低合金钢和奥氏体钢。试验数据表明轻水堆环境对碳钢、低合金钢和奥氏体不锈钢的抗疲劳性能有潜在的重要影响。通过试验评估了材料和载荷的关键参数，如应变幅度、应变速率、温度、溶解氧水平、热处理状态对各类钢在空气和轻水堆环境下疲劳寿命的影响。例如，对于奥氏体钢，研究表明在压水堆溶解氧水平低的条件下，环境对各种奥氏体不锈钢疲劳寿命有重大影响。奥氏体钢疲劳寿命降低的主要原因是冷却剂环境促进了微观裂纹的生长，其次是冷却剂环境对小裂纹扩展速率有影响。

根据这些试验结果，美国阿贡国家实验室给出了冷却剂环境下的疲劳寿命曲线（统计模型为Statistical Model或ANL Model）。美国爱达荷国家实验室利用这些曲线计算了一些压水堆核电站典型部件的疲劳累积使用系数，结果表明这些部件累积使用系数均不同程度地升高，有些部件40年的累积使用系数超过1.0。阿贡国家实验室和爱达荷国家实验室的

---

① Kondo T, Kimura T. Oxidation and the associated morphological changes in Zr-Ni binary alloys [J]. Journal of Nuclear Materials, 1971, 41 (2): 121-132.

研究成果已被美国核管理委员会采纳,并指定用于核电站延寿时金属部件疲劳的重新分析。

为了考虑环境的影响,日本热能和核能工程协会下属环境疲劳委员会提出了疲劳寿命矫正因子模型(EFD 模型)。EFD 模型认为,要考虑高温高压水环境对碳钢和低合金钢疲劳寿命的影响,必须在设计曲线中加入一个疲劳寿命校正因子(F_{en}),并将其定义为材料在室温空气中的寿命与在高温高压水中的寿命的比值。该模型从 1991 年提出至今,从形式到方程系数都在变化,于 2000 年写入 MITI 规范,因此也称 MITI 模型。

美国提出的 ANL 模型和日本提出的 EFD 模型均考虑了环境对疲劳寿命的影响,更接近实际服役环境条件,但改进后的设计曲线仍存在不足。例如,①ANL 模型在形式上简单,容易理解,工程上容易应用;而 EFD 模型形式上复杂,尤其是早期版本,很难理解。②ANL 模型从提出至今,形式上没有太大变化,而 EFD 模型每年都在变化,并且方程形式和参数取值均变化很大,但其变化趋势更加接近 ANL 模型。③ANL 模型虽然和实验数据吻合较好,形式简单,但其影响因子的意义很不明确,尤其是对硫含量和温度影响的考虑。

我国科学家在国家"973"项目和重大专项课题支持下开展了大量相关研究,弥补了上述缺陷,提出了考虑环境作用的新模型。

1.3.9.6 无损检测

无损检测是寿命评估的前提,涡流、超声是常用的方法。美国 V. C. Summer 核电站一回路接管管安全端发现应力腐蚀开裂以来,人们对安全端的无损检测研究开始重视起来。蒸汽发生器传热管是压水堆一回路压力边界的重要组成部分。传热管破裂后,一回路放射性冷却剂将进入二回路,会发生冷却剂丧失事故。因此蒸汽发生器传热管检查的可靠性极为重要,各国及组织也开展了相当多的研究。例如,EPRI 组织开展了对西屋公司蒸汽发生器传热管的涡流检查循环试验(RRT),目的是验证涡流检查的可靠性。各国对新型涡流探头的研制也相当重视,在传统差分探头的基础上,又研制出多频旋转扁平感应圈探头和阵列式探头,对提高缺陷的检出率大有帮助。除了部件实际损伤的检测外,水化学的原位监测与检测已经被国际上许多核电站广泛采用。但从在役检查的经验看,传热管外壁的晶间腐蚀以目前的涡流检测技术很难检测。

1.3.9.7 安全评估与寿命评价的研究趋势

核电站安全是全世界公众极为关注的问题。关键金属部件是构成压水堆核电站最重要的安全屏障,其老化和寿命评估更应引起高度重视。投运较早的大亚湾核电站运行已近 30 年,已出现不少老化问题。根据美国的核电站延寿经验,大亚湾核电站已经面临着延寿问题。

核电站部件、系统和结构的失效归根到底是材料的性能退化,因此要特别注重材料在核电站高温高压水运行环境下的老化机理研究。在核电站建设期间应做好关键金属部件的留样工作,加强在役核电站被更换的自然老化部件的管理工作,建立材料的实体档案。国外早期的核电站没有开展这样的工作,给后续的核电站安全管理、延寿带来了一定困难。

老化研究另一个重要方面是寿命评估技术，不仅要重视理论研究，而且也应重视寿命评估的试验研究，包括预测模型、大尺寸或全尺寸试验验证。

1.4 核电与核电技术发展趋势

1.4.1 主要国家核电发展趋势

英国、法国和美国是最早开发利用核能的国家。截至2018年底，全球共有454座核反应堆在运行，装机容量达到400 GW。在2018年，共有9座核电站并入电网，其中7座在我国，2座在俄罗斯。这9座反应堆增加了104 GW的装机容量，是2017年的三倍多。2018年全球范围内在建的反应堆总数达到了55座[①]，其中有5座刚开始建设，分别在韩国、俄罗斯、土耳其、英国和孟加拉国。

1.4.1.1 美国

2019年，美国有97台机组在运行，2台AP1000机组在建。长期以来，美国核发电占比保持在20%左右，2018年核发电占比为19.32%。自20世纪90年代以来，尽管美国没有规模建设核电机组的计划，但通过升级改造、提升容量，相当于新建了6~8台百万千瓦级核电机组。美国核电业不断提升运行水平，政府给予电力消纳支持，其机组能力因子近年来保持在92%左右，核电有效利用率极佳。美国政府在核电中小型反应堆、先进堆等方面持续给予政策和资金支持，以期保持其在先进核电技术方面的领先地位。

1.4.1.2 中国

截至2019年6月30日，我国运行的核电机组共47台，装机容量4873万千瓦；在建机组11台，装机容量约1134万千瓦，多年来保持全球首位。中国核能行业协会统计报告显示，2018年，我国共有44台商运核电机组，总装机容量4464.516万千瓦，占全国电力总装机容量的2.35%；全年核发电量为2865.11亿千瓦时，约占全国累计发电量的4.22%；全年核电设备平均利用小时数为7499.22小时，设备平均利用率为85.61%。与燃煤发电相比，核发电相当于减少燃烧标准煤8824.54万t，减少排放二氧化碳23 120.29万t，减少排放二氧化硫75.01万t，减少排放氮氧化物65.30万t[②]。

经过30多年持续不断的发展，中国核电从无到有、从小到大，自主建设和引进消化吸收再创新同步进行，实现了三代核电技术设计自主化、重要关键设备国产化；具有四代核电特征的高温气冷堆示范工程已进入工程最后阶段，预计在2020年实现装料，60万千瓦霞浦示范快堆于2017年开工，目前工程推进顺利；在聚变堆研究方面，作为重要成员之一，中国积极参加国际热核聚变实验堆计划（ITER），并在关键领域取得了重要进展。

---

① http://www.oecd-nea.org/pub/activities/ar2018/ar2018.pdf.
② 统计数据暂不含港、澳、台地区数据。

切尔诺贝利事故和日本福岛核事故为世界核电界敲响了警钟,也促使中国核电行业进一步优化设计、加强安全监管和日常运行管理,不断提升核电安全运行水平。

长期以来,我国核电安全运行一直保持良好业绩,根据世界核电运行协会(WANO)的综合指数统计,2017年,全球有57台机组获得满分100分,中国有11台;2018年,全球53台机组获得满分100分,中国有12台。我国是世界上少数几个拥有完整核燃料循环体系的国家,几十年来核电建设步伐没有停止,积累的核电建造能力居世界前列,包括AP1000、EPR在内的主要的三代核电率先在中国建成投运,自主三代核电"华龙一号"全球首堆福清5号已于2019年4月提前启动冷试,全面转入调试阶段,海外华龙首批项目(巴基斯坦卡拉奇2、3号机组)推进顺利。

1.4.1.3 巴西

巴西建立了较完整核燃料循环体系,有多座研究堆。首台核电机组ANGRA 1号(657MW,西屋公司提供技术)于1985年投入运行,ANGRA 2号(1350MW,由西门子等提供技术)于2001年投运。目前正在推进建设ANGRA 3号机组(1405MW,由西门子/法玛通提供技术)。

1.4.1.4 法国

2019年,法国有58台机组在运行,1台EPR机组在建。多年来其核发电量占比保持在75%左右。法国未来的能源规划中,计划大量发展包括核能、可再生能源在内的低碳能源,2035年的核发电规模仍将保持在50%左右。

1.4.1.5 俄罗斯

2019年,俄罗斯共有35台商业机组运行,其中包括2台快堆、13台气冷堆,2018年核发电量占比近18%,还有6台机组在建。俄罗斯十分重视核电全球战略布局。2019年1月,在维也纳召开的核电基础结构开发的热点问题技术会议上,俄罗斯派出7名代表与会,作了多篇富有针对性的报告。

俄罗斯在全球推销核电的方式方法非常值得学习:强调可以提供从核电基础结构开发、选址、设计、建造、运行、维修、废物处置及退役全链条全方位的服务;把核电基础结构建设与核电工程总承包相结合,便于及早介入而锁定项目;充分借助国际原子能机构(International Atomic Energy Agency,IAEA)平台,通过资助IAEA核电管理学校(NEMS)、技术合作项目和跨地区项目有针对性地整体开展工作。2016年,俄罗斯核电出口占据了全球绝大部分新兴市场,据报道,其在手的核电订单有近40台机组。

1.4.2 核电技术发展趋势

2018年,哈登沸水反应堆关闭,这给核燃料和材料领域制造了一个真空。为保证需求层次的连续性,NEA成员国都开始采取行动,赞成将选定研究的核反应堆作为联合实验方案。为了解决未来的燃料和材料需求,核工业界一直在确定目前运行的材料测试反应堆

(materials testing reactor，MTR）可以切实地实现哪些目标，同时还在扩大有关事故容错燃料相关概念的研究。

核能的发展较为成熟，从最初的反应堆到现在的反应堆已有三代技术，如今正向第四代核反应堆前进，将来核电站也必然向着安全水平更高、电力输出功率更大、规模经济更好的趋势发展。很多国家已经开始推动一些第四代核能反应堆原型（钠冷快堆、铅冷快堆、超临界水堆和超高温反应堆）的设计和/或建设工作，今后第四代和第三代核反应堆会一起发展，但同时也需要一些研发活动和验证项目推动第四代反应堆的商业化应用，特别是在核燃料及材料的耐高温、中子通量和耐腐蚀等方面。

第四代核反应堆的开发目标是基于四点[1]：①核能的可持续发展，包括有效利用燃料达到持续产能的目标，实现核废物的高效管理和无害化处理；②提高安全可靠性，大幅降低堆芯的事故率和提高反应堆恢复运行能力；③经济可行性，提高反应堆利用率和使用寿命，降低投资风险；④防核扩散，加强实物保护，防止用作非和平目的。

成功开发和部署第四代反应堆系统首先要考虑的是性能和可靠性问题，包括反应堆内外的结构材料。第四代反应堆的结构材料需要承受更高的温度、更高的中子辐射量及腐蚀性环境，这是前几代反应堆所不能承受的。因此反应堆结构材料的研究必然向着耐高温、抗腐蚀、抗辐射开展[2]。例如，钠冷快速反应堆中钠出口温度可达到550 ℃，这比轻水堆的300 ℃要高。当前用于轻水堆的包壳材料对第四代核反应系统而言，强度及机械和物理特性均不能达到要求，因此需要寻找替代或者改进的材料。奥氏体不锈钢是包覆结构的良好选择，但它对辐照引起的膨胀抵抗性差，仅限于低燃耗的反应堆。另外，铁素体/马氏体钢更耐溶蚀，但在600～700 ℃的高温下抗蠕变性能较差限制了其应用。欧盟的JPNM项目通过在铁素体/马氏体钢中添加热机械处理后的氧化物颗粒来增加抗高温特性，同时保持耐溶蚀性[3]。

气冷快堆的燃料包壳要具有耐火特性，核电站燃料包壳材料的第一选择通常是陶瓷复合材料，像SiC/SiC、钒（V）基的耐火合金则作为备用选择。该组件需能在高于900 ℃的温度下运行，超过了传统的ODS钢的耐火特性。目前大部分研究工作集上在陶瓷复合材料上，新兴的三元碳化物复合材料作为应用于液态金属冷却系统的抗腐蚀材料也处于研发状态[4]。

除核电材料本身研究外，材料的性能检测和研究设计也是未来核电材料发展方向之一。核电站的建设中少不了各种材料的使用，因其特殊性，各类材料的性能和检验都需要一定的规范，以保证核电材料在使用过程中的安全性并达到预期寿命。各国对核电材料的研发也是基于核电材料的耐性问题及其相关测试方法展开研究。JPNM项目第4分项计划就是关于结构材料的物理建模和导向实验[5]。该分项模拟实际反应堆的环境对材料进行实

---

[1] 马栩泉. 核能开发与应用. 北京：化学工业出版社，2005.
[2] Murty K L, Charit I. Structural materials for Gen-IV nuclear reactors: Challenges and opportunities. Journal of Nuclear Materials, 2008, 383 (1-2): 189-195.
[3] http://www.eera-jpnm.eu/? q=jpnm&sq=sub2.
[4] http://www.eera-jpnm.eu/? q=jpnm&sq=sub3.
[5] http://www.eera-jpnm.eu/? q=jpnm&sq=sub4.

验，理解材料在特定条件下的物理响应机制，借助实验结果制定创新材料的制造路线。

随着中小型反应堆技术的发展和成熟，核电将在满足岛屿、海洋平台、远洋运输、偏远地区等特殊环境下的电力或动力供应方面发挥独特作用。近年来，模块化小型堆的研发广受关注。美国能源部支持 mPower、Nuscale 两种模块化小型堆设计。俄罗斯 KLT40S 浮动核电站于 2014 年完工；首艘 RITM-200 核动力破冰船——"北极号"于 2013 年开工，2016 年下水。韩国 SMART 模块化小型堆完成设计，正在开展工程可行性研究。我国模块化小型堆 ACP100 已完成初步设计，具备工程条件；浮动核电站 ACP25S、ACP100S、ACPR50S 均在开展初步设计；"燕龙"低温供热堆正在开展方案设计；清华大学低温供热堆已完成初步设计。

另外，利用放射性同位素衰变机理研发的放射性同位素电池（核电池）已成功用作航天器、心脏起搏器、海底电缆中继器等的电源。核电池取得实质性进展始于 20 世纪 50 年代末，其具有体积小、重量轻和寿命长等特点，且其能量大小、反应速度不受外界环境如温度、化学反应、压力、电磁场等影响，可在很大温度范围和恶劣环境中工作。随着同位素利用技术的不断进步，核电池将在航天航空、深空探测、深海探测、交通运输、电动机械等领域广泛应用。

1.5 本章小结

核能发电是一种发展潜力巨大的低碳能源技术，而核能的核心是反应堆。在经历了第一代原型堆的建设和验证后，核能发电也开始出现在全球能源供应市场上。尽管核电技术已相对成熟，且全球主要国家也开始研发第四代核反应堆及相关技术，但现今主要用于发电的仍然是第二代核反应堆技术。

核电材料是核安全的重要保障。核岛包含多个系统和设备，不同设备因其功能和所在环境不同选用的材料也有区别，但均要具备一定的抗辐射性能。例如，包壳就是燃料最外层的保护结构，它既要阻止裂变产物的外泄，阻隔燃料和冷却剂，同时还要给芯块提供强度和刚度，保持燃料棒的几何形状。这给包壳材料的选择带来一定困难。早期包壳材料大多使用铁基合金，后来由于燃耗和经济性原因，锆基合金取代了铁基合金。现在包壳材料基本使用锆基合金。各国都在研发新型包壳材料以应对随第四代核反应堆研发而产生的挑战，如对锆基材料进行表面改性、研发铁铬铝合金及采用 SiC/SiC 增强材料等。除了阻隔放射性物质、防止核泄漏外，核电站还通过控制裂变反应保证核反应堆内的安全，大多选用 Ag-In-Cd 或 B_4C 作为控制棒材料。

核电的安全不仅需要核电技术的发展，还要依靠制度的规范和国家的监管。在发展核电的各个阶段，发展核电能源的国家均在制定相关政策来降低核能带来的潜在危险和核电站设备退役所带来的环境危害。

2　国际组织核电材料标准化发展

2.1　国际原子能机构

2.1.1　概况、职责与使命

国际原子能机构（International Atomic Energy Agency，IAEA）成立于1957年，总部位于维也纳，是一个全世界各国政府在原子能领域进行科学技术合作的国际性组织。

IAEA将"原子用于和平与发展"作为使命，致力于核科学技术的安全、可靠及和平利用，为国际和平与安全及联合国"可持续发展目标"做贡献。目前，许多国家利用核科学技术促进和实现其在能源、人体健康、粮食生产、水管理与环境保护等领域的发展目标。核科学技术的应用直接促进了联合国17个可持续发展目标中的9个目标，即消除饥饿，良好健康与福祉，清洁饮水和卫生设施，廉价的清洁能源，工业、创新和基础设施，气候行动，水下生物，陆地生物，建立促进目标实现的伙伴关系。

IAEA主要关注核技术和应用、核安全和核安保、保障和核查等领域。其主要任务和工作包括：向成员国提供技术援助，帮助它们开展和平利用核能的研究与应用；与有关国家和国际组织订立"保障监督协定"，对由机构本身或经其介绍提供的技术援助项目、对成员国或其他国际组织及根据核不扩散义务委托监督的项目实施保障监督，以确保这些项目不用于任何军事目的；组织研究和制定有关核能利用的安全条例，并向世界各国推荐使用；与有关成员国或专门国际机构签订科学研究合同；召集各种科技会议，通过建立情报网、图书馆和出版书刊等方式组织关于原子能和平利用的知识交流[①]。

2.1.2　组织架构

IAEA的主要组织包括大会、理事会和秘书处。大会由全体成员国组成；理事会由35国组成，为最高执行机构；秘书处为执行机构，由总干事领导下的专业人员和工作人员组成。下设有直属总干事办公室、管理司、技术合作司、核能司、核安全和安保司、核科学和应用司及保障司（图2.1）。

---

① https://www.iaea.org/zh.

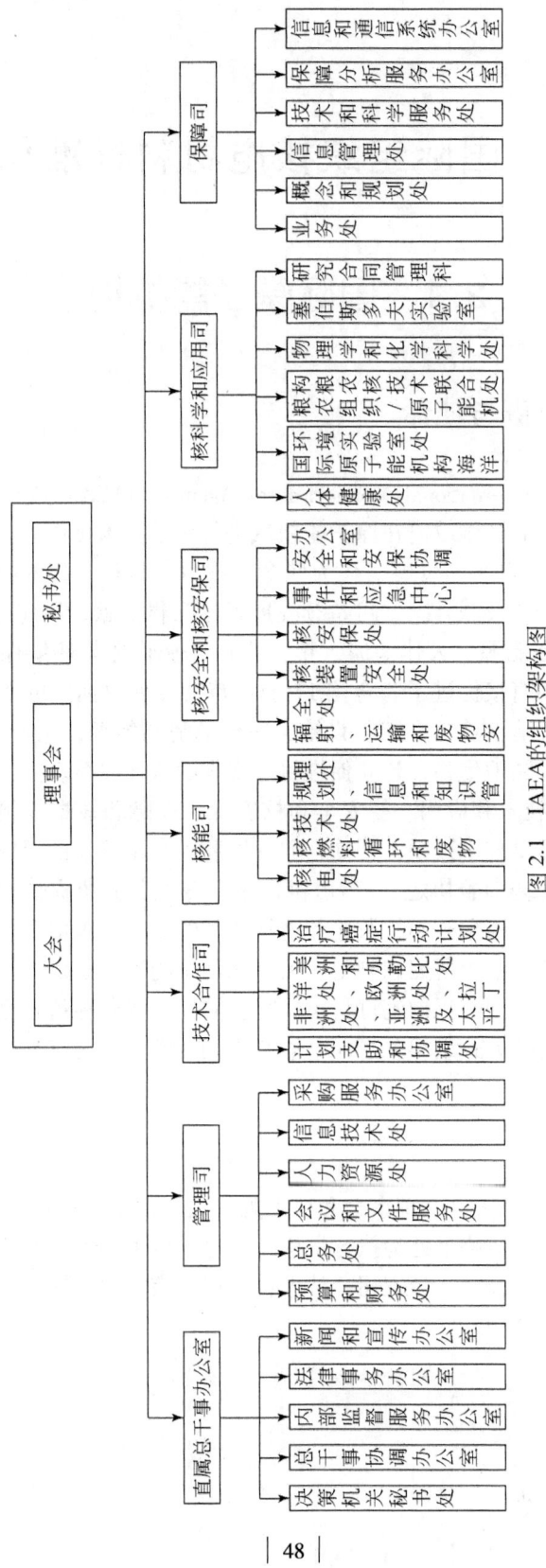

图 2.1 IAEA的组织架构图

资料来源:https://www.iaea.org/zh/guan-yu-wo-men/zu-zhi-jie-gou

直属总干事办公室下设有总干事协调办公室、决策机关秘书处、内部监督服务办公室、法律事务办公室及新闻和宣传办公室。

管理司提供财务、人力资源管理、行政、信息技术和一般服务等方面的解决方案，以满足秘书处和成员国的需求，下设有预算和财务处、总务处、会议和文件服务处、人力资源处、信息技术处及采购服务办公室。

技术合作司负责制定和执行 IAEA 的发展任务，下设有计划支助和协调处、非洲处、亚洲及太平洋处、欧洲处、拉丁美洲和加勒比处及治疗癌症行动计划处。

核能司通过支持全世界现有和新的核计划促进可持续的核能发展。该司为核燃料循环和核设施使用寿命提供技术支持，建立各国在能源规划、分析及核信息和知识管理方面的能力，下设有核电处，核燃料循环和废物技术处，规划、信息和知识管理处。

核安全和核安保司的工作核心是保护人民、社会和环境免受电离辐射的有害影响，提供一个强大、可持续与可见的全球核安全和安保框架。下设有辐射、运输和废物安全处，核装置安全处，核安保处，事件和应急中心，安全和安保协调办公室。

核科学和应用司涵盖从健康、粮食和农业到环境、水资源和工业等的广泛的社会经济部门。它协助成员国通过核科学、技术和创新满足其发展需要。它还通过原子能机构协作中心机制与世界各地的实验室、大学和研究机构开展合作。下设有人体健康处、国际原子能机构海洋环境实验室处、粮组织/原子能机构粮农核技术联合处、物理学和化学科学处、塞伯斯多夫实验室、研究合同管理科。

保障司执行国际原子能机构作为世界核视察机构的职责，支持全球防止核武器扩散的努力。该司的主要职责是管理和实施原子能机构保障。该司还通过对与相关协定和安排有关的核查及其他技术援助请求做出回应，促进核军控和裁军。下设有业务处、概念和规划处、信息管理处、技术和科学服务处、保障分析服务办公室、信息和通信系统办公室。

2.1.3 标准化工作

截至 2019 年 12 月 31 日，IAEA 已制定并发布了三个系列的标准类技术文件，分别是安全标准系列、核能系列和核安全系列。

2.1.3.1 安全标准系列（Safety Standards Series）

截至 2019 年底，IAEA 制定并发布了 161 项安全标准[①]，具体见表 2.1。

表 2.1 IAEA 制定并发布的安全标准列表

序号	标准号	标准英文名称	标准中文名称	发布时间
1	No. SSG-49	Decommissioning of Medical, Industrial and Research Facilities	医疗、工业和研究设施的退役	2019 年
2	No. SSR-1	Site Evaluation for Nuclear Installations	核设施的现场评估	2019 年

---

① https://www.iaea.org/publications/search/type/safety-standards-series.

续表

序号	标准号	标准英文名称	标准中文名称	发布时间
3	No. SSG-2 (Rev. 1)	Deterministic Safety Analysis for Nuclear Power Plants	核电站确定性安全分析	2019年
4	No. SSG-51	Human Factors Engineering in the Design of Nuclear Power Plants	核电站设计中的人为因素工程	2019年
5	No. SSG-54	Accident Management Programmes for Nuclear Power Plants	核电站事故管理计划	2019年
6	No. SSG-45	Predisposal Management of Radioactive Waste from the Use of Radioactive Material in Medicine, Industry, Agriculture, Research and Education	在医药、工业、农业、研究和教育领域中放射性物质使用产生的放射性废物的预处理管理	2019年
7	No. SSG-48	Ageing Management and Development of a Programme for Long Term Operation of Nuclear Power Plants	核电站老化管理与长期运行方案的制定	2018年
8	No. SSG-47	Decommissioning of Nuclear Power Plants, Research Reactors and Other Nuclear Fuel Cycle Facilities	核电站、研究堆和其他核燃料循环设施的退役	2018年
9	No. SSG-46	Radiation Protection and Safety in Medical Uses of Ionizing Radiation	医用电离辐射的辐射防护与安全	2018年
10	No. GSG-7	Occupational Radiation Protection	职业辐射防护	2018年
11	No. GSG-9	Regulatory Control of Radioactive Discharges to the Environment	放射性放电对环境的监管控制	2018年
12	No. GSG-10	Prospective Radiological Environmental Impact Assessment for Facilities and Activities	设施和活动的预期放射性环境影响评估	2018年
13	No. GSG-13	Functions and Processes of the Regulatory Body for Safety	安全监管机构的职能和流程	2018年
14	No. GSG-12	Organization, Management and Staffing of the Regulatory Body for Safety	安全监管机构的组织、管理和人员配备	2018年
15	No. SSR-6 (Rev. 1)	Regulations for the Safe Transport of Radioactive Material	放射性物质安全运输条例	2018年
16	No. SSG-50	Operating Experience Feedback for Nuclear Installations	核设施运行经验反馈	2018年
17	No. SSG-44	Establishing the Infrastructure for Radiation Safety	建立辐射安全基础设施	2018年
18	No. GSG-8	Radiation Protection of the Public and the Environment	公众与环境的辐射防护	2018年
19	No. GSG-11	Arrangements for the Termination of a Nuclear or Radiological Emergency	终止核或辐射紧急情况的安排	2018年
20	No. SSR-4	Safety of Nuclear Fuel Cycle Facilities	核燃料循环设施的安全性	2017年
21	No. GSG-6	Communication and Consultation with Interested Parties by the Regulatory Body	监管机构与有关方面的沟通和磋商	2017年
22	No. SSG-43	Safety of Nuclear Fuel Cycle Research and Development Facilities	核燃料循环研究与开发设施的安全性	2017年
23	No. SSG-42	Safety of Nuclear Fuel Reprocessing Facilities	核燃料后处理设施的安全性	2017年
24	No. SSR-3	Safety of Research Reactors	研究堆的安全性	2016年

续表

序号	标准号	标准英文名称	标准中文名称	发布时间
25	No. SSG-41	Predisposal Management of Radioactive Waste from Nuclear Fuel Cycle Facilities	核燃料循环设施放射性废物的预处理管理	2016 年
26	No. GSR Part 2	Leadership and Management for Safety	安全领导和管理	2016 年
27	No. SSG-40	Predisposal Management of Radioactive Waste from Nuclear Power Plants and Research Reactors	核电站和研究堆放射性废物的预处理管理	2016 年
28	No. SSG-39	Design of Instrumentation and Control Systems for Nuclear Power Plants	核电站仪表控制系统设计	2016 年
29	No. SSG-34	Design of Electrical Power Systems for Nuclear Power Plants	核电站电力系统设计	2016 年
30	No. SSR-2/1 (Rev. 1)	Safety of Nuclear Power Plants: Design	核电站安全：设计	2016 年
31	No. SSR-2/2 (Rev. 1)	Safety of Nuclear Power Plants: Commissioning and Operation	核电站安全：调试和运行	2016 年
32	No. GSR Part 4 (Rev. 1)	Safety Assessment for Facilities and Activities	设施和活动的安全评估	2016 年
33	No. GSR Part 1 (Rev. 1)	Governmental, Legal and Regulatory Framework for Safety	政府、法律和监管安全框架	2016 年
34	No. NS-R-3 (Rev. 1)	Site Evaluation for Nuclear Installations	核装置的现场评估	2016 年
35	No. SSG-36	Radiation Safety for Consumer Products	消费品辐射安全	2016 年
36	No. GSR Part 7	Preparedness and Response for a Nuclear or Radiological Emergency	核或辐射紧急情况的准备和响应	2015 年
37	No. SSG-38	Construction for Nuclear Installations	核装置建设	2015 年
38	No. SSG-35	Site Survey and Site Selection for Nuclear Installations	核装置的现场勘察和选址	2015 年
39	No. SSG-37	Instrumentation and Control Systems and Software Important to Safety for Research Reactors	仪表和控制系统及软件对研究堆安全的重要性	2015 年
40	No. SSG-32	Protection of the Public against Exposure Indoors due to Radon and Other Natural Sources of Radiation	保护公众免受氡和其他自然辐射源引起的室内暴露	2015 年
41	No. SSG-33	Schedules of Provisions of the IAEA Regulations for the Safe Transport of Radioactive Material (2012 Edition)	国际原子能机构《放射性物质安全运输条例》（2012 年版）规定一览表	2015 年
42	No. GSG-5	Justification of Practices, Including Non-Medical Human Imaging	实践的正当性，包括非医学人体成像	2014 年
43	No. GSR Part 3	Radiation Protection and Safety of Radiation Sources: International Basic Safety Standards	辐射防护和辐射源安全：国际基本安全标准	2014 年
44	No. GSR Part 6	Decommissioning of Facilities	设施退役	2014 年
45	No. SSG-26	Advisory Material for the IAEA Regulations for the Safe Transport of Radioactive Material (2012 Edition)	国际原子能机构《放射性物质安全运输条例》（2012 年版）的咨询材料	2014 年

续表

序号	标准号	标准英文名称	标准中文名称	发布时间
46	No. SSG-27	Criticality Safety in the Handling of Fissile Material	裂变材料处理中的临界安全	2014年
47	No. SSG-28	Commissioning for Nuclear Power Plants	核电站调试	2014年
48	No. SSG-30	Safety Classification of Structures, Systems and Components in Nuclear Power Plants	核电站结构、系统和部件的安全分类	2014年
49	No. SSG-31	Monitoring and Surveillance of Radioactive Waste Disposal Facilities	放射性废物处置设施的监测和监督	2014年
50	No. NS-R-5 (Rev. 1)	Safety of Nuclear Fuel Cycle Facilities	核燃料循环设施的安全	2014年
51	No. SSG-29	Near Surface Disposal Facilities for Radioactive Waste	放射性废物近地表处置设施	2014年
52	No. TS-G-1.6 (Rev. 1)	Schedules of Provisions of the IAEA Regulations for the Safe Transport of Radioactive Material (2009 Edition)	国际原子能机构《放射性物质安全运输条例》（2009年版）规定一览表	2014年
53	No. GSG-3	The Safety Case and Safety Assessment for the Predisposal Management of Radioactive Waste	放射性废物预处理管理的安全案例和安全评估	2013年
54	No. SSG-25	Periodic Safety Review for Nuclear Power Plants	核电站定期安全审查	2013年
55	No. GSG-4	Use of External Experts by the Regulatory Body	监管机构使用的外部专家	2013年
56	No. SSG-20	Safety Assessment for Research Reactors and Preparation of the Safety Analysis Report	研究堆安全评估和安全分析报告编制	2012年
57	No. SSG-22	Use of a Graded Approach in the Application of the Safety Requirements for Research Reactors	应用研究堆使用分级方法的安全要求	2012年
58	No. SSG-21	Volcanic Hazards in Site Evaluation for Nuclear Installations	核装置现场评估中的火山灾害	2012年
59	No. SSR-6	Regulations for the Safe Transport of Radioactive Material-2012 Edition	放射性物质安全运输条例（2012年版）	2012年
60	No. SSG-23	The Safety Case and Safety Assessment for the Disposal of Radioactive Waste	放射性废物处置的安全案例和安全评估	2012年
61	No. SSG-24	Safety in the Utilization and Modification of Research Reactors	研究堆利用和改造的安全性	2012年
62	No. SSG-15	Storage of Spent Nuclear Fuel	乏燃料的储存	2012年
63	No. SSR-2/1	Safety of Nuclear Power Plants: Design	核电站安全：设计	2012年
64	No. SSG-17	Control of Orphan Sources and Other Radioactive Material in the Metal Recycling and Production Industries	控制金属回收和生产行业中的辐射源和其他放射性物质	2012年
65	No. SSG-16	Establishing the Safety Infrastructure for a Nuclear Power Programme	建立核电计划的安全基础设施	2012年
66	No. SSG-18	Meteorological and Hydrological Hazards in Site Evaluation for Nuclear Installations	核装置现场评估中的气象和水文灾害评估	2011年

续表

序号	标准号	标准英文名称	标准中文名称	发布时间
67	No. GSR Part 3 (Interim)	Radiation Protection and Safety of Radiation Sources: International Basic Safety Standards	辐射防护和辐射源安全：国际基本安全标准	2011年
68	No. SSG-14	Geological Disposal Facilities for Radioactive Waste	放射性废物地质处置设施	2011年
69	No. SSG-19	National Strategy for Regaining Control over Orphan Sources and Improving Control over Vulnerable Sources	恢复对辐射来源的控制和加强对弱势资源的控制的国家战略	2011年
70	No. SSR-2/2	Safety of Nuclear Power Plants: Commissioning and Operation	核电站的安全：调试和运行	2011年
71	No. SSR-5	Disposal of Radioactive Waste	放射性废物处置	2011年
72	No. GSG-2	Criteria for Use in Preparedness and Response for a Nuclear or Radiological Emergency	核或辐射紧急准备情况和响应中使用的标准	2011年
73	No. SSG-11	Radiation Safety in Industrial Radiography	工业射线照相中的辐射安全性	2011年
74	No. SSG-13	Chemistry Programme for Water Cooled Nuclear Power Plants	水冷核电站化学计划	2011年
75	No. SSG-12	Licensing Process for Nuclear Installations	核装置许可程序	2010年
76	No. SSG-10	Ageing Management for Research Reactors	研究堆的老化管理	2010年
77	No. GSR Part 1	Governmental, Legal and Regulatory Framework for Safety	政府、法律和监管安全框架	2010年
78	No. SSG-9	Seismic Hazards in Site Evaluation for Nuclear Installations	核装置现场评估中的地震危害	2010年
79	No. SSG-8	Radiation Safety of Gamma, Electron and X Ray Irradiation Facilities	γ射线、电子束和X射线辐照设施的辐射安全性	2010年
80	No. SSG-6	Safety of Uranium Fuel Fabrication Facilities	铀燃料制造设施的安全	2010年
81	No. SSG-7	Safety of Uranium and Plutonium Mixed Oxide Fuel Fabrication Facilities	铀和钚混合氧化物燃料制造设施的安全性	2010年
82	No. SSG-5	Safety of Conversion Facilities and Uranium Enrichment Facilities	转换设施和铀浓缩设施的安全	2010年
83	No. SSG-4	Development and Application of Level 2 Probabilistic Safety Assessment for Nuclear Power Plants	核电站二级概率安全评估的开发与应用	2010年
84	No. TS-G-1.6	Schedules of Provisions of the IAEA Regulations for the Safe Transport of Radioactive Material (2005 Edition)	国际原子能机构《放射性物质安全运输条例》(2005年版)规定一览表	2010年
85	No. SSG-3	Development and Application of Level 1 Probabilistic Safety Assessment for Nuclear Power Plants	核电站一级概率安全评估的开发与应用	2010年
86	No. SSG-2	Deterministic Safety Analysis for Nuclear Power Plants	核电站确定性安全分析	2010年
87	No. GSG-1	Classification of Radioactive Waste	放射性废物的分类	2009年
88	No. SSG-1	Borehole Disposal Facilities for Radioactive Waste	放射性废物的钻孔处置设施	2009年
89	No. GS-G-3.5	The Management System for Nuclear Installations	核装置管理系统	2009年

续表

序号	标准号	标准英文名称	标准中文名称	发布时间
90	No. NS-G-2.15	Severe Accident Management Programmes for Nuclear Power Plants	核电站严重事故管理计划	2009年
91	No. TS-G-1.5	Compliance Assurance for the Safe Transport of Radioactive Material	放射性物质安全运输的合规保证	2009年
92	No. NS-G-2.13	Evaluation of Seismic Safety for Existing Nuclear Installations	现有核装置的抗震安全性评估	2009年
93	No. GSR Part 5	Predisposal Management of Radioactive Waste	放射性废物的预处理管理	2009年
94	No. NS-G-4.6	Radiation Protection and Radioactive Waste Management in the Design and Operation of Research Reactors	研究堆设计和运行中的辐射防护和放射性废物管理	2009年
95	No. WS-G-5.2	Safety Assessment for the Decommissioning of Facilities Using Radioactive Material	放射性物质设施退役的安全评估	2008年
96	No. NS-G-2.12	Ageing Management for Nuclear Power Plants	核电站老化管理	2009年
97	No. TS-G-1.4	The Management System for the Safe Transport of Radioactive Material	放射性物质安全运输管理系统	2008年
98	No. NS-G-2.14	Conduct of Operations at Nuclear Power Plants	核电站的运行	2008年
99	No. TS-G-1.1 (Rev.1)	Advisory Material for the IAEA Regulations for the Safe Transport of Radioactive Material	国际原子能机构《放射性物质安全运输条例》的咨询材料	2008年
100	No. NS-G-4.5	The Operating Organization and the Recruitment, Training and Qualification of Personnel for Research Reactors	研究堆的运营组织以及人员的招聘、培训和资格认证	2008年
101	No. GS-G-3.3	The Management System for the Processing, Handling and Storage of Radioactive Waste	放射性废物处理、处置和储存管理系统	2008年
102	No. GS-G-3.2	The Management System for Technical Services in Radiation Safety	辐射安全技术服务管理系统	2008年
103	No. NS-G-4.4	Operational Limits and Conditions and Operating Procedures for Research Reactors	研究堆的操作限制和条件及操作程序	2008年
104	No. GS-G-3.4	The Management System for the Disposal of Radioactive Waste	放射性废物处置管理系统	2008年
105	No. NS-G-4.3	Core Management and Fuel Handling for Research Reactors	研究堆的核心管理和燃料处理	2008年
106	No. TS-G-1.3	Radiation Protection Programmes for the Transport of Radioactive Material	放射性物质运输辐射防护计划	2007年
107	No. GS-G-2.1	Arrangements for Preparedness for a Nuclear or Radiological Emergency	核或辐射紧急情况准备的安排	2007年
108	No. WS-G-3.1	Remediation Process for Areas Affected by Past Activities and Accidents	过去活动和事故影响地区的补救程序	2007年
109	No. NS-G-4.2	Maintenance, Periodic Testing and Inspection of Research Reactors	研究堆的维护、定期检测和检验	2006年

续表

序号	标准号	标准英文名称	标准中文名称	发布时间
110	No. RS-G-1.10	Safety of Radiation Generators and Sealed Radioactive Sources	辐射发生器和密封放射源的安全性	2006 年
111	No. NS-G-4.1	Commissioning of Research Reactors	研究堆的调试	2006 年
112	No. WS-G-6.1	Storage of Radioactive Waste	放射性废物的储存	2006 年
113	No. WS-G-5.1	Release of Sites from Regulatory Control on Termination of Practices	终止业务场所的监管控制	2006 年
114	No. SF-1	Fundamental Safety Principles	基本安全原则	2006 年
115	No. GS-G-3.1	Application of the Management System for Facilities and Activities	设施和活动管理系统的应用	2006 年
116	No. GS-R-3	The Management System for Facilities and Activities	设施和活动管理系统	2006 年
117	No. NS-G-2.11	A System for the Feedback of Experience from Events in Nuclear Installations	核装置事件经验反馈系统	2006 年
118	No. NS-G-1.13	Radiation Protection Aspects of Design for Nuclear Power Plants	核电站设计的辐射防护问题	2005 年
119	No. RS-G-1.8	Environmental and Source Monitoring for Purposes of Radiation Protection	辐射防护目的的环境和源监测	2005 年
120	No. RS-G-1.9	Categorization of Radioactive Sources	放射源分类	2005 年
121	No. NS-G-1.12	Design of the Reactor Core for Nuclear Power Plants	核电站反应堆堆芯设计	2005 年
122	No. WS-G-2.7	Management of Waste from the Use of Radioactive Material in Medicine, Industry, Agriculture, Research and Education	医药、工业、农业、研究和教育领域中使用放射性物质产生的废物的管理	2005 年
123	No. NS-G-3.6	Geotechnical Aspects of Site Evaluation and Foundations for Nuclear Power Plants	核电站现场评估和基础的岩土工程	2005 年
124	No. GS-G-1.5	Regulatory Control of Radiation Sources	辐射源的监管控制	2004 年
125	No. NS-G-1.11	Protection against Internal Hazards other than Fires and Explosions in the Design of Nuclear Power Plants	核电站设计中的火灾和爆炸以外的内部危害防护	2004 年
126	No. NS-G-1.9	Design of the Reactor Coolant System and Associated Systems in Nuclear Power Plants	核电站反应堆冷却系统及相关系统的设计	2004 年
127	No. NS-G-1.10	Design of Reactor Containment Systems for Nuclear Power Plants	核电站反应堆安全壳系统设计	2004 年
128	No. NS-G-1.7	Protection Against Internal Fires and Explosions in the Design of Nuclear Power Plants	核电站设计中的内部火灾和爆炸防护	2004 年
129	No. RS-G-1.7	Application of the Concepts of Exclusion, Exemption and Clearance	排除、豁免和清除概念的应用	2004 年
130	No. RS-G-1.6	Occupational Radiation Protection in the Mining and Processing of Raw Materials	原材料采矿和加工中的职业辐射防护	2004 年
131	No. GS-G-4.1	Format and Content of the Safety Analysis Report for Nuclear Power Plants	核电站安全分析报告的格式和内容	2004 年

续表

序号	标准号	标准英文名称	标准中文名称	发布时间
132	No. NS-R-3	Site Evaluation for Nuclear Installations	核装置的现场评估	2003年
133	No. NS-G-1.5	External Events Excluding Earthquakes in the Design of Nuclear Power Plants	核电站设计中除地震外的外部事件	2003年
134	No. NS-G-1.6	Seismic Design and Qualification for Nuclear Power Plants	核电站抗震设计与鉴定	2003年
135	No. NS-G-1.4	Design of Fuel Handling and Storage Systems for Nuclear Power Plants	核电站燃料处理和储存系统设计	2003年
136	No. NS-G-2.7	Radiation Protection and Radioactive Waste Management in the Operation of Nuclear Power Plants	核电站运行中的辐射防护与放射性废物管理	2002年
137	No. NS-G-2.8	Recruitment, Qualification and Training of Personnel for Nuclear Power Plants	核电站人员招聘、资质认证和培训	2002年
138	No. NS-G-2.6	Maintenance, Surveillance and In-service Inspection in Nuclear Power Plants	核电站的维护、监控和在役检查	2002年
139	No. WS-G-1.2	Management of Radioactive Waste from the Mining and Milling of Ores	矿石开采和研磨过程中放射性废物的管理	2002年
140	No. GS-G-1.4	Documentation for Use in Regulating Nuclear Facilities	用于规范核设施的文件	2002年
141	No. GS-G-1.3	Regulatory Inspection of Nuclear Facilities and Enforcement by the Regulatory Body	核设施的监管检查和监管机构的执法	2002年
142	No. GS-G-1.2	Review and Assessment of Nuclear Facilities by the Regulatory Body	监管机构对核设施的审查和评估	2002年
143	No. GS-G-1.1	Organization and Staffing of the Regulatory Body for Nuclear Facilities	核设施监管机构的组织和人员配备	2002年
144	No. TS-G-1.2 (ST-3)	Planning and Preparing for Emergency Response to Transport Accidents Involving Radioactive Material	放射性物质运输事故应急预案的策划与准备	2002年
145	No. TS-G-1.1 (ST-2)	Advisory Material for the IAEA Regulations for the Safe Transport of Radioactive Material	国际原子能机构《放射性物质安全运输条例》的咨询材料	2002年
146	No. NS-G-2.5	Core Management and Fuel Handling for Nuclear Power Plants Safety Guide	核电站核心管理和燃料处理安全指南	2002年
147	No. NS-G-3.1	External Human Induced Events in Site Evaluation for Nuclear Power Plants	核电站现场评估中的外部人为事件	2002年
148	No. NS-G-3.2	Dispersion of Radioactive Material in Air and Water and Consideration of Population Distribution in Site Evaluation for Nuclear Power Plants	空气和水中放射性物质的弥散及核电站现场评估中人口分布的考量	2002年
149	No. RS-G-1.5	Radiological Protection for Medical Exposure to Ionizing Radiation	医疗照射电离辐射的辐射防护	2002年
150	No. NS-G-2.4	The Operating Organization for Nuclear Power Plants	核电站运行组织	2002年
151	No. NS-G-2.3	Modifications to Nuclear Power Plants	核电站改造	2001年

续表

序号	标准号	标准英文名称	标准中文名称	发布时间
152	No. WS-G-2.4	Decommissioning of Nuclear Fuel Cycle Facilities	核燃料循环设施的退役	2001 年
153	No. RS-G-1.4	Building Competence in Radiation Protection and the Safe Use of Radiation Sources	培养辐射防护和辐射源安全使用能力	2001 年
154	No. NS-G-2.2	Operational Limits and Conditions and Operating Procedures for Nuclear Power Plants	核电站的运行限值、条件及操作程序	2000 年
155	No. WS-G-2.3	Regulatory Control of Radioactive Discharges to the Environment	放射性放电对环境的监管控制	2000 年
156	No. NS-G-2.1	Fire Safety in the Operation of Nuclear Power Plants	核电站运行中的消防安全	2000 年
157	No. WS-G-2.1	Decommissioning of Nuclear Power Plants and Research Reactors	核电站和研究堆的退役	1999 年
158	No. WS-G-2.2	Decommissioning of Medical, Industrial and Research Facilities	医疗、工业和研究设施的退役	1999 年
159	No. RS-G-1.2	Assessment of Occupational Exposure Due to Intakes of Radionuclides	放射性核素摄入引起的职业暴露评估	1999 年
160	No. RS-G-1.1	Occupational Radiation Protection	职业辐射防护	1999 年
161	No. RS-G-1.3	Assessment of Occupational Exposure Due to External Sources of Radiation	外部辐射源引起的职业暴露评估	1999 年

对 IAEA 的 161 项安全标准的发布时间趋势进行分析，如图 2.2 所示。IAEA 从 1999 年开始发布安全标准，当年发布了 5 项，2002 年发布的安全标准数量最多，为 15 项。近年来，IAEA 每年发布的安全标准数量相对比较稳定。

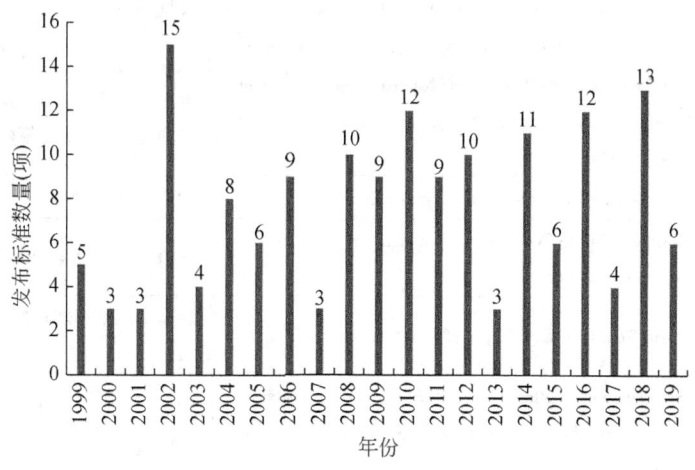

图 2.2 IAEA 发布的安全系列标准按时间分布图

将标准按类别进行划分，其中产品类 3 项，方法类 92 项（包括管理类 61 项，测试类 4 项，评估类 13 项，设计类 14 项），基础类 20 项，其他 46 项，如图 2.3 所示。

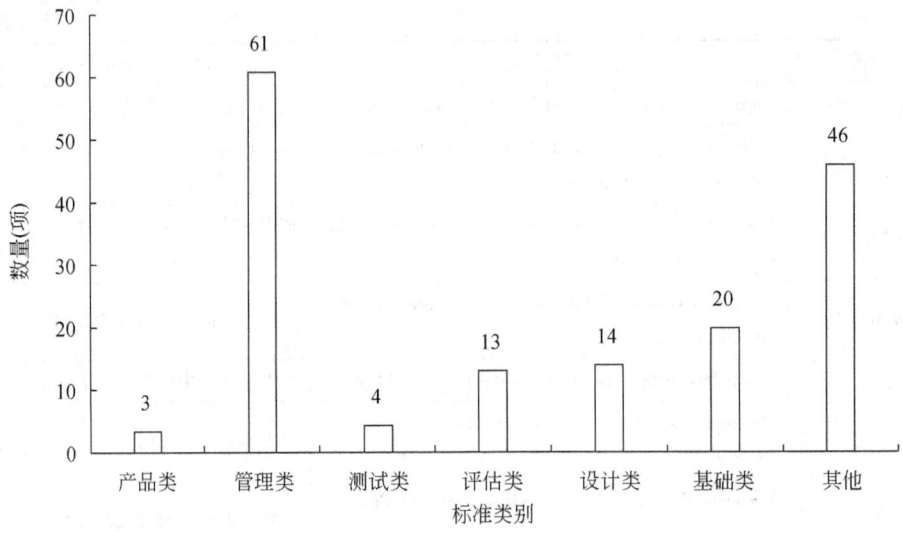

图 2.3　IAEA 安全标准类别分布图

2.1.3.2　核能标准系列（Nuclear Energy Series）

截至2019年底，IAEA 制定并发布了179项核能标准[①]，具体见表2.2。

表 2.2　IAEA 制定并发布的核能标准列表

序号	标准号	标准英文名称	标准中文名称	发布时间
1	NW-T-3.8	Developing Cost Estimates for Environmental Remediation Projects	制定环境修复项目的成本估算	2019年
2	NF-T-2.5	Review of Fuel Failures in Water Cooled Reactors	水冷堆燃料故障回顾	2019年
3	NG-T-3.20	Application of Multi-criteria Decision Analysis Methods to Comparative Evaluation of Nuclear Energy System Options: Final Report of the INPRO Collaborative Project KIND	多标准决策分析方法在核能系统方案比较评价中的应用：INPRO 合作项目 KIND 最终报告	2019年
4	NP-T-1.17	Guidance on Nuclear Energy Cogeneration	核能热电联产指南	2019年
5	NG-G-3.1（Rev.1）	Milestones in the Development of a National Infrastructure for Nuclear Power	国家核电基础设施建设的里程碑	2019年
6	NW-T-1.7	Waste from Innovative Types of Reactors and Fuel Cycles	创新型反应堆和燃料循环产生的废物	2019年
7	NW-T-2.10	Decommissioning after a Nuclear Accident: Approaches, Techniques, Practices and Implementation Considerations	核事故后退役：方法、技术、做法和实施注意事项	2019年

---

① https://www.iaea.org/publications/search/type/safety-standards-series.

续表

序号	标准号	标准英文名称	标准中文名称	发布时间
8	NG-T-3.6（Rev.1）	Responsibilities and Functions of a Nuclear Energy Programme Implementing Organization	核能计划实施组织的责任和职能	2019年
9	NF-T-3.3	Storing Spent Fuel until Transport to Reprocessing or Disposal	储存乏燃料直至运输到再处理或处置	2019年
10	NP-T-3.26	Managing Counterfeit and Fraudulent Items in the Nuclear Industry	管理核工业中的假冒伪劣商品	2019年
11	NP-T-3.3	Industrial Safety Guidelines for Nuclear Facilities	核设施工业安全准则	2018年
12	NW-T-1.24（Rev.1）	Options for Management of Spent Fuel and Radioactive Waste for Countries Developing New Nuclear Power Programmes	为发展新核电计划的国家管理乏燃料和放射性废物的备选方案	2018年
13	NF-T-4.9	Enhancing Benefits of Nuclear Energy Technology Innovation through Cooperation among Countries: Final Report of the INPRO Collaborative Project SYNERGIES	通过国家间合作增强核能技术创新的效益：INPRO协作项目SYNERGIES的最终报告	2018年
14	NG-T-3.17	Strategic Environmental Assessment for Nuclear Power Programmes: Guidelines	核电计划的战略环境评估：准则	2018年
15	NP-T-3.25	Economic Assessment of the Long Term Operation of Nuclear Power Plants: Approaches and Experience	核电站长期运行的经济评估：途径和经验	2018年
16	NP-T-3.20	Buried and Underground Piping and Tank Ageing Management for Nuclear Power Plants	核电站埋地和地下管道及储罐老化管理	2018年
17	NP-T-3.28	Technical Support to Nuclear Power Plants and Programmes	核电站和核电计划的技术支持	2018年
18	NP-T-1.15	Experimental Facilities in Support of Liquid Metal Cooled Fast Neutron Systems	支持液态金属冷却快中子系统的实验设施	2018年
19	NW-T-2.11	Lessons Learned from the Deferred Dismantling of Nuclear Facilities	延迟拆除核设施的经验教训	2018年
20	NF-T-2.2	Accelerator Simulation and Theoretical Modelling of Radiation Effects in Structural Materials	结构材料辐射效应的加速器模拟与理论建模	2018年
21	NG-T-3.18	Feasibility Study Preparation for New Research Reactor Programmes	新研究堆计划的可行性研究准备	2018年
22	NP-T-2.11	Approaches for Overall Instrumentation and Control Architectures of Nuclear Power Plants	核电站整体仪表和控制架构的方法	2018年
23	NP-T-3.27	Dependability Assessment of Software for Safety Instrumentation and Control Systems at Nuclear Power Plants	核电站安全仪表和控制系统软件的可靠性评估	2018年
24	NP-T-2.10	Commissioning Guidelines for Nuclear Power Plants	核电站调试准则	2018年
25	NP-T-3.8	Maintenance Optimization Programme for Nuclear Power Plants	核电站维护优化计划	2018年
26	NP-T-3.23	Non-baseload Operation in Nuclear Power Plants: Load Following and Frequency Control Modes of Flexible Operation	核电站的非基本负荷运行：灵活运行的负载跟随和频率控制模式	2018年

续表

序号	标准号	标准英文名称	标准中文名称	发布时间
27	NF-T-3.1	International Safeguards in the Design of Facilities for Long Term Spent Fuel Management	长期乏燃料管理设施设计的国际保障措施	2018年
28	NG-T-1.5	Leadership, Human Performance and Internal Communication in Nuclear Emergencies	核应急中的领导、人力绩效和内部沟通	2018年
29	NW-T-1.14	Status and Trends in Spent Fuel and Radioactive Waste Management	乏燃料和放射性废物管理的现状和趋势	2018年
30	NG-T-6.11	Knowledge Loss Risk Management in Nuclear Organizations	核组织中的知识损失风险管理	2017年
31	NP-T-4.3	Industrial Applications of Nuclear Energy	核能的工业应用	2017年
32	NP-T-3.24	Handbook on Ageing Management for Nuclear Power Plants	核电站老化管理手册	2017年
33	NF-T-4.8	International Safeguards in the Design of Uranium Conversion Plants	铀转化装置设计的国际保障	2017年
34	NW-T-1.11	Available Reprocessing and Recycling Services for Research Reactor Spent Nuclear Fuel	研究堆乏燃料的可用再加工和回收服务	2017年
35	NP-T-5.8	Research Reactors for the Development of Materials and Fuels for Innovative Nuclear Energy Systems	用于创新核能系统的材料和燃料开发的研究反应堆	2017年
36	NP-T-3.19	Instrumentation and Control Systems for Advanced Small Modular Reactors	高级小型模块化反应堆的仪表和控制系统	2017年
37	NG-T-4.6	Managing the Financial Risk Associated with the Financing of New Nuclear Power Plant Projects	管理与新核电项目融资相关的财务风险	2017年
38	NF-T-4.7	International Safeguards in the Design of Fuel Fabrication Plants	燃料加工厂设计中的国际保障	2017年
39	NP-T-4.1	Opportunities for Cogeneration with Nuclear Energy	核能热电联产的机遇	2017年
40	NG-T-3.16	Strategic Planning for Research Reactors	研究堆的战略规划	2017年
41	NG-T-6.2	Development of Knowledge Portals for Nuclear Power Plants	核电站知识门户网站的开发	2016年
42	NG-T-3.2 (Rev.1)	Evaluation of the Status of National Nuclear Infrastructure Development	评估国家核基础设施发展现状	2016年
43	NG-T-3.4	Industrial Involvement to Support a National Nuclear Power Programme	工业参与支持国家核电计划	2016年
44	NF-T-1.4	In Situ Leach Uranium Mining: An Overview of Operations	原位浸出铀矿开采：运营概述	2016年
45	NP-T-3.21	Procurement Engineering and Supply Chain Guidelines in Support of Operation and Maintenance of Nuclear Facilities	支持核设施运行和维护的采购工程与供应链指南	2016年
46	NG-T-3.15	INPRO Methodology for Sustainability Assessment of Nuclear Energy Systems: Environmental Impact of Stressors	核能系统可持续性评估的INPRO方法：应力源的环境影响	2016年

续表

序号	标准号	标准英文名称	标准中文名称	发布时间
47	NG-T-3.14	Building a National Position for a New Nuclear Power Programme	建立新的核电计划的国家立场	2016年
48	NG-T-6.8	Nuclear Accident Knowledge Taxonomy	核事故知识分类	2016年
49	NG-T-6.10	Knowledge Management and Its Implementation in Nuclear Organizations	知识管理及其在核组织中的实施	2016年
50	NW-T-1.10	Advancing Implementation of Decommissioning and Environmental Remediation Programmes	推进退役和环境修复计划的实施	2016年
51	NW-T-2.8	Managing the Unexpected in Decommissioning	管理退役中的意外事故	2016年
52	NW-T-1.5	Framework and Challenges for Initiating Multinational Cooperation for the Development of a Radioactive Waste Repository	启动多国合作开发放射性废物库的框架和挑战	2016年
53	NG-T-5.2	Modelling Nuclear Energy Systems with MESSAGE: A User's Guide	使用MESSAGE建模核能系统：用户指南	2016年
54	NP-T-3.5	Ageing Management of Concrete Structures in Nuclear Power Plants	核电站混凝土结构的老化管理	2016年
55	NP-T-3.17	Application of Field Programmable Gate Arrays in Instrumentation and Control Systems of Nuclear Power Plants	现场可编程门阵列在核电站仪表和控制系统中的应用	2016年
56	NG-T-3.13	INPRO Methodology for Sustainability Assessment of Nuclear Energy Systems: Environmental Impact from Depletion of Resources	核能系统可持续性评估的INPRO方法：资源枯竭对环境的影响	2015年
57	NG-T-1.3	Development and Implementation of a Process Based Management System	基于过程的管理系统的开发与实现	2015年
58	NG-T-4.5	Indicators for Nuclear Power Development	核电发展指标	2015年
59	NP-T-1.13	Technical Challenges in the Application and Licensing of Digital Instrumentation and Control Systems in Nuclear Power Plants	核电站数字仪表和控制系统应用与许可中的技术挑战	2015年
60	NW-T-2.6	Decommissioning of Pools in Nuclear Facilities	核设施池的退役	2015年
61	NG-G-3.1 (Rev.1)	Milestones in the Development of a National Infrastructure for Nuclear Power	国家核电基础设施建设的里程碑	2015年
62	NF-G-2.1	Quality and Reliability Aspects in Nuclear Power Reactor Fuel Engineering	核动力堆燃料工程的质量和可靠性方面	2015年
63	NP-T-3.18	Plant Life Management Models for Long Term Operation of Nuclear Power Plants	核电站长期运行的电站寿命管理模型	2015年
64	NP-T-3.16	Accident Monitoring Systems for Nuclear Power Plants	核电站事故监测系统	2015年
65	NW-G-3.1	Policy and Strategies for Environmental Remediation	环境修复的政策和策略	2015年
66	NW-T-1.3	Management of Disused Sealed Radioactive Sources	废弃密封放射源的管理	2014年
67	NP-T-5.6	Technical Requirements in the Bidding Process for a New Research Reactor	新研究堆招标过程中的技术要求	2014年

续表

序号	标准号	标准英文名称	标准中文名称	发布时间
68	NW-T-2.7	Experiences and Lessons Learned Worldwide in the Cleanup and Decommissioning of Nuclear Facilities in the Aftermath of Accidents	全球在事故发生后核设施清理和退役方面的经验与教训	2014 年
69	NG-T-3.12	INPRO Methodology for Sustainability Assessment of Nuclear Energy Systems: Infrastructure	核能系统可持续性评估的 INPRO 方法：基础设施	2014 年
70	NG-T-4.4	INPRO Methodology for Sustainability Assessment of Nuclear Energy Systems: Economics	核能系统可持续性评估的 INPRO 方法：经济学	2014 年
71	NG-T-6.4	Nuclear Engineering Education: A Competence Based Approach to Curricula Development	核工程教育：基于能力的课程开发方法	2014 年
72	NP-T-2.9	International Safeguards in the Design of Nuclear Reactors	核反应堆设计中的国际保障	2014 年
73	NG-T-1.1	Managing Organizational Change in Nuclear Organizations	管理核组织的组织变革	2014 年
74	NG-T-3.3	Preparation of a Feasibility Study for New Nuclear Power Projects	新核电项目的可行性研究准备	2014 年
75	NW-T-1.4	Modular Design of Processing and Storage Facilities for Small Volumes of Low and Intermediate Level Radioactive Waste including Disused Sealed Sources	小型中低放射性废物处理和储存设施的模块化设计，包括废弃密封源	2014 年
76	NP-T-1.11	Options to Enhance Proliferation Resistance of Innovative Small and Medium Sized Reactors	提高创新型中小型反应堆抗增殖能力的方案	2014 年
77	NW-T-3.5	Communication and Stakeholder Involvement in Environmental Remediation Projects	环境修复项目的沟通和利益相关者参与	2014 年
78	NG-T-3.11	Managing Environmental Impact Assessment for Construction and Operation in New Nuclear Power Programmes	新核电计划建设和运营的环境影响评估管理	2014 年
79	NW-T-1.8	Mobile Processing Systems for Radioactive Waste Management	放射性废物管理移动处理系统	2014 年
80	NW-T-3.6	Lessons Learned from Environmental Remediation Programmes	环境修复计划的经验教训	2014 年
81	NP-T-5.3	Applications of Research Reactors	研究堆的应用	2014 年
82	NG-T-2.7	Managing Human Performance to Improve Nuclear Facility Operation	管理人力绩效以改善核设施运营	2014 年
83	NW-T-2.4	Cost Estimation for Research Reactor Decommissioning	研究堆退役的成本估算	2014 年
84	NP-T-3.7	Approaches for Assessing the Economic Competitiveness of Small and Medium Sized Reactors	评估中小型反应堆经济竞争力的方法	2013 年
85	NP-T-1.9	Design Features and Operating Experience of Experimental Fast Reactors	实验快堆的设计特点和运行经验	2013 年
86	NP-T-1.14	Framework for Assessing Dynamic Nuclear Energy Systems for Sustainability: Final Report of the INPRO Collaborative Project GAINS	评估动态核能系统可持续性的框架：INPRO 协作项目 GAINS 的最终报告	2013 年

续表

序号	标准号	标准英文名称	标准中文名称	发布时间
87	NF-O	Nuclear Fuel Cycle Objectives	核燃料循环目标	2013 年
88	NG-T-3.5	Legal and Institutional Issues of Transportable Nuclear Power Plants: A Preliminary Study	可移动核电站的法律和制度问题：初步研究	2013 年
89	NP-T-3.14	Advanced Surveillance, Diagnostic and Prognostic Techniques in Monitoring Structures, Systems and Components in Nuclear Power Plants	监测核电站结构、系统和部件的先进监视、诊断和预测技术	2013 年
90	NW-T-1.24	Options for Management of Spent Fuel and Radioactive Waste for Countries Developing New Nuclear Power Programmes	为发展新核电计划的国家管理乏燃料和放射性废物的备选方案	2013 年
91	NW-T-3.4	Overcoming Barriers in the Implementation of Environmental Remediation Projects	克服实施环境修复项目的障碍	2013 年
92	NP-T-1.10	Nuclear Reactor Technology Assessment for Near Term Deployment	近期部署核反应堆技术评估	2013 年
93	NP-T-4.2	Hydrogen Production Using Nuclear Energy	使用核能生产氢气	2012 年
94	NP-T-2.8	International Safeguards in Nuclear Facility Design and Construction	核设施设计和建设的国际保障	2013 年
95	NF-T-1.5	Advances in Airborne and Ground Geophysical Methods for Uranium Exploration	铀矿勘探的空中和地面地球物理方法研究进展	2013 年
96	NF-T-5.4	Non-HEU Production Technologies for Molybdenum-99 and Technetium-99m	钼-99 和锝-99m 的非高浓铀生产技术	2013 年
97	NF-T-4.3	Structural Materials for Liquid Metal Cooled Fast Reactor Fuel Assemblies-Operational Behaviour	液态金属冷却快堆燃料组件的结构材料 操作行为	2012 年
98	NP-T-2.6	Efficient Water Management in Water Cooled Reactors	水冷堆中的高效水管理	2012 年
99	NP-T-1.6	Liquid Metal Coolants for Fast Reactors Cooled by Sodium, Lead and Lead-Bismuth Eutectic	用于钠、铅和铅-铋共晶冷却快堆的液态金属冷却剂	2012 年
100	NP-T-3.6	Assessing and Managing Cable Ageing in Nuclear Power Plants	评估和管理核电站的电缆老化	2012 年
101	NP-T-5.1	Specific Considerations and Milestones for a Research Reactor Project	研究堆项目的具体考虑和里程碑	2012 年
102	NG-T-3.7	Managing Siting Activities for Nuclear Power Plants	管理核电站的选址活动	2012 年
103	NF-T-2.4	Role of Thorium to Supplement Fuel Cycles of Future Nuclear Energy Systems	钍在未来核能系统补充燃料循环中的作用	2012 年
104	NG-T-3.8	Electric Grid Reliability and Interface with Nuclear Power Plants	电网可靠性与核电站接口	2012 年
105	NP-T-2.7	Project Management in Nuclear Power Plant Construction: Guidelines and Experience	核电站建设项目管理：指导方针和经验	2012 年
106	NW-G-1.1	Policies and Strategies for Radioactive Waste Management	放射性废物管理的政策和策略	2012 年

续表

序号	标准号	标准英文名称	标准中文名称	发布时间
107	NW-G-2.1	Policies and Strategies for the Decommissioning of Nuclear and Radiological Facilities	核和放射设施退役的政策与策略	2011年
108	NP-T-3.12	Core Knowledge on Instrumentation and Control Systems in Nuclear Power Plants	核电站仪表和控制系统的核心知识	2011年
109	NP-T-2.5	Construction Technologies for Nuclear Power Plants	核电站建设技术	2011年
110	NG-T-3.9	Invitation and Evaluation of Bids for Nuclear Power Plants	核电站投标的邀请和评估	2011年
111	NP-T-3.13	Stress Corrosion Cracking in Light Water Reactors: Good Practices and Lessons Learned	轻水反应堆中的应力腐蚀开裂：良好规范和经验教训	2011年
112	NP-T-1.12	Introduction to the Use of the INPRO Methodology in a Nuclear Energy System Assessment	在核能系统评估中使用INPRO方法的介绍	2011年
113	NP-T-5.2	Good Practices for Water Quality Management in Research Reactors and Spent Fuel Storage Facilities	研究堆和乏燃料储存设施水质管理的良好实践	2011年
114	NW-T-2.3	Decommissioning of Small Medical, Industrial and Research Facilities: A Simplified Stepwise Approach	小型医疗、工业和研究设施的退役：简化的逐步方法	2011年
115	NG-T-1.4	Stakeholder Involvement Throughout the Life Cycle of Nuclear Facilities	整个核设施生命周期中的利益相关者参与	2011年
116	NW-T-1.2	The Management System for the Development of Disposal Facilities for Radioactive Waste	放射性废物处置设施发展管理系统	2011年
117	NG-O	Nuclear Energy General Objectives	核能总目标	2011年
118	NW-O	Radioactive Waste Management Objectives	放射性废物管理目标	2011年
119	NG-T-6.7	Comparative Analysis of Methods and Tools for Nuclear Knowledge Preservation	核知识保存方法与工具的比较分析	2011年
120	NW-T-2.1	Selection and Use of Performance Indicators in Decommissioning	退役中性能指标的选择和使用	2011年
121	NF-T-3.8	Impact of High Burnup Uranium Oxide and Mixed Uranium-Plutonium Oxide Water Reactor Fuel on Spent Fuel Management	高燃烧氧化铀和混合铀-钚氧化物水反应堆燃料对乏燃料管理的影响	2011年
122	NW-T-2.2	Redevelopment and Reuse of Nuclear Facilities and Sites: Case Histories and Lessons Learned	核设施和场址的重建与再利用：案例历史和经验教训	2011年
123	NG-T-6.1	Status and Trends in Nuclear Education	核教育的现状与趋势	2011年
124	NP-T-1.12	Introduction to the Use of the INPRO Methodology in a Nuclear Energy System Assessment	在核能系统评估中使用INPRO方法的介绍	2011年
125	NF-T-4.2	Status of Developments in the Back End of the Fast Reactor Fuel Cycle	快堆燃料循环后端的发展现状	2011年
126	NF-T-4.1	Status and Trends of Nuclear Fuels Technology for Sodium Cooled Fast Reactors	钠冷却快堆核燃料技术的现状与趋势	2011年
127	NG-T-3.10	Workforce Planning for New Nuclear Power Programmes	新核电计划的劳动力规划	2011年

续表

序号	标准号	标准英文名称	标准中文名称	发布时间
128	NP-T-3.9	Power Uprate in Nuclear Power Plants: Guidelines and Experience	核电站的电力提升：指导方针和经验	2011 年
129	NP-T-1.12	Introduction to the Use of the INPRO Methodology in a Nuclear Energy System Assessment	在核能系统评估中使用 INPRO 方法的介绍	2011 年
130	NP-T-1.8	Nuclear Energy Development in the 21st Century: Global Scenarios and Regional Trends	21 世纪的核能发展：全球情景和区域趋势	2010 年
131	NF-T-1.3	Radioelement Mapping	放射元素映射	2010 年
132	NP-T-3.10	Integration of Analog and Digital Instrumentation and Control Systems in Hybrid Control Rooms	混合控制室中模拟和数字仪表与控制系统的集成	2010 年
133	NP-T-3.1	Risk Informed In-service Inspection of Piping Systems of Nuclear Power Plants: Process, Status, Issues and Development	核电站管道系统的风险信息在线检查：过程、现状、问题和发展	2010 年
134	NF-T-4.5	Technical Features to Enhance Proliferation Resistance of Nuclear Energy Systems	提高核能系统抗扩散性的技术特点	2010 年
135	NG-T-4.3	Cost Aspects of the Research Reactor Fuel Cycle	研究堆燃料循环的成本方面	2010 年
136	NF-T-2.1	Review of Fuel Failures in Water Cooled Reactors	水冷堆燃料故障综述	2010 年
137	NG-G-3.1	Milestones in the Development of a National Infrastructure for Nuclear Power	国家核电基础设施建设的里程碑	2010 年
138	NF-T-1.2	Best Practice in Environmental Management of Uranium Mining	铀矿开采环境管理的最佳规范	2010 年
139	NW-T-1.21	Technological Implications of International Safeguards for Geological Disposal of Spent Fuel and Radioactive Waste	国际保障对乏燃料和放射性废物地质处置的技术含义	2010 年
140	NF-T-4.6	Status of Minor Actinide Fuel Development	次锕系元素燃料的发展现状	2010 年
141	NW-T-1.20	Disposal Approaches for Long Lived Low and Intermediate Level Radioactive Waste	长期低放射性和中等放射性废物的处置方法	2010 年
142	NF-T-4.4	Use of Reprocessed Uranium: Challenges and Options	再加工铀的使用：挑战和选择	2010 年
143	NP-T-1.5	Protecting Against Common Cause Failures in Digital I&C Systems of Nuclear Power Plants	防范核电站数字 I&C 系统常见故障	2009 年
144	NF-T-3.5	Costing of Spent Fuel Storage	乏燃料储存成本核算	2009 年
145	NF-T-5.2	Good Practices for Qualification of High Density Low Enriched Uranium Research Reactor Fuels	高密度低浓铀研究堆燃料合格的良好实践	2009 年
146	NG-T-3.2	Evaluation of the Status of National Nuclear Infrastructure Development	评估国家核基础设施发展现状	2009 年
147	NG-T-3.6	Responsibilities and Capabilities of a Nuclear Energy Programme Implementing Organization	核能计划实施组织的职责和能力	2009 年
148	NG-T-3.1	Initiating Nuclear Power Programmes: Responsibilities and Capabilities of Owners and Operators	启动核电计划：业主和运营商的职责和能力	2009 年

续表

序号	标准号	标准英文名称	标准中文名称	发布时间
149	NF-T-3.6	Management of Damaged Spent Nuclear Fuel	乏核燃料的管理	2009 年
150	NG-T-4.1	Issues to Improve the Prospects of Financing Nuclear Power Plants	改善核电站融资前景的几个问题	2009 年
151	NF-T-1.1	Establishment of Uranium Mining and Processing Operations in the Context of Sustainable Development	在可持续发展的背景下建立铀矿开采和加工业务	2009 年
152	NP-O	Nuclear Power Objectives: Achieving the Nuclear Energy Basic Principles	核电目标：实现核能基本原则	2009 年
153	NG-G-2.1	Managing Human Resources in the Field of Nuclear Energy	核能领域的人力资源管理	2009 年
154	NP-T-2.2	Design Features to Achieve Defence in Depth in Small and Medium Sized Reactors (SMRs)	在中小型反应堆（SMRs）中实现深度防御的设计特点	2009 年
155	NW-G-1.1	Policies and Strategies for Radioactive Waste Management	放射性废物管理的政策和策略	2009 年
156	NW-T-3.3	Integrated Approach to Planning the Remediation of Sites Undergoing Decommissioning	规划退役场地修复的综合方法	2009 年
157	NW-T-2.5	An Overview of Stakeholder Involvement in Decommissioning	利益相关者参与退役的概述	2009 年
158	NP-T-3.11	Integrity of Reactor Pressure Vessels in Nuclear Power Plants: Assessment of Irradiation Embrittlement Effects in Reactor Pressure Vessel Steels	核电站反应堆压力容器的完整性：反应堆压力容器钢中辐照脆化效应的评估	2009 年
159	NW-T-1.18	Determination and Use of Scaling Factors for Waste Characterization in Nuclear Power Plants	核电站废物特性标定因子的确定和应用	2009 年
160	NP-T-1.4	Implementing Digital Instrumentation and Control Systems in the Modernization of Nuclear Power Plants	在核电站现代化中实施数字仪表和控制系统	2009 年
161	NP-T-2.1	Common User Considerations (CUC) by Developing Countries for Future Nuclear Energy Systems: Report of Stage 1	发展中国家未来核能系统的共同用户考虑因素（CUC）：第 1 阶段报告	2009 年
162	NG-T-6.2	Development of Knowledge Portals for Nuclear Power Plants	核电站知识门户网站的开发	2009 年
163	NW-T-1.19	Geological Disposal of Radioactive Waste: Technological Implications for Retrievability	放射性废物的地质处置：可回收性的技术含义	2009 年
164	NW-T-1.17	Locating and Characterizing Disused Sealed Radioactive Sources in Historical Waste	历史废弃物中废弃密封放射源的定位和表征	2009 年
165	NE-BP	Nuclear Energy Basic Principles	核能基本原则	2008 年
166	NG-T-6.3	Fast Reactor Knowledge Preservation System: Taxonomy and Basic Requirements	快速反应堆知识保存系统：分类学和基本要求	2008 年
167	NP-T-1.3	The Role of Instrumentation and Control Systems in Power Uprating Projects for Nuclear Power Plants	仪表和控制系统在核电站升级项目中的作用	2008 年
168	NP-T-3.2	Heavy Component Replacement in Nuclear Power Plants: Experience and Guidelines	核电站重组件更换：经验和准则	2008 年

续表

序号	标准号	标准英文名称	标准中文名称	发布时间
169	NG-T-3.2	Evaluation of the Status of National Nuclear Infrastructure Development	评估国家核基础设施发展现状	2008年
170	NP-T-1.2	On-line Monitoring for Improving Performance of Nuclear Power Plants Part 2: Process and Component Condition Monitoring and Diagnostics	提高核电站性能的在线监测第2部分：过程和部件状态监测与诊断	2008年
171	NP-T-1.1	On-line Monitoring for Improving Performance of Nuclear Power Plants Part 1: Instrument Channel Monitoring	提高核电站性能的在线监测第1部分：仪器通道监测	2008年
172	NG-T-4.2	Financing of New Nuclear Power Plants	新核电站的融资	2008年
173	NP-T-5.4	Optimization of Research Reactor Availability and Reliability: Recommended Practices	优化研究堆的可用性和可靠性：推荐做法	2008年
174	NG-T-6.6	Web Harvesting for Nuclear Knowledge Preservation	核知识保存的网络收获	2008年
175	NG-T-2.2	Commissioning of Nuclear Power Plants: Training and Human Resource Considerations	核电站调试：培训和人力资源考虑	2008年
176	NG-T-2.3	Decommissioning of Nuclear Facilities: Training and Human Resource Considerations	核设施的退役：培训和人力资源考虑	2008年
177	NP-T-3.4	Restarting Delayed Nuclear Power Plant Projects	重启搁置的核电站项目	2008年
178	NG-T-1.2	Establishing a Code of Ethics for Nuclear Operating Organizations	制定核运营组织的道德守则	2007年
179	NG-G-3.1	Milestones in the Development of a National Infrastructure for Nuclear Power	国家核电基础设施建设的里程碑	2007年

资料来源：https://www.iaea.org/publications/search/type/nuclear-energy-series

对IAEA的179项核能标准的发布时间趋势进行分析，如图2.4所示。IAEA从2007年开始发布核能标准，当年仅发布了2项，2011年发布的核能标准数量最多，为23项，此后几年每年发布的核能标准数量有所减少。

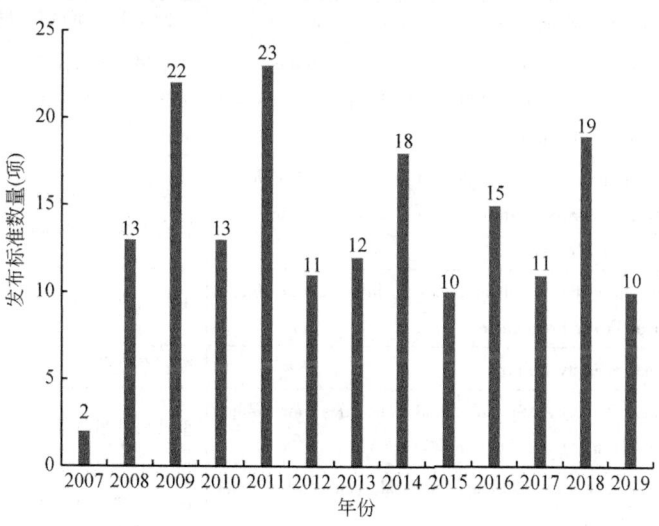

图2.4 IAEA发布的核能系列标准时间分布图

将标准按类别进行划分,其中产品类 22 项,方法类 119 项(包括管理类 90 项,评估类 22 项,设计类 7 项),基础类 18 项,如图 2.5 所示。

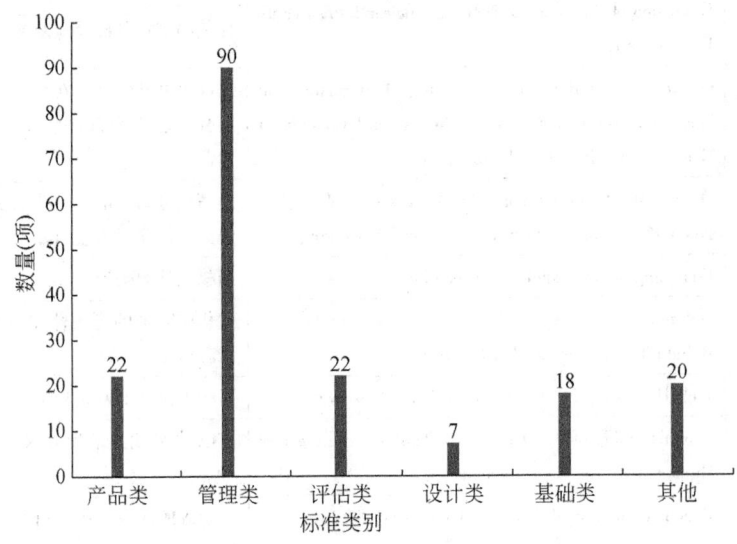

图 2.5 IAEA 核能系列标准类别分布图

2.1.3.3 核安全标准系列(Nuclear security Series)

截至 2019 年底,IAEA 制修订并发布了 39 项核安全标准,具体见表 2.3。

表 2.3 IAEA 制修订并发布的核安全标准列表

序号	标准号	标准英文名称	标准中文名称	发布时间
1	No. 36-G	Preventive Measures for Nuclear and Other Radioactive Material out of Regulatory Control	核材料和其他放射性物质失控的预防措施	2019 年
2	No. 35-G	Security during the Lifetime of a Nuclear Facility	核设施生命期间内的安全	2019 年
3	No. 34-T	Planning and Organizing Nuclear Security Systems and Measures for Nuclear and Other Radioactive Material out of Regulatory Control	规划和组织核保安系统及不受管制的核材料和其他放射性物质的措施	2019 年
4	No. 32-T	Establishing a System for Control of Nuclear Material for Nuclear Security Purposes at a Facility during Use, Storage and Movement	在使用、储存和运输过程中建立核设施核材料控制系统	2019 年
5	No. 19	Establishing the Nuclear Security Infrastructure for a Nuclear Power Programme	为核电计划建立核安全基础设施	2018 年
6	No. 7	Nuclear Security Culture	核安全文化	2017 年
7	No. 18	Nuclear Security Systems and Measures for Major Public Events	重大公共事件核安全体系与措施	2017 年
8	No. 18	Nuclear Security Systems and Measures for Major Public Events	重大公共事件核安全体系与措施	2016 年

续表

序号	标准号	标准英文名称	标准中文名称	发布时间
9	No. 23-G	Security of Nuclear Information	核信息安全	2016 年
10	No. 16	Identification of Vital Areas at Nuclear Facilities	核设施关键区域识别	2016 年
11	No. 19	Establishing the Nuclear Security Infrastructure for a Nuclear Power Programme	为核电计划建立核安全基础设施	2015 年
12	No. 21	Nuclear Security Systems and Measures for the Detection of Nuclear and Other Radioactive Material out of Regulatory Control	核安全系统和检测失控核材料与其他放射性物质的监管措施	2015 年
13	No. 20	Objective and Essential Elements of a State's Nuclear Security Regime	国家核安全制度的目标和基本要素	2014 年
14	No. 18	Nuclear Security Systems and Measures for Major Public Events	重大公共事件核安全体系与措施	2014 年
15	No. 9	Security in the Transport of Radioactive Material	放射性物质运输的安全	2013 年
16	No. 17	Computer Security at Nuclear Facilities	核设施的计算机安全	2013 年
17	No. 17	Computer Security at Nuclear Facilities	核设施的计算机安全	2012 年
18	No. 15	Nuclear Security Recommendations on Nuclear and Other Radioactive Material out of Regulatory Control	关于不受管制的核材料和其他放射性物质的核保安建议	2012 年
19	No. 14	Nuclear Security Recommendations on Radioactive Material and Associated Facilities	关于放射性物质和相关设施的核安全建议	2012 年
20	No. 13	Nuclear Security Recommendations on Physical Protection of Nuclear Material and Nuclear Facilities（INFCIRC/225/Revision 5）	关于核材料和核设施实物保护的核安全建议（INFCIRC/225/Revision 5）	2012 年
21	No. 12	Educational Programme in Nuclear Security	核安全教育计划	2012 年
22	No. 11	Security of Radioactive Sources	放射源安全	2012 年
23	No. 10	Development, Use and Maintenance of the Design Basis Threat	设计基础威胁的开发、使用和维护	2012 年
24	No. 9	Security in the Transport of Radioactive Material	放射性物质运输的安全	2012 年
25	No. 8	Preventive and Protective Measures Against Insider Threats	针对内部威胁的预防和保护措施	2012 年
26	No. 7	Nuclear Security Culture	核安全文化	2012 年
27	No. 6	Combating Illicit Trafficking in Nuclear and Other Radioactive Material	打击非法贩运核材料和其他放射性物质	2012 年
28	No. 4	Engineering Safety Aspects of the Protection of Nuclear Power Plants Against Sabotage	保护核电站免受破坏的工程安全问题	2012 年
29	No. 3	Monitoring for Radioactive Material in International Mail Transported by Public Postal Operators	公共邮政运营商运输的国际邮件中放射性物质的监测	2012 年
30	No. 2	Nuclear Forensics Support	核法证学支持	2012 年
31	No. 13	Nuclear Security Recommendations on Physical Protection of Nuclear Material and Nuclear Facilities（INFCIRC/225/Revision 5）	关于核材料和核设施实物保护的核安全建议（INFCIRC/225/Revision 5）	2011 年

续表

序号	标准号	标准英文名称	标准中文名称	发布时间
32	No. 14	Nuclear Security Recommendations on Radioactive Material and Associated Facilities	关于放射性物质和相关设施的核安全建议	2011 年
33	No. 15	Nuclear Security Recommendations on Nuclear and Other Radioactive Material out of Regulatory Control	关于不受管制的核材料和其他放射性物质的核安保建议	2011 年
34	No. 11	Security of Radioactive Sources	放射源安全	2011 年
35	No. 5	Identification of Radioactive Sources and Devices	放射源和设备的识别	2011 年
36	No. 8	Preventive and Protective Measures Against Insider Threats	针对内部威胁的预防和保护措施	2009 年
37	No. 7	Nuclear Security Culture	核安全文化	2009 年
38	No. 5	Identification des sources et des dispositifs radioactifs	放射源和设备的识别	2009 年
39	No. 1	Technical and Functional Specifications for Border Monitoring Equipment	边界监测设备的技术和功能规范	2006 年

资料来源：https://www.iaea.org/publications/search/type/nuclear-security-series

对 IAEA 的 39 项核安全标准的发布时间趋势进行分析，如图 2.6 所示。IAEA 从 2006 年开始发布核安全标准，当年仅发布了 1 项，2012 年发布的核安全标准数量最多，为 14 项，此后每年发布的核安全标准数量有所减少。

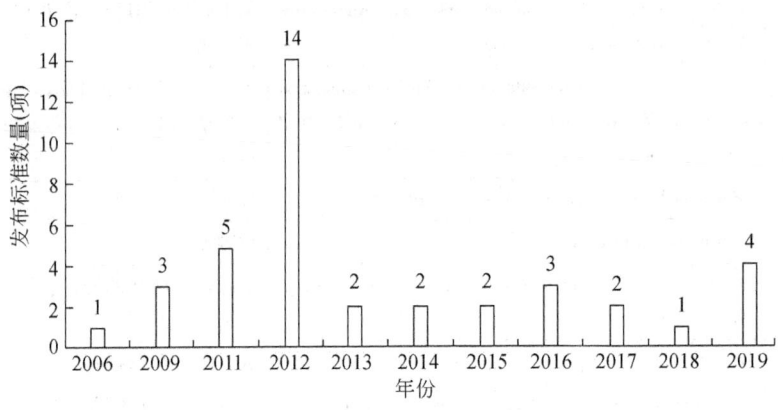

图 2.6　IAEA 发布的核安全标准时间分布分析

2.1.4　未来发展及预判

IAEA 在《2018—2023 年中期策略》（*Medium Term Strategy 2018—2023*）中提出了 6 个战略目标①：①促进获得核能和其他技术；②加强核科学、技术和应用的推广与发展；③改善核安全；④提供有效的技术合作；⑤提供有效和高效的原子能机构保障措施；⑥提

---

① https://www.iaea.org/about/overview/medium-term-strategy.

供有效、高效和创新的管理及完善的方案和预算规划。由此可见，IAEA 未来的发展重心将主要放在核技术、核安全及管理方式提升等相关方面。上述目标将通过协调和相辅相成的方式在所有标准项目中实现，这有助于满足成员国当前的和不断变化的需求，包括实现可持续发展目标及全球和平与安全。

2.2 国际自动化协会

2.2.1 概况、职责与使命

国际自动化协会（International Society of Automation，ISA）是一个非营利的专业协会，成立于1945年，旨在通过自动化创造一个更美好的世界。

ISA 通过连接自动化社区来提高技术能力，从而实现卓越的操作。其核心能力和专业领域包括：①制定广泛使用的全球标准；②认证行业专业人员；③提供教育和培训；④出版书籍和技术文章；⑤主办会议和展览；⑥为其全球 40 000 名成员和 400 000 名客户提供网络与职业发展计划。

ISA 成立了 ISA 全球网络安全联盟（ISAGCA），以提高制造业和关键基础设施及流程的网络安全准备和意识。该联盟将最终用户、自动化和控制系统提供商、IT 基础设施提供商、服务提供商、系统集成商及其他网络安全利益相关者组织聚集在一起，积极应对日益增长的威胁。

2.2.2 组织架构

ISA 的主要机构包括全体成员大会、协会代表理事会和协会执行委员会（图2.7）。全体成员大会成员通过技术或地理团体进行联系。

协会代表理事会由每个部门派一名代表组成，负责就章程修订进行表决。

协会执行委员会负责制定战略方向、业务计划和预算，设有常务委员会，包括自动化咨询、招录成员、薪酬、财务、荣誉和奖项、投资、任命、网络和社交媒体。

协会执行委员会还下含技术委员会、操作委员会和地理委员会，负责协调志愿者领导的活动，以达到社会目标。技术委员会下设会议和展览监督常务委员会，包含自动化和科技、标准和实践、工业和科学三个部门。操作委员会下无常务委员会，包含图片和会员、专业发展、出版物、战略计划四个部门。地理委员会下设常务委员会，包含地区预算、地区领导会议、地区和部分问题协调等职能。

其中，ISA67——核电站标准委员会负责制定核电站仪表和控制标准，旨在通过标准出版物记录与核电站和相关行业的仪器及控制有关的标准、规范和程序[①]。下设有 6 个分技术委员会，分别为：

---

① https://www.isa.org/isa67.

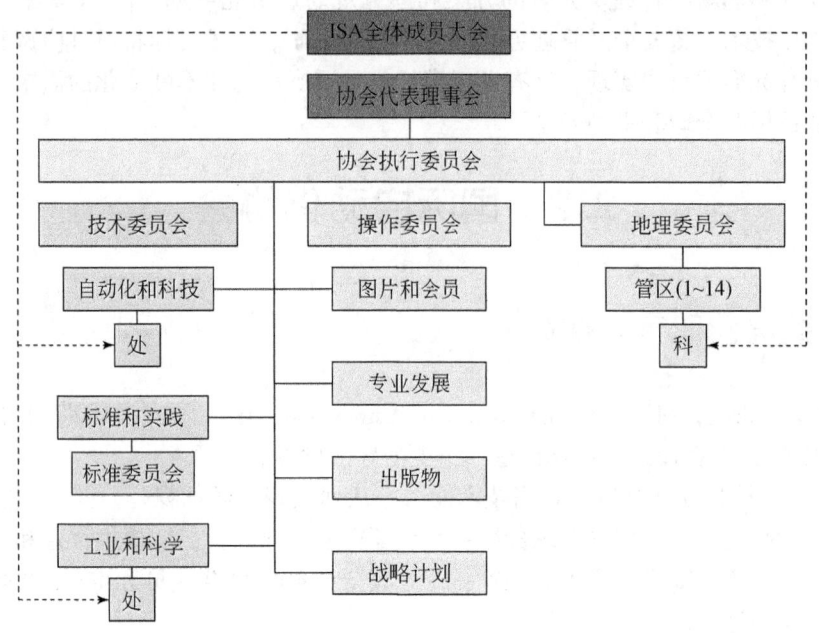

图 2.7 ISA 的组织架构图

1) ISA67.01——用于核安全应用的传感器和变送器的安装。该委员会通过制定共识性标准、推荐做法、文件来解决核应用中的变送器和传感器装置的设计问题,以扩展该领域的知识和应用。其目的是确定、定义、建立和公布用于核应用的发射机核传感器及其辅助设备的安装要求和建议[①]。

2) ISA67.02——用于核电站的仪器传感管线和管道标准。该委员会负责核电站与核安全相关的仪器传感和采样线的设计、保护与安装。其目的是为仪器感测和采样管线的设计及安装制定适用的规范要求和规范界限,并保证与核安全有关的仪器的功能可用[②]。

3) ISA67.03——反应堆冷却剂压力边界泄漏检测。该委员会负责包括对反应堆冷却剂系统泄漏的定量测量和识别。其目的是标准化标准、方法和程序,以确保核电站中使用的反应堆冷却剂压力边界泄漏检测系统的设计和运行充分性。另一个目的是鼓励改进设计,以提高反应堆冷却剂泄漏检测系统的实用性和可靠性[③]。

4) ISA67.04——核电站安全相关仪表的设定值。该委员会负责制定标准和准则,举行专题讨论会,并以其他方式扩展该学科的知识和应用,旨在为安全相关的设定点奠定基础[④]。

5) ISA67.06——核电站核安全相关仪表通道的性能监测。该委员会负责制定标准和

---

① https://www.isa.org/isa67-01.
② https://www.isa.org/isa67-02.
③ https://www.isa.org/isa67-03.
④ https://www.isa.org/isa67-04.

准则、推荐做法、举行座谈会,以及以其他方式扩展该学科的知识和应用,旨在确定核电站和相关产业中仪表性能的测定方法①。

6) ISA67.14——核电站仪表和控制技术人员资格和认证。该委员会负责确定核设施仪表和控制技术人员的认证标准,为其提供认证依据②。

2.2.3　标准化工作

ISA 从 1996~2018 年共发布了 7 项技术标准③,具体标准内容如表 2.4 所示。

表 2.4　ISA 核相关标准列表

序号	标准号	标准英文名称	标准中文名称	发布时间
1	ISA-67.06.01-2002	Performance Monitoring for Nuclear Safety-Related Instrument Channels in Nuclear Power Plants	核电站核安全相关仪表通道的性能监测	2002 年
2	ISA-67.14.01-2000	Qualifications and Certification of Instrumentation and Control Technicians in Nuclear Facilities	核设施仪表和控制技术人员的资格和认证	2000 年
3	ISA-67.01.01-2019	Transducer and Transmitter Installation for Nuclear Safety Applications	核安全应用的传感器和变送器安装	2002 年
4	ANSI/ISA-67.02.01-2014	Nuclear Safety-Related Instrument Sensing Line Piping and Tubing Standard for Use in Nuclear Power Plants	用于核电站的核安全相关仪器传感管线和管道标准	2014 年
5	ANSI/ISA-67.04.01-2018	Setpoints for Nuclear Safety-Related Instrumentation	核安全相关仪器的设定点	2018 年
6	ISA-TR67.04.08-1996	Setpoints for Sequenced Actions	顺序操作的设定点	1996 年
7	ISA-RP67.04.02-2010	Methodologies for the Determination of Setpoints for Nuclear Safety-Related Instrumentation	确定核安全相关仪器设定点的方法	2010 年

2.3　国际标准化组织

2.3.1　概况、职责与使命

国际标准化组织(International Organization for Standardization,ISO),是世界上最大的非政府性标准化专门机构,是国际标准化领域中一个十分重要的组织。

ISO 的职责是:主要负责制定国际标准,协调世界范围内的标准化工作,与其他国际

---

① https://www.isa.org/isa67-06.
② https://www.isa.org/isa67-14.
③ https://www.isa.org/store/products/? mstype = Publications&ms _ product _ type = Standards&mssearch = isa- 67 #/8cb4b4b372226847f0a3afeeef7a2500.

性组织合作研究有关标准化问题,同时促进全球范围内的标准化及其有关活动,以利于国际产品与服务的交流,以及在知识、科学、技术和经济活动中发展国际合作。

ISO 的宗旨是:在世界范围内促进标准化及有关工作的开展,以利于国际物资交流和服务,并推动各国在科学、技术和经济活动中的相互合作。其主要活动是制定和出版 ISO 标准,协调世界范围的标准化工作,组织各成员国和技术委员会进行情报交流,以及与其他国际组织进行合作,共同研究有关标准化问题。

ISO 的主要工作任务是:协调世界范围内的标准化工作;制定和发布国际标准并采取措施以便在世界范围内实施;组织各成员国和技术委员会进行信息交流;与其他国际组织共同开展有关标准化课题的研究。

ISO 在发展过程中显示出了强大的生命力,吸引了越来越多的国家参与其活动。目前,ISO 的成员来自全球 167 个国家,共有 3368 个技术组织参与到标准的制/修订中,ISO 目前拥有来自全球的全职员工 135 名[①]。

2.3.2 组织架构

ISO 的主要机构包括:全体大会(General Assembly)、理事会(ISO Council)、技术管理局(Technical Management Board,TMB)、技术委员会(Technical Committees)和主席委员会(President's Committee),如图 2.8 所示。

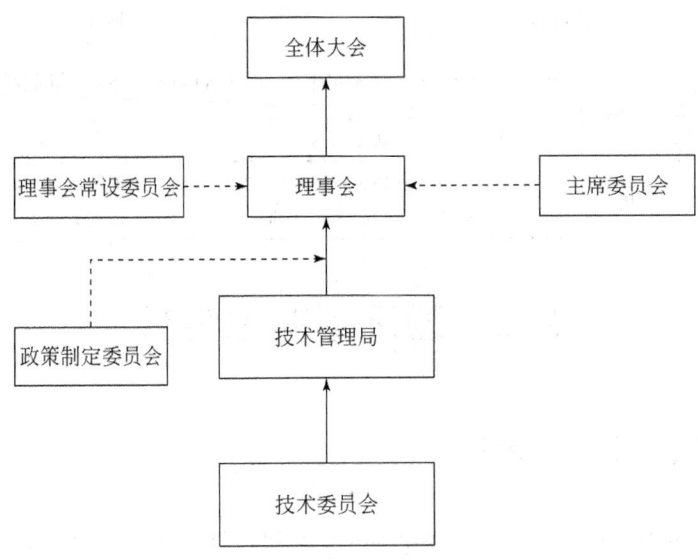

图 2.8 ISO 的组织架构图

---

① http://www.iso.org/iso/home/about.htm.

全体大会是 ISO 的最高权力机构，每三年召开一次。理事会为其常务领导机构，理事会下设执行委员会、计划委员会和六个专门委员会，ISO 的日常行政事务由中央秘书处负责[①]。

理事会是 ISO 的管理机构，由 ISO 主席主持，通常每年召开 3 次会议。理事会是个实权机构，它的主要任务是：①任命司库；②任命秘书长，规定秘书长的权限和工作范围，制定秘书长处理中央秘书处工作的规则；③选举技术管理局的成员，并确定技术管理局的职权范围和职责；④任命政策制定委员会主席；⑤审查并决定 ISO 中央秘书处的财务预决算。

技术管理局主要负责管理 ISO 的技术工作，该机构还负责领导 2700 多个技术委员会（TC）、分技术委员会（SC）、工作组（WG）及就技术问题成立的任何战略咨询委员会[②]。

2.3.3 标准化工作

ISO 下设 250 多个技术委员会，其中，ISO TC 85——核能、核技术和辐射防护技术委员会负责制定核能、核技术、保护个人和环境免受所有电离辐射源伤害等领域的国际标准[③]。ISO TC 85 下设的分技术委员会和工作组，如表 2.5 所示。

表 2.5　ISO TC 85 下设的分技术委员会和工作组

代码	名称	类型
ISO/TC 85/SC 2	Radiological Protection 放射防护	分技术委员会
ISO/TC 85/SC 5	Nuclear Installations, Processes and Technologies 核设施、工艺和技术	分技术委员会
ISO/TC 85/SC 6	Reactor Technology 反应堆技术	分技术委员会
ISO/TC 85/AG	Nuclear Safety Advisory Group 核安全咨询小组	工作组
ISO/TC 85/CAG	Chairman Advisory Group 主席咨询小组	工作组
ISO/TC 85/WG 1	Terminology 术语	工作组
ISO/TC 85/WG 3	Osimetry for Radiation Processing 辐射加工剂量测定	工作组

---

① http://wiki.mbalib.com/wiki/%E5%9B%BD%E9%99%85%E6%A0%87%E5%87%86%E5%8C%96%E7%BB%84%E7%BB%87.
② http://www.iso.org/iso/home/about/about_governance.htm.
③ https://www.iso.org/committee/50266.html.

核电标准制定和发布方面，1975～2019年，ISO 已主导制定 32 项国际标准[①]，其中单独制定 6 项，与 ASTM 联合制定 26 项。单独制定的 6 项标准主要为核能、核技术和辐射防护领域的词汇术语及质量管理体系标准；与 ASTM 联合制定的 26 项标准主要为放射剂量测定系统的使用和操作方法，具体内容如表 2.6 所示。

表 2.6 ISO 已发布核相关国际标准列表

序号	标准号	标准英文名称	标准中文名称	发布时间
1	ISO 361:1975	Basic ionizing radiation symbol	基本电离辐射符号	1975 年
2	ISO 12749-2:2013	Nuclear energy, nuclear technologies, and radiological protection-Vocabulary-Part 2: Radiological protection	核能、核技术和放射防护 词汇 第 2 部分：放射防护	2013 年
3	ISO 12749-3:2015	Nuclear energy, nuclear technologies, and radiological protection-Vocabulary-Part 3: Nuclear fuel cycle	核能、核技术和放射防护 词汇 第 3 部分：核燃料循环	2015 年
4	ISO 12749-4:2015	Nuclear energy, nuclear technologies, and radiological protection-Vocabulary-Part 4: Dosimetry for radiation processing	核能、核技术和放射防护 词汇 第 4 部分：辐射处理的剂量测定	2015 年
5	ISO 12749-5:2018	Nuclear energy, nuclear technologies, and radiological protection-Vocabulary-Part 5: Nuclear reactors	核能、核技术和放射防护 词汇 第 5 部分：核反应堆	2018 年
6	ISO 19443:2018	Quality management systems-Specific requirements for the application of ISO 9001:2015 by organizations in the supply chain of the nuclear energy sector supplying products and services important to nuclear safety (ITNS)	质量管理体系 核能部门供应链中的组织应用 ISO 9001:2015 的具体要求，提供对核安全重要的产品和服务（ITNS）	2018 年
7	ISO/ASTM 51026:2015	Practice for using the Fricke dosimetry system	使用 Fricke 剂量测定系统的规范	2015 年
8	ISO/ASTM 51205:2017	Practice for use of a ceric-cerous sulfate dosimetry system	使用硫酸高铈-三价铈剂量测定系统的规范	2017 年
9	ISO/ASTM 51261:2013	Practice for calibration of routine dosimetry systems for radiation processing	用于辐射处理的常规剂量测定系统的校准规范	2013 年
10	ISO/ASTM 51275:2013	Practice for use of a radiochromic film dosimetry system	使用辐射变色薄膜剂量测定系统的规范	2013 年
11	ISO/ASTM 51276:2012	Practice for use of a polymethylmethacrylate dosimetry system	使用聚甲基丙烯酸甲酯剂量测定系统的规范	2012 年
12	ISO/ASTM 51310:2004	Practice for use of a radiochromic optical waveguide dosimetry system	使用辐射变色光波导剂量测定系统的规范	2004 年
13	ISO/ASTM 51401:2013	Practice for use of a dichromate dosimetry system	使用重铬酸盐剂量测定系统的规范	2013 年

---

① https://www.iso.org/committee/50266/x/catalogue/p/1/u/0/w/0/d/0#projects.

续表

序号	标准号	标准英文名称	标准中文名称	发布时间
14	ISO/ASTM 51538:2017	Practice for use of the ethanol-chloro-benzene dosimetry system	使用乙醇-氯苯剂量测定系统的规范	2017 年
15	ISO/ASTM 51539:2013	Guide for use of radiation-sensitive indicators	辐射敏感指标的使用指南	2013 年
16	ISO/ASTM 51540:2004	Practice for use of a radiochromic liquid dosimetry system	使用辐射变色液体剂量测定系统的规范	2004 年
17	ISO/ASTM 51607:2013	Practice for use of the alanine-EPR dosimetry system	使用丙氨酸-EPR 剂量测定系统的规范	2013 年
18	ISO/ASTM 51608:2015	Practice for dosimetry in an X-ray (bremsstrahlung) facility for radiation processing at energies between 50 keV and 7.5 MeV	50 keV~7.5 MeV 能量下的 X 射线（韧致辐射）设施中进行剂量测定的实践	2015 年
19	ISO/ASTM 51631:2013	Practice for use of calorimetric dosimetry systems for electron beam dose measurements and dosimetery system calibrations	使用量热剂量测定系统进行电子束剂量测量和剂量测定系统校准的规范	2013 年
20	ISO/ASTM 51649:2015	Practice for dosimetry in an electron beam facility for radiation processing at energies between 300 keV and 25 MeV	用于在 300keV 和 25MeV 之间的能量下进行辐射处理的电子束设备中的剂量测定的规范	2015 年
21	ISO/ASTM 51650:2013	Practice for use of a cellulose triacetate dosimetry system	使用三乙酸纤维素剂量测定系统的规范	2013 年
22	ISO/ASTM 51702:2013	Practice for dosimetry in a gamma facility for radiation processing	用于辐射处理的伽马设施中的剂量测定的规范	2013 年
23	ISO/ASTM 51707:2015	Guide for estimation of measurement uncertainty in dosimetry for radiation processing	辐射处理剂量测定中测量不确定度的估算指南	2015 年
24	ISO/ASTM 51818:2013	Practice for dosimetry in an electron beam facility for radiation processing at energies between 80 and 300 keV	用于辐射处理的电子束设备中剂量测定的实践，能量在 80~300keV	2013 年
25	ISO/ASTM 51900:2009	Guide for dosimetry in radiation research on food and agricultural products	食品和农产品辐射研究剂量学指南	2009 年
26	ISO/ASTM 51939:2017	Practice for blood irradiation dosimetry	血液照射剂量学的规范	2017 年
27	ISO/ASTM 51940:2013	Guide for dosimetry for sterile insects release programs	无菌昆虫剂量测定指南发布计划	2013 年
28	ISO/ASTM 51956:2013	Practice for use of a thermoluminescence-dosimetry system (TLD system) for radiation processing	使用热释光剂量测定系统（TLD 系统）进行辐射处理的规范	2013 年
29	ISO/ASTM 52116:2013	Practice for dosimetry for a self-contained dry-storage gamma irradiator	自给式干燥储存 γ 辐照器剂量测定的实施规程	2013 年
30	ISO/ASTM 52303:2015	Guide for absorbed-dose mapping in radiation processing facilities	辐射处理设施中吸收剂量的绘图指南	2015 年

续表

序号	标准号	标准英文名称	标准中文名称	发布时间
31	ISO/ASTM 52628:2013	Standard practice for dosimetry in radiation processing	辐射处理剂量测定的标准规范	2013 年
32	ISO/ASTM 52701:2013	Guide for performance characterization of dosimeters and dosimetry systems for use in radiation processing	用于辐射处理的剂量计和剂量测定系统的性能表征指南	2013 年

至 2020 年 ISO 正在制修订相关核技术标准 8 项[①],涉及术语和质量管理体系审核与认证,具体内容如表 2.7 所示。

表 2.7 至 2020 年 ISO 正在制修订的核相关国际标准

序号	标准号	标准英文名称	标准中文名称
1	ISO/CD TR 4450	Quality management systems-Recommendations for the application of ISO 19443	质量管理体系 ISO 19443 应用建议
2	ISO/CD 12749-6.2	Nuclear energy, nuclear technologies, and radiological protection-Vocabulary-Part 6: Nuclear medicine	核能、核技术和放射防护 词汇 第6部分:核医学
3	ISO/DIS 12749-1	Nuclear energy-Vocabulary-Part 1: General terminology	核能 词汇 第1部分:通用术语
4	ISO/WD 12749-2	Nuclear energy, nuclear technologies, and radiological protection-Vocabulary-Part 2: Radiological protection	核能、核技术和放射防护 词汇 第2部分:放射防护
5	ISO/PRF TS 23406	Nuclear sector-Requirements for bodies providing audit and certification of quality management systems for organizations supplying products and services important to nuclear safety (ITNS)	核部门 为提供对核安全重要的产品和服务的组织的质量管理体系进行审核与认证的机构的要求
6	ISO/ASTM FDIS 51631	Practice for use of calorimetric dosimetry systems for dose measurements and dosimetry system calibration in electron beams	在电子束中使用量热剂量测定系统进行剂量测量和剂量测定系统校准的规范
7	ISO/ASTM DIS 51818	Practice for dosimetry in an electron beam facility for radiation processing at energies between 80 and 300 keV	在电子束设备中进行 80~300 keV 能量辐射处理的剂量测定的实施规程
8	ISO/ASTM DIS 52628	Standard practice for dosimetry in radiation processing	辐射处理中剂量测定的标准规范

2.4 国际电工委员会

2.4.1 概况、职责与使命

国际电工委员会(International Electrotechnical Commission,IEC)正式成立于 1906 年,

---
① https://www.iso.org/committee/50266/x/catalogue/p/0/u/1/w/0/d/0#projects.

总部位于日内瓦。IEC 是世界上成立最早的国际性电工标准化机构，其职责是负责有关电气工程和电子工程领域中的国际标准化工作，促进电气、电子工程领域中标准化及有关问题的国际合作，增进国际间的相互了解。

目前，IEC 的标准制修订任务覆盖了包括电子、电磁、电工、电气、电信、能源生产和分配等在内的所有电工技术领域。此外，在上述领域中的一些通用基础工作方面，IEC 也制定了相应的国际标准，如术语和图形符号、测量和性能、可靠性、设计开发、安全和环境等。截至 2018 年 12 月底，IEC 已制定并发布了 10 771 项国际标准[1]，并被世界各国普遍采用。

IEC 除了制定国际电工电子标准外，还从事电工电子产品的质量合格评定、安全认证等工作。与 ISO 不同的是，IEC 根据自己的标准直接实施多边合格评定计划。这是由国际组织直接开展的国际认证，为消除国际贸易中的技术壁垒和向工业开放新的国际市场提供了帮助；由于避免了多次测试和审核、批准过程，也为工业界的产品进入市场降低了成本。

IEC 设有四个认证体系：①电气设备质量评估体系（IECQ）；②电气设备合格测试与认证体系（IECEE）；③爆炸性气体电气设备标准认证体系（IECEx）；④可再生能源设备标准认证体系（IECRE）。

IEC 一直致力于成为全球公认的标准提供者，开展工作的目的在于[2]：①有效地满足全球市场的需求；②保证在世界范围内最大限度地使用 IEC 标准和 IEC 合格评定计划；③对其标准涉及的产品和服务质量进行评定；④为复杂系统的可操作性提供条件；⑤提高生产过程中的效率；⑥促进人类的健康安全；⑦保护环境。

2011 年 10 月 28 日，在澳大利亚召开的第 75 届国际电工委员会理事大会上，正式通过了中国成为 IEC 常任理事国的决议。目前，IEC 常任理事国为中国、法国、德国、日本、英国、美国。

2.4.2 组织架构

全体大会（General Assembly，GA）是 IEC 的最高管理机构，其由 IEC 的正式国家委员会成员组成。GA 授权 IEC 理事会（IEC Board，IB）、合格评定委员会（Conformity Assessment Board，CAB）、市场战略委员会（Market Strategy Board，MSB）和标准化管理委员会（Standardization Management Board，SMB）管理与监督 IEC 的所有工作[3]。IEC 具体组织架构如图 2.9 所示。

IB 是 IEC 的核心执行机构，其由无投票权的官员和 15 名个人成员组成，其核心领导人为 IEC 主席。CAB 负责管理 IEC 的合格评定活动，包括业务和财务管理。IEC 的合格评定体系包括：CAB 工作组、IECEE、IECEx、IECQ 和 IECRE。MSB 负责确定和调查 IEC 涉及领域内的主要技术趋势与市场需求。它可以设立特别工作组（SWGs）来深入调查某些

---

[1] https://baike.baidu.com/item/%E5%9B%BD%E9%99%85%E7%94%B5%E5%B7%A5%E5%A7%94%E5%91%98%E4%BC%9A/2876390?fr=aladdin.

[2] http://www.iec.ch/about/values.

[3] https://www.iec.ch/management-structure.

主题或制定专门文件。SMB 负责管理 IEC 的标准工作,包括管理技术委员会(Technical Committees)、咨询委员会(Advisory Committees)、系统工作(Systems Work)和战略群组(Strategic Groups)。

此外,IEC 还设有咨询组(Advisory Groups)、主席委员会(President's Committee,PresCom)和商业咨询委员会(Business Advisory Committee,BAC)。咨询组负责处理 IEC 其他机构未处理的工作,或就非经常性和有时间限制的项目或具体事项提供咨询意见。IB 应确定这些咨询组的组成、职权范围和任何其他议事规则。常设咨询组包括:管理审查和审计委员会(GRAC)、多样性咨询委员会(DAC)和 IEC 论坛(IF)。PresCom 的任务是就 IEC 最佳运作所必需的事项向 IB 提供建议和支持,其由官员组成,并由 IEC 主席领导。BAC 负责协调财务规划和展望、商业政策和活动以及支持 IB 的组织(信息技术)基础设施。BAC 由 4 名 IB 成员、15 名无投票权的国家委员会成员和官员组成。

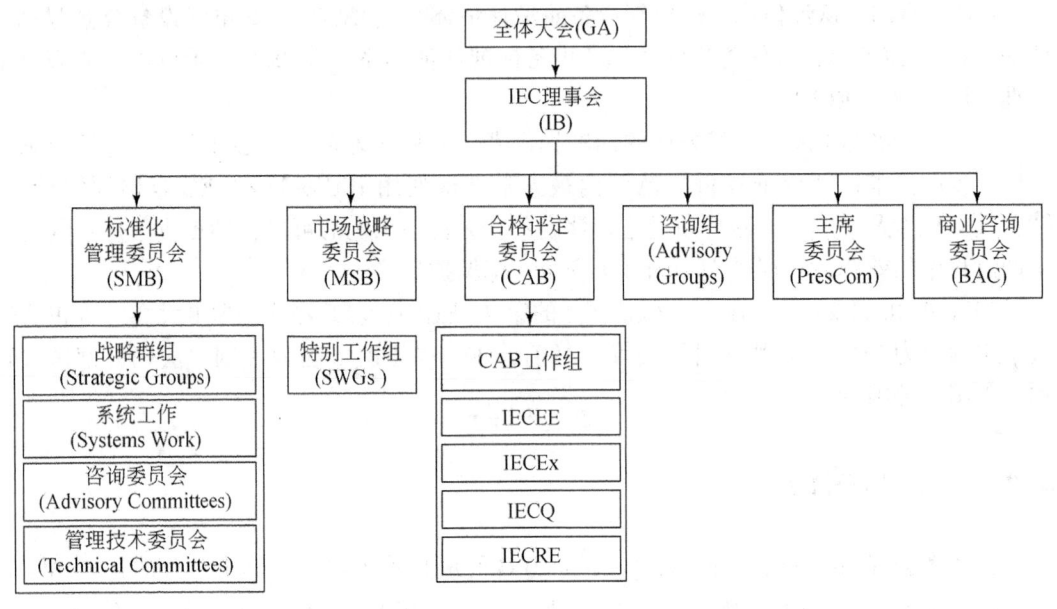

图 2.9　IEC 组织架构

2.4.3　标准化工作

IEC 每年要在世界各地召开一百多次国际标准会议,世界各国的近 10 万名专家在参与 IEC 的标准制定、修订工作。IEC 现有技术委员会(TC)100 个;分技术委员会(Sub-Committee,SC)77 个。IEC 标准数量正在迅速增加,截至 2016 年 11 月 22 日,IEC 已制定了 9254 项标准文献,其中国际标准 6148 项,技术规格 248 项,技术报告 446 份,IEC-PAS 43 份[①]。

---

① http://www.iec.ch/about/activities/facts.htm.

IEC 在 1967~2019 年共发布了核相关国际标准 119 项[①]，几乎全部由 TC 45 发布。按年份进行统计，如图 2.10 所示。

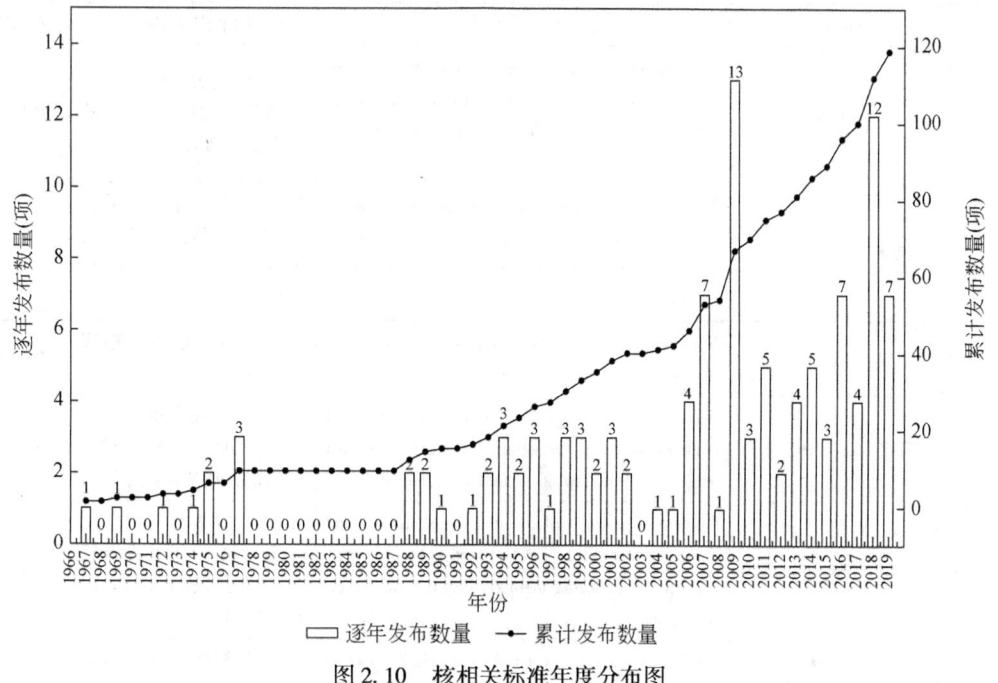

图 2.10　核相关标准年度分布图

将标准按类别进行划分，其中产品类 33 项，方法类 65 项（包括管理类 33 项，测试类 17 项，评估类 8 项，设计类 7 项），基础类 21 项，如图 2.11 所示。

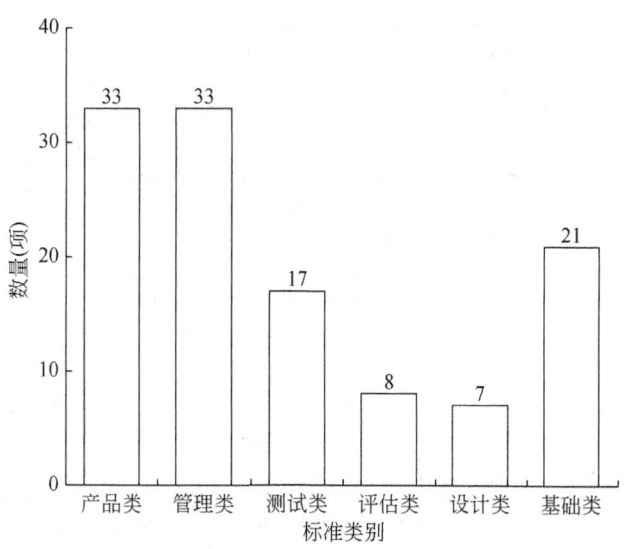

图 2.11　核相关标准类别分布图

---

① https://webstore.iec.ch/searchform&q = nuclear&FUZZY = 0.

标准的具体内容如表 2.8 所示。

表 2.8 IEC 发布的核相关国际标准列表

序号	标准号	标准英文名称	标准中文名称	发布时间
1	IEC 61225：2019	Nuclear power plants-Instrumentation, control and electrical power systems-Requirements for static uninterruptible DC and AC power supply systems	核电站 仪表、控制和电力系统 静态不间断直流和交流电源系统的要求	2019 年
2	IEC 62765-2：2019	Nuclear power plants-Instrumentation and control important to safety-Management of ageing of sensors and transmitters-Part 2：Temperature sensors	核电站 对安全重要的仪表和控制 传感器和变送器老化管理 第 2 部分：温度传感器	2019 年
3	IEC 62954：2019	Nuclear power plants-Control rooms-Requirements for emergency response facilities	核电站 控制室 应急响应设施的要求	2019 年
4	IEC TR 63192：2019	Nuclear power plants-Instrumentation and control systems important to safety-Hazard analysis：A review of current approaches	核电站 对安全重要的仪表和控制系统 危险分析：对当前方法的回顾	2019 年
5	IEC/IEEE 62582-6：2019	Nuclear power plants-Instrumentation and control important to safety-Electrical equipment condition monitoring methods-Part 6：Insulation resistance	核电站 仪表和控制对安全至关重要 电气设备状态监测方法 第 6 部分：绝缘电阻	2019 年
6	IEC TR 63214：2019	Nuclear power plants-Control rooms-Human factors engineering	核电站 控制室 人为因素工程	2019 年
7	ISO/IEC 15909-1：2019	Systems and software engineering-High-level Petri nets-Part 1：Concepts, definitions and graphical notation	系统和软件工程 高级 Petri 网 第 1 部分：概念、定义和图形符号	2019 年
8	IEC 60709：2018	Nuclear power plants-Instrumentation, control and electrical power systems important to safety-Separation	核电站 对安全重要的仪表、控制和电力系统 分离	2018 年
9	IEC 60744：2018	Nuclear power plants-Instrumentation and control systems important to safety-Safety logic assemblies used in systems performing category A functions：Characteristics and test methods	核电站 对安全重要的仪表和控制系统 执行 A 类功能的系统中使用的安全逻辑组件：特性和试验方法	2018 年
10	IEC 60772：2018	Nuclear power plants-Instrumentation systems important to safety-Electrical penetration assemblies in containment structures	核电站 对安全重要的仪表系统 安全壳结构中的电气穿透组件	2018 年
11	IEC 60793-1-54：2018 RLV	Optical fibres-Part 1-54：Measurement methods and test procedures-Gamma irradiation	光纤 第 1-54 部分：测量方法和试验程序 γ 辐照	2018 年
12	IEC 60964：2018 RLV	Nuclear power plants-Control rooms-Design	核电站 控制室 设计	2018 年
13	IEC 61500：2018 RLV	Nuclear power plants-Instrumentation and control systems important to safety-Data communication in systems performing category A functions	核电站 对安全重要的仪表和控制系统 执行 A 类功能的系统中的数据通信	2018 年

续表

序号	标准号	标准英文名称	标准中文名称	发布时间
14	IEC TR 61948-3：2018	Nuclear medicine instrumentation-Routine tests-Part 3：Positron emission tomographs	核医学仪器 常规试验 第3部分：正电子发射断层扫描仪	2018年
15	IEC 62138：2018 RLV	Nuclear power plants-Instrumentation and control systems important to safety-Software aspects for computer-based systems performing category B or C functions	核电站 对安全重要的仪表和控制系统 执行B类或C类功能的基于计算机的系统的软件方面	2018年
16	IEC 62808：2015+AMD1：2018 CSV	Nuclear power plants-Instrumentation and control systems important to safety-Design and qualification of isolation devices	核电站 对安全重要的仪表和控制系统 隔离装置的设计和鉴定	2018年
17	IEC 62887：2018	Nuclear power plants-Instrumentation systems important to safety-Pressure transmitters：Characteristics and test methods	核电站 对安全重要的仪表系统 压力变送器：特性和试验方法	2018年
18	IEC 62988：2018	Nuclear power plants-Instrumentation and control systems important to safety-Selection and use of wireless devices	核电站 对安全重要的仪表和控制系统 无线设备的选择和使用	2018年
19	IEC 63047：2018	Nuclear instrumentation-Data format for list mode digital data acquisition used in radiation detection and measurement	核仪器仪表 用于辐射探测和测量的列表模式数字数据采集的数据格式	2018年
20	IEC 61504：2017	Nuclear facilities-Instrumentation and control systems important to safety-Centralized systems for continuous monitoring of radiation and/or levels of radioactivity	核设施 对安全重要的仪表和控制系统 用于连续监测辐射和/或放射性水平的集中系统	2017年
21	IEC TR 63084：2017	Nuclear power plants-Instrumentation and control important to safety-Platform qualification for systems important to safety	核电站 对安全至关重要的仪表和控制 对安全重要的系统的平台认证	2017年
22	IEC TR 63123：2017	Nuclear power plants-Instrumentation, control and electrical power systems-Guidance for the application of IEC 63147：2017/IEEE Std 497™-2016 in the IAEA/IEC framework	核电站 仪表、控制和电力系统 IEC 63147：2017/IEEE Std 497™-2016在IAEA/IEC框架中的应用指南	2017年
23	IEC 63147：2017	Criteria for accident monitoring instrumentation for nuclear power generating stations	核电站事故监测仪器标准	2017年
24	IEC/IEEE 60780-323：2016	Nuclear facilities-Electrical equipment important to safety-Qualification	核设施 对安全重要的电气设备 资格	2016年
25	IEC 60965：2016	Nuclear power plants-Control rooms-Supplementary control room for reactor shutdown without access to the main control room	核电站 控制室 用于反应堆关闭的辅助控制室 无须进入主控制室	2016年
26	IEC TR 61948-1：2016	Nuclear medicine instrumentation-Routine tests-Part 1：Gamma radiation counting systems	核医学仪器 常规试验 第1部分：γ辐射计数系统	2016年

续表

序号	标准号	标准英文名称	标准中文名称	发布时间
27	IEC/IEEE 62582-2：2011+AMD1：2016 CSV	Nuclear power plants-Instrumentation and control important to safety-Electrical equipment condition monitoring methods-Part 2：Indenter modulus	核电站 对安全重要的仪表和控制 电气设备状态监测方法 第2部分：压头模量	2016年
28	IEC 62646：2016	Nuclear power plants-Control rooms-Computer-based procedures	核电站 控制室 基于计算机的程序	2016年
29	IEC 62855：2016	Nuclear power plants-Electrical power systems-Electrical power systems analysis	核电站 电力系统 电力系统分析	2016年
30	IEC 62859：2016+AMD1：2019 CSV	Nuclear power plants-Instrumentation and control systems-Requirements for coordinating safety and cybersecurity	核电站 仪表和控制系统 协调安全和网络安全的要求	2016年
31	IEC/IEEE 62582-5：2015	Nuclear power plants-Instrumentation and control important to safety-Electrical equipment condition monitoring methods-Part 5：Optical time domain reflectometry	核电站 对安全重要的仪表和控制 电气设备状态监测方法 第5部分：光时域反射测量技术	2015年
32	IEC 62765-1：2015	Nuclear powers plants-Instrumentation and control important to safety-Management of ageing of sensors and transmitters-Part 1：Pressure transmitters	核电站 对安全重要的仪表和控制装置 传感器和变送器老化管理 第1部分：压力变送器	2015年
33	IEC TR 62987：2015	Nuclear power plants-Instrumentation and control systems important to safety-Use of Failure Mode and Effects Analysis (FMEA) and related methods to support the justification of systems	核电站 对安全重要的仪表和控制系统 使用故障模式和影响分析（FMEA）及相关方法来支持系统的合理性	2015年
34	IEC 60412：2014	Nuclear instrumentation-Nomenclature (identification) of scintillators and scintillation detectors and standard dimensions of scintillators	核仪器仪表 闪烁体和闪烁探测器的命名（识别）和闪烁体的标准尺寸	2014年
35	IEC 60050-395：2014	International Electrotechnical Vocabulary (IEV)-Part 395：Nuclear instrumentation-Physical phenomena, basic concepts, instruments, systems, equipment and detectors	国际电工词汇（IEV）第395部分：核仪器仪表 物理现象、基本概念、仪器、系统、设备和探测器	2014年
36	IEC 62645：2014	Nuclear power plants-Instrumentation and control systems-Requirements for security programmes for computer-based systems	核电站 仪表和控制系统 基于计算机的系统的安全程序要求	2014年
37	IEC 62705：2014	Nuclear power plants-Instrumentation and control important to safety-Radiation monitoring systems (RMS)：Characteristics and lifecycle	核电站 对安全重要的仪器仪表和控制 辐射监测系统（RMS）：特性和生命周期	2014年

续表

序号	标准号	标准英文名称	标准中文名称	发布时间
38	IEC TR 62918：2014	Nuclear power plants-Instrumentation and control important to safety-Use and selection of wireless devices to be integrated in systems important to safety	核电站 对安全至关重要的仪表和控制 使用和选择无线设备	2014年
39	IEC 60987：2007+AMD1：2013 CSV	Nuclear power plants-Instrumentation and control important to safety-Hardware design requirements for computer-based systems	核电站 对安全重要的仪表和控制 基于计算机的系统的硬件设计要求	2013年
40	IEC 61435：2013	Nuclear instrumentation-High-purity germanium crystals for radiation detectors-Measurement methods of basic characteristics	核仪器仪表 用于辐射探测器的高纯锗晶体 基本特性的测量方法	2013年
41	IEC 62651：2013	Nuclear power plants-Instrumentation important to safety-Thermocouples：characteristics and test methods	核电站 对安全重要的仪器 热电偶：特性和试验方法	2013年
42	IEC 62671：2013	Nuclear power plants-Instrumentation and control important to safety-Selection and use of industrial digital devices of limited functionality	核电站 对安全重要的仪表和控制 选择和使用功能有限的工业数字设备	2013年
43	IEC 62566：2012	Nuclear power plants-Instrumentation and control important to safety-Development of HDL-programmed integrated circuits for systems performing category A functions	核电站 对安全重要的仪表和控制 为执行A类功能的系统开发HDL编程的集成电路	2012年
44	IEC/IEEE 62582-3：2012	Nuclear power plants-Instrumentation and control important to safety-Electrical equipment condition monitoring methods-Part 3：Elongation at break	核电站 对安全重要的仪表和控制装置 电气设备状态监测方法 第3部分：断裂伸长率	2012年
45	IEC 61513：2011	Nuclear power plants-Instrumentation and control important to safety-General requirements for systems	核电站 对安全重要的仪器仪表和控制 系统的一般要求	2011年
46	IEC 62495：2011	Nuclear instrumentation-Portable X-ray fluorescence analysis equipment utilizing a miniature X-ray tube	核仪器仪表 使用微型X射线管的便携式X射线荧光分析设备	2011年
47	IEC/IEEE 62582-1：2011	Nuclear power plants-Instrumentation and control important to safety-Electrical equipment condition monitoring methods-Part 1：General	核电站 对安全重要的仪表和控制装置 电气设备状态监测方法 第1部分：总则	2011年
48	IEC/IEEE 62582-4：2011	Nuclear power plants-Instrumentation and control important to safety-Electrical equipment condition monitoring methods-Part 4：Oxidation induction techniques	核电站 对安全重要的仪表和控制装置 电气设备状态监测方法 第4部分：氧化感应技术	2011年
49	IEC 62598：2011	Nuclear instrumentation-Constructional requirements and classification of radiometric gauges	核仪器仪表 辐射测量仪的结构要求和分类	2011年

续表

序号	标准号	标准英文名称	标准中文名称	发布时间
50	IEC 60462：2010	Nuclear instrumentation-Photomultiplier tubes for scintillation counting-Test procedures	核仪器仪表 用于闪烁计数的光电倍增管 试验程序	2010 年
51	IEC 60737：2010	Nuclear power plants-Instrumentation important to safety-Temperature sensors (in-core and primary coolant circuit) -Characteristics and test methods	核电站 对安全重要的仪器仪表 温度传感器（核心和主冷却剂回路）特性和试验方法	2010 年
52	IEC 62465：2010	Nuclear power plants-Instrumentation and control important to safety-Management of ageing of electrical cabling systems	核电站 对安全重要的仪器仪表和控制装置 电缆系统老化管理	2010 年
53	IEC 60768：2009	Nuclear power plants-Instrumentation important to safety-Equipment for continuous in-line or on-line monitoring of radioactivity in process streams for normal and incident conditions	核电站 对安全重要的仪器仪表 用于正常和事故条件下工艺流中放射性的连续在线或在线监测的设备	2009 年
54	IEC 60951-1：2009	Nuclear power plants-Instrumentation important to safety-Radiation monitoring for accident and post-accident conditions-Part 1：General requirements	核电站 对安全重要的仪器仪表 事故和事故后状况的辐射监测 第 1 部分：一般要求	2009 年
55	IEC 60951-2：2009	Nuclear power plants-Instrumentation important to safety-Radiation monitoring for accident and post-accident conditions-Part 2：Equipment for continuous off-line monitoring of radioactivity in gaseous effluents and ventilation air	核电站 对安全重要的仪器仪表 事故和事故后状况的辐射监测 第 2 部分：气体流出物和通风空气中放射性的连续离线监测设备	2009 年
56	IEC 60951-3：2009	Nuclear power plants-Instrumentation important to safety-Radiation monitoring for accident and post-accident conditions-Part 3：Equipment for continuous high range area gamma monitoring	核电站 对安全重要的仪器仪表 事故和事故后状况的辐射监测 第 3 部分：连续高范围区域伽马监测设备	2009 年
57	IEC 60951-4：2009	Nuclear power plants-Instrumentation important to safety-Radiation monitoring for accident and post-accident conditions-Part 4：Equipment for continuous in line or on line monitoring of radioactivity in process streams	核电站 对安全重要的仪器仪表 事故和事故后状况的辐射监测 第 4 部分：过程流中放射性的连续在线或在线监测设备	2009 年
58	IEC 60988：2009	Nuclear power plants-Instrumentation important to safety-Acoustic monitoring systems for detection of loose parts：characteristics, design criteria and operational procedures	核电站 对安全重要的仪器仪表 用于检测松动部件的声学监测系统：特性、设计标准和操作程序	2009 年
59	IEC 61226：2009	Nuclear power plants-Instrumentation and control important to safety-Classification of instrumentation and control functions	核电站 对安全重要的仪器仪表和控制装置 仪表和控制功能的分类	2009 年

续表

序号	标准号	标准英文名称	标准中文名称	发布时间
60	IEC 61559-1：2009	Radiation protection instrumentation in nuclear facilities-Centralized systems for continuous monitoring of radiation and/or levels of radioactivity-Part 1：General requirements	核设施中的辐射防护仪器 连续监测辐射和（或）放射性水平的集中系统 第1部分：一般要求	2009年
61	IEC 61772：2009	Nuclear power plants-Control rooms-Application of visual display units（VDUs）	核电站 控制室 可视显示器（VDUs）的应用	2009年
62	IEC TR 61838：2009	Nuclear power plants-Instrumentation and control important to safety-Use of probabilistic safety assessment for the classification of functions	核电站 对安全重要的仪器仪表和控制 使用概率安全评估进行功能分类	2009年
63	IEC 62003：2009	Nuclear power plants-Instrumentation and control important to safety-Requirements for electromagnetic compatibility testing	核电站 对安全重要的仪器仪表和控制装置 电磁兼容性试验要求	2009年
64	IEC TR 62096：2009	Nuclear power plants-Instrumentation and control important to safety-Guidance for the decision on modernization	核电站 对安全重要的仪器仪表和控制装置 现代化决策指南	2009年
65	ISO 80000-10：2009	Quantities and units-Part 10：Atomic and nuclear physics	数量和单位 第10部分：原子和核物理	2009年
66	IEC 61227：2008	Nuclear power plants-Control rooms-Operator controls	核电站 控制室 操作员控制	2008年
67	IEC 60515：2007	Nuclear power plants-Instrumentation important to safety-Radiation detectors-Characteristics and test methods	核电站 对安全重要的仪器仪表 辐射探测器 特性和试验方法	2007年
68	IEC 60671：2007	Nuclear power plants-Instrumentation and control systems important to safety-Surveillance testing	核电站 对安全重要的仪表和控制系统 监视测试	2007年
69	IEC 61453：2007	Nuclear instrumentation-Scintillation gamma ray detector systems for the assay of radionuclides-Calibration and routine tests	核仪器仪表 用于放射性核素分析的闪烁伽马射线探测器系统 校准和常规试验	2007年
70	IEC 62340：2007	Nuclear power plants-Instrumentation and control systems important to safety-Requirements for coping with common cause failure（CCF）	核电站 对安全重要的仪器仪表和控制系统 应对常见原因故障（CCF）的要求	2007年
71	IEC 62342：2007	Nuclear power plants-Instrumentation and control systems important to safety-Management of ageing	核电站 对安全至关重要的仪器仪表和控制系统 老化管理	2007年
72	IEC 62385：2007	Nuclear power plants-Instrumentation and control important to safety-Methods for assessing the performance of safety system instrument channels	核电站 对安全重要的仪器仪表和控制装置 评估安全系统仪表信道性能的方法	2007年

续表

序号	标准号	标准英文名称	标准中文名称	发布时间
73	IEC 62397：2007	Nuclear power plants-Instrumentation and control important to safety-Resistance temperature detectors	核电站 对安全重要的仪器仪表和控制装置 电阻温度探测器	2007 年
74	IEC 60568：2006	Nuclear power plants-Instrumentation important to safety-In-core instrumentation for neutron fluence rate (flux) measurements in power reactors	核电站 对安全重要的仪器仪表 用于动力堆中子注量率（通量）测量的核心仪器	2006 年
75	IEC 60880：2006	Nuclear power plants-Instrumentation and control systems important to safety-Software aspects for computer-based systems performing category A functions	核电站 对安全重要的仪器仪表和控制系统 执行A类功能的基于计算机的系统的软件方面	2006 年
76	IEC TR 61948-4：2006	Nuclear medicine instrumentation-Routine tests-Part 4：Radionuclide calibrators	核医学仪器仪表 常规试验 第4部分：放射性核素校准器	2006 年
77	IEC 62372：2006	Nuclear instrumentation-Housed scintillators-Measurement methods of light output and intrinsic resolution	核仪器仪表 有壳闪烁体光输出和固有分辨率的测量方法	2006 年
78	IEC TR 62235：2005	Nuclear facilities-Instrumentation and control systems important to safety-Systems of interim storage and final repository of nuclear fuel and waste	核设施 对安全至关重要的仪器仪表和控制系统 临时储存系统和核燃料和废物的最终储存库	2005 年
79	IEC 62241：2004	Nuclear power plants-Main control room-Alarm functions and presentation	核电站 主控室 报警功能和演示	2004 年
80	IEC 60313：2002	Coaxial connectors used in nuclear laboratory instrumentation	用于核实验室仪器的同轴连接器	2002 年
81	IEC 61888：2002	Nuclear power plants-Instrumentation important to safety-Determination and maintenance of trip setpoints	核电站 对安全重要的仪器仪表 行程设定点的确定和维护	2002 年
82	IEC TR 61948-2：2001	Nuclear medicine instrumentation-Routine tests-Part 2：Scintillation cameras and single photon emission computed tomography imaging	核医学仪器 常规试验 第2部分：闪烁相机和单光子发射计算机断层扫描成像	2001 年
83	IEC 62088：2001	Nuclear instrumentation-Photodiodes for scintillation detectors-Test procedures	核仪器仪表 闪烁探测器用光电二极管 试验程序	2001 年
84	IEC 62089：2001	Nuclear instrumentation-Calibration and usage of alpha/beta gas proportional counters	核仪器 α/β 气体比例计数器的校准和使用	2001 年
85	IEC 61468：2000	Nuclear power plants-In-core instrumentation-Characteristics and test methods of self-powered neutron detectors	核电站 核心仪器仪表 自供电中子探测器的特性和试验方法	2000 年

续表

序号	标准号	标准英文名称	标准中文名称	发布时间
86	IEC 61839：2000	Nuclear power plants-Design of control rooms-Functional analysis and assignment	核电站 控制室设计 功能分析和分配	2000年
87	IEC 60692：1999	Nuclear instrumentation-Density gauges utilizing ionizing radiation-Definitions and test methods	核仪器仪表 利用电离辐射的密度计 定义和试验方法	1999年
88	IEC 61502：1999	Nuclear power plants-Pressurized water reactors-Vibration monitoring of internal structures	核电站 压水反应堆 内部结构的振动监测	1999年
89	IEC 62117：1999	Nuclear reactor instrumentation-Pressurized light water reactors（PWR）-Monitoring adequate cooling within the core during cold shutdown	核反应堆仪表 加压轻水反应堆（PWR）在冷停堆期间监测堆芯内的充分冷却	1999年
90	IEC 61497：1998	Nuclear power plants-Electrical interlocks for functions important to safety-Recommendations for design and implementation	核电站 对安全重要的功能的电气联锁 设计和实施的建议	1998年
91	IEC 61501：1998	Nuclear reactor instrumentation-Wide range neutron fluence rate meter-Mean square voltage method	核反应堆仪器仪表 宽范围中子注量率计 均方电压法	1998年
92	IEC 61874：1998	Nuclear instrumentation-Geophysical borehole instrumentation to determine rock density（'density logging'）	核仪器仪表 确定岩石密度的地球物理钻孔仪器（密度测井）	1998年
93	IEC 61335：1997	Nuclear instrumentation-Borehole apparatus for X-ray fluorescence analysis	核仪器仪表 用于X射线荧光分析的钻孔设备	1997年
94	IEC 60912：1996	Nuclear instrumentation-ECL（emitter coupled logic）front panel interconnections in counter logic	核仪器仪表 计数器逻辑中的ECL（发射极耦合逻辑）前面板互连	1996年
95	IEC 61336：1996	Nuclear instrumentation-Thickness measurement systems utilizingionizing radiation-Definitions and test methods	核仪器仪表 利用电离辐射的厚度测量系统 定义和试验方法	1996年
96	IEC 61343：1996	Nuclear reactor instrumentation-Boiling light water reactors（BWR）-Measurements in the reactor vessel for monitoring adequate cooling within the core	核反应堆仪表 沸水轻水反应堆（BWR）反应堆容器中的测量，用于监测堆芯内的充分冷却	1996年
97	IEC 61452：1995	Nuclear instrumentation-Measurement of gamma-ray emission rates of radionuclides-Calibration and use of germanium spectrometers	核仪器仪表 放射性核素伽马射线发射率的测量 锗光谱仪的校准和使用	1995年
98	IEC 61771：1995	Nuclear power plants-Main control-room-Verification and validation of design	核电站 主控制室设计的验证和确认	1995年
99	IEC 61250：1994	Nuclear reactors-Instrumentation and control systems important for safety-Detection of leakage in coolant systems	核反应堆 对安全重要的仪器仪表和控制系统 检测冷却液系统中的泄漏	1994年

续表

序号	标准号	标准英文名称	标准中文名称	发布时间
100	IEC 61301：1994	Nuclear instrumentation-Digital bus for NIM instruments	核仪器仪表 用于 NIM 仪器的数字总线	1994 年
101	IEC 61304：1994	Nuclear instrumentation-Liquid-scintillation counting systems-Performance verification	核仪器仪表 液体闪烁计数系统 性能验证	1994 年
102	IEC 61224：1993	Nuclear reactors-Response time in resistance temperature detectors（RTD）-In situ measurements	核反应堆 电阻温度探测器（RTD）的响应时间现场测量	1993 年
103	IEC 61239：1993	Nuclear instrumentation-Portable gamma radiation meters and spectrometers used for prospecting-Definitions, requirements and calibration	核仪器仪表 用于勘探的便携式伽马辐射计和光谱仪 定义、要求和校准	1993 年
104	IEC 61145：1992	Calibration and usage of ionization chamber systems for assay of radionuclides	用于放射性核素分析的电离室系统的校准和使用	1992 年
105	IEC 61031：1990	Design, location and application criteria for installed area gamma radiation doserate monitoring equipment for use in nuclear power plants during normal operation and anticipated operational occurrences	安装区域伽马辐射剂量率监测设备的设计、位置和应用标准，用于正常运行期间的核电站和预期的运行事件	1990 年
106	IEC 60973：1989	Test procedures for germanium gamma-ray detectors	锗伽马射线探测器的试验程序	1989 年
107	IEC 60980：1989	Recommended practices for seismic qualification of electrical equipment of the safety system for nuclear generating stations	核发电站安全系统电气设备抗震鉴定的推荐做法	1989 年
108	IEC 60910：1988	Containment monitoring instrumentation for early detection of developing deviations from normal operation in light water reactors	用于轻水反应堆正常运行偏差早期检测的安全壳监测仪器	1988 年
109	IEC 60960：1988	Functional design criteria for a safety parameter display system for nuclear power stations	核电站安全参数显示系统的功能设计标准	1988 年
110	IEC 60911：1987	Measurements for monitoring adequate cooling within the core of pressurized light water reactors	用于监测加压轻水反应堆堆芯内充分冷却的措施	1987 年
111	IEC 60231E：1977	Supplement E-General principles of nuclear reactor instrumentation-Principles of instrumentation of high temperature indirect cycle gas-cooled power reactors（HTGR）	补充 E 核反应堆仪表的一般原则 高温间接循环气冷堆（HTGR）仪表原理	1977 年
112	IEC 60231F：1977	Supplement F-General principles of nuclear reactor instrumentation-Steam generating, direct cycle, heavy-water moderated reactors	补充 F 核反应堆仪表的一般原则 蒸汽发生、直接循环、重水慢化反应堆	1977 年
113	IEC 60231G：1977	Supplement G-General principles of nuclear reactor instrumentation-Liquid-metal cooled fast reactors	补充 G 核反应堆仪表的一般原则 液态金属冷却快堆	1977 年

续表

序号	标准号	标准英文名称	标准中文名称	发布时间
114	IEC 60498：1975	High-voltage coaxial connectors used in nuclear instrumentation	用于核仪器仪表的高压同轴连接器	1975年
115	IEC 60231D：1975	Supplement D-General principles of nuclear reactor instrumentation-Principles of instrumentation for pressurized water reactors	补充D 核反应堆仪器的一般原则 压水反应堆仪器原理	1975年
116	IEC 60231C：1974	Third supplement：Instrumentation of gas-cooled graphite-moderated reactors	补充：气冷石墨慢化反应堆的仪表	1974年
117	IEC 60231B：1972	Supplement B-General principles of nuclear reactor instrumentation-Principles of instrumentation of directcycle boiling water power reactors	补充B 核反应堆仪表的一般原则 直接循环沸水动力堆的仪器原理	1972年
118	IEC 60231A：1969	Supplement A-General principles of nuclear reactor instrumentation	补充A-核反应堆仪器的一般原则	1969年
119	IEC 60231：1967	General principles of nuclear reactor instrumentation	核反应堆仪器的一般原则	1967年

截至2020年IEC正在制修订核相关国际标准5项，具体如表2.9所示。

表2.9　截至2020年IEC正在制修订的核相关国际标准列表

序号	标准号	标准英文名称	标准中文名称	发布日期
1	IEC 61145	Nuclear instrumentation-Calibration and usage of ionization chamber systems for assay of radionuclides	核仪器仪表 用于放射性核素分析的电离室系统的校准和使用	2021年
2	IEC 61452	Nuclear instrumentation-Measurement of gamma-ray emission rates of radionuclides-Calibration and use of germanium spectrometers	核仪器仪表 放射性核素伽马射线发射率的测量 锗光谱仪的校准和使用	2021年
3	IEC 63048	Mobile remotely controlled systems for nuclear and radiological applications-General requirements	核和放射应用的移动遥控系统 一般要求	2020年
4	IEC 63148	Requirements of tracking system for radioactive materials	放射性物质跟踪系统的要求	2021年
5	IEC 63175	Nuclear instrumentation-Fixed high intensity proton cyclotron within the energy range of 10~20 MeV	核仪器仪表 固定高强度质子回旋加速器，能量范围为10~20 MeV	2022年

3 美国核电材料标准化发展

3.1 美国国家层面对核电的认识、定位与发展规划

美国较早意识到核电技术及应用的战略地位。2018年2月2日，美国发布2018版《核态势评估》报告（2018 *Nuclear Posture Review*，NPR）。这是冷战后美国第四次进行的全面核态势评估，前三次分别在1994年、2001年和2010年。2018版《核态势评估》对美国核战略与核政策做出了大幅调整，正在潜移默化地影响世界核态势。《核态势评估》报告不仅是美国政府对国际核态势、美国所面临核威胁的评估及其结论，更是美国核战略的宣示，是美国筹划和指导核力量建设与运用的全局性方略。2018版《核态势评估》以美国优先为指导思想，寻求美国核力量绝对领先、发展灵活、适应性强、有弹性的美国核力量，降低了使用核武器的门槛，极可能引发新一轮核军备竞赛。美国核战略重心重回大国竞争，在竞争中强化核威慑作用，此举将恶化国际安全态势，不利于国际战略稳定[1]。

2019年3月11日，美国总统特朗普公布了2020财年预算申请[2]，其中核能申请额为8.24亿美元，较2019年下降37.9%。美国能源信息署（Energy Information Administration，EIA）《2019年度能源展望》基准情景中预计美国核发电量到2025年将下降17%。由此导致的电力供应缺口在很大程度上将由天然气、风能和太阳能发电厂填补。

近年，核电成本出现下降对美国核能产业界是好事[3]，但核电提前关闭风险依然存在。美国核能协会（Nuclear Energy Institute，NEI）公布了电力公用事业成本集团（Electric Utility Cost Group，EUCG）归纳的核电成本数据。2017年美国核电平均发电成本低于34美元/（MW·h）。输出功率小的单套装置成本高一些，约为43美元/（MW·h），但多套构成的核电装置在31美元/（MW·h）以下。若用燃气透平组合循环火力发电替代的成本核算约为48美元/（MW·h）。美国核电发电成本从2002年开始逐步上升，2012年达到峰值的41.35美元/（MW·h）后，出现下降趋势，2017年比2012年下降19%，低至2008年的水平。核电平均发电成本包括资本、燃料、运营等各项成本。2017年资本成本（核电维持费等）为53.4亿美元，比2016年55亿美元减少1.6亿美元。从历史发展看，美国核电发电成本从2002年转为上升后，2012年达到峰值，其后又转为减少。2017年运营成本为20.43美元/（MW·h），比创纪录的2011年减少9.8%[4]（表3.1）。

---

[1] 赵松，许春阳，宋岳，等.2018年国外核领域十大事件[J].国外核新闻，2019，(1)：24-26.
[2] 伍浩松，戴定.美能源部公布2020财年预算申请[J].国外核新闻，2019，(4)：35.
[3] 张坤.重大核事故影响下国际铀价格趋势预测研究[J].中外能源，2012，(11)：101-102.
[4] 尹向勇，邓荻.美国核电发展困境及其市场应对策略研究[R/OL].http://www.china-nea.cn/site/content/38443.html[2020-12-27].

表 3.1 美国核电发电成本变化　　　　单位：美元/（MW·h）

年份	燃料	资本	运营	合计
2002	5.93	4.06	19.25	29.24
2005	5.2	6.01	19.62	30.83
2010	7	9.48	21.37	37.84
2011	7.35	10.42	22.66	40.42
2012	7.77	11.21	22.37	41.35
2013	8.01	8.49	21.67	38.17
2014	7.47	8.47	21.67	37.6
2015	7.1	8.24	21.56	36.91
2016	6.9	6.89	20.87	34.65
2017	6.44	6.64	20.43	33.5

美国核安全法规体系（图3.1）分为五个层次，第一层是原子能法，第二层是联邦法规，第三层是管理导则，第四层是美国核管理委员会的技术文件，第五层是美国核电标准与规范[①]。

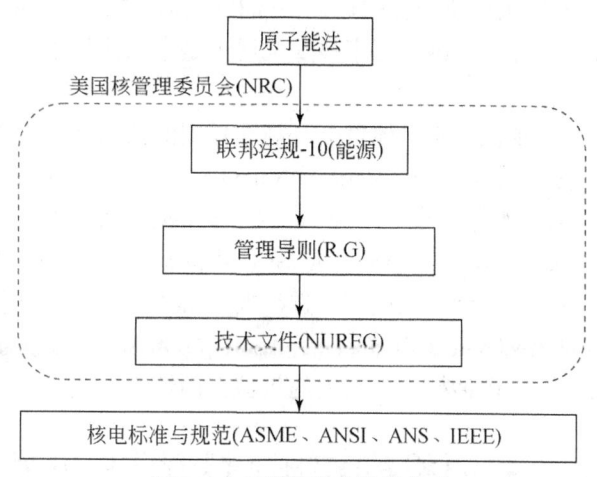

图 3.1　美国核安全法规体系

第一层：原子能法，是为了促进核能的研究、开发和利用，推动核能事业的发展，保护资源、环境和公众健康，加速本国现代化建设而制定的法律，是发展核能事业的基本法。原子能法是美国对原子能的和平利用和军事用途管理的根本依据。该法由美国国会参众两院于1954年批准并公布，共有303条，分成20章。

第二层：美国联邦法规，由美国核管理委员会（Nuclear Regulatory Commission，NRC）发布。美国联邦法规是美国联邦政府执行机构和部门在《联邦公报》中发表与公布的一般

---

① http://uzone.univs.cn/news2_2008_360192%EF%BC%8E.html.

性和永久性规则的集成，具有普遍适用性和法律效力。因此，它的内容覆盖广泛。美国联邦法律在为它的法规提供权威性的同时，对它也设置了一定的限制条件。这意味着它任何主题下的法规都应当与美国法典中具有紧密联系的相应部分一起应用。在某些情况下，法庭可以因为它的某法规与联邦法律发生冲突而认定其无效。美国联邦法规第 10 部分是"能源"，它规定了和平利用原子能通用的和特殊的原则和准则，它在美国具有法律效力。

第三层：管理导则（R.G.），由美国核管理委员会制定，提供了符合法规要求的指导和可行的解决办法。管理导则分为 10 个部分，涉及核电站的内容编为第一部分，即 R.G.1。例如，R.G.1.28——《质量保证大纲要求（设计和建造）》；R.G.1.38——《轻水堆核电站各物项的包装、运输、接受、贮存和装卸的质量保证要求》；R.G.1.64——《核电站设计的质量保证要求》；R.G.1.70——《核电站安全分析报告的标准格式和内容》等。管理导则的其他部分为研究和试验反应堆、核燃料和物料设备、环境和厂址，以及职业保健等。

第四层：美国核管理委员会的技术文件（NUREG），是美国核管理委员会下设的反应堆管理局负责编制的技术文件及委托各种研究机构完成的技术文件。NUREG 文件和 NUREG/CR 文件属于建议性的参考文件。有时 NUREG 文件与管理导则具有同样的作用，例如，NUREG-0800 是《核电站安全分析报告的标准审查大纲》，这是 NRC 对申请者按照 R.G.1.70——《核电站安全分析报告的标准格式和内容》要求编写的初步/最终安全分析报告进行审查的指导性文件。我国的国家核安全局也是参照该技术文件审查核电站的安全分析报告。

第五层：核电标准与规范，是具体贯彻法规和导则的技术文件。美国核电标准主要编制单位有：① 美国国家标准学会（American National Standards Institute，ANSI）。ANSI 一方面组织美国国内标准的制定，另一方面积极推进美国标准的国际化。② 美国核学会（American Nuclear Society，ANS）。ANS 是 ANSI 认可的标准组织，负责核领域的标准制定工作，包括核临界、核电站设计、核设施的选厂要求等 12 个方面。③ 美国机械工程师协会（American Society of Mechanical Engineers，ASME）。ASME 主要从事与机械有关领域的科技研究和学术交流，制定包括核设备在内的机械方面标准规范。

3.2　主要机构核电材料标准化发展

3.2.1　美国机械工程师协会

3.2.1.1　概况、职责与使命

美国机械工程师协会（American Society of Mechanical Engineers，ASME）成立于 1880 年，总部位于纽约，并在美国新泽西州、得克萨斯州、华盛顿特区和布鲁塞尔、北京、新德里设有办公室，是世界上最大的技术出版机构之一，其 500 余项工业和制造业行业技术标准在全球 100 多个国家得到广泛采用。ASME 主要从事发展机械工程及其相关领域的科

学技术，鼓励基础研究，促进学术交流，发展与其他工程学（协）会的合作，开展标准化活动，制定机械规范和标准①。

ASME 的使命是通过机械工程领域高质量的项目和活动，提升和加强会员的技术能力和专业，更好地服务于人类实践活动。美国机械工程师协会是世界上第一个促进机械工程科学技术与生产实践发展的国际性标准化组织，研究学科分为基本工程（如能量转化、资源、环境、工程材料等）、制造工艺（如材料储存、设备维护、加工工艺、制造工程学等）和系统设计（如计算机工程应用、动力系统和控制、电气系统、流体力学、信息处理和储存等）三大领域，制定的管道、锅炉、压力容器等技术标准具有较高的权威性②③。

作为中立机构，大多数 ASME 标准是基于机械设备安全性和可靠性之最大化的目标而开发的，其技术优越性实际上已成为助力国际贸易的国际标准。通过鼓励邀请世界各地的专家参与，ASME 稳稳占据着与其标准相关的技术和全球市场④。

ASME 的《锅炉及压力容器规范》（Boiler and Pressure Vessel Code，BPVC）是目前全球核电领域应用最广泛的标准之一。该规范始于 1914 年的 ASME 规范，最初是作为锅炉制造标准问世的，随着产业发展而不断扩充，1963 年版本首次加入了关于核电的第Ⅲ卷，目前已形成多达 12 卷的大型标准集，每两年修订一次。

BPVC 规范中与核电无损检测相关的主要是第Ⅲ卷、第Ⅴ卷和第Ⅺ卷。第 3 卷《核电站部件制造规则》包含了核电站各安全等级设备和部件在制造阶段的无损检测要求；第Ⅺ卷《核电站部件在役检查规则》包含了核电站各安全等级设备和部件在运行阶段的无损检测要求；第Ⅴ卷《无损检验》是各种无损检验方法的通用规范。BPVC 规范涵盖的技术主题如表 3.2 所示。

表 3.2　BPVC 标准涵盖的技术主题

序号	主题	序号	主题	序号	主题
1	授权检验	11	电梯和扶梯	21	计量和校准仪器
2	生物工程	12	能源评估	22	载人和非载人起重设备
3	法兰	13	紧固件	23	核
4	锅炉	14	适用性	24	性能测试规范
5	动力传动链和链轮	15	测量仪/量规	25	管道和管道系统
6	旋风锅炉的控制和安全装置	16	尺寸与公差	26	管材和设备
7	输送机	17	高压系统键和键槽	27	完工后的压力容器和管道
8	起重机和吊索	18	极限与配合	28	压力和温度计
9	切割、手动和机械工具	19	测量流体在封闭回路	29	压力容器
10	制图、术语和图标符号	20	金属产品尺寸	30	泵

---

① https://www.asme.org/about-asme.
② https://clarivate.com.cn/blog/industry-codes-and-standards.
③ http://newyork.china-consulate.org/chn/kjsw/t1539202.htm.
④ https://www.usea.org/sites/default/files/event-/2.6%20ASME%20Koehr%20Chinese.pdf.

续表

序号	主题	序号	主题	序号	主题
31	增强热固性塑料耐腐蚀设备	34	表面质量	37	验证和确认
32	风险管理	35	汽轮机		
33	螺纹	36	阀门、管件、法兰、垫片		

BPVC规范得到核电行业的普遍认可和采用主要有以下三方面原因：首先，美国是核电发源地，由西屋、通用电气等企业开发的核电堆型采用BPVC规范作为设计基准，由于核安全的闭环要求，核电站部件的无损检测必然要按照BPVC规范的要求执行。其次，BPVC规范不仅具有先发优势，而且通过定期修订、持续改进、不断吸收和容纳实践经验反馈、完善体系结构，标准的整体质量很高。最后，BPVC规范建立了一套行之有效的标准解释流程，编制者与使用者之间有答疑解惑的渠道。

3.2.1.2 组织架构

ASME最高管理机构为董事会，董事会下设标准与认证（Standards and Certification，SC）、技术活动和内容（Technical Events and Content，TEC）、公共事务和外延（Public Affairs and Outreach，PAO）、学生和早期职业发展（Student and Early Career Development，SEC）等4个部门（图3.2）。

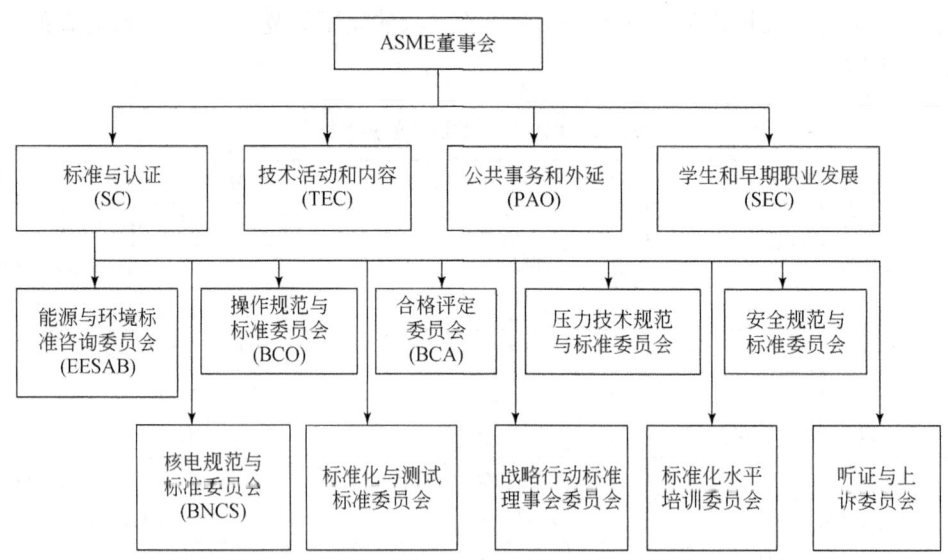

图3.2 美国机械工程师协会组织机构图①

SC负责ASME中有关规范与标准相关的活动，以及一致性评定项目②。SC下设有

---

① https://cstools.asme.org.
② 王春海，韩晓玲，郝悦琳，等．美国机械工程师协会油气管道标准研究．天然气与石油，2014，(4)：1-3.

能源与环境标准咨询委员会、操作规范与标准委员会、合格评定委员会、压力技术规范与标准委员会、安全规范与标准委员会、核电规范与标准委员会、标准化与测试标准委员会、战略行动标准理事会委员会、标准化水平培训委员会、听证与上诉委员会等10个委员会。各委员会下设若干分委员会，分委员会下设工作组和任务组。

在ASME组织结构中，负责核电相关标准制定的机构是核电规范与标准委员会。核电规范与标准委员会下设核设施部件建设委员会（第Ⅲ卷）、在役核电检查委员会（第Ⅺ卷）、核设施质量保证标准委员会、核设施用机械设备鉴定标准委员会、核电站使用与维护标准委员会、核设备起重机标准委员会、核电风险管理联合委员会、核空气和气体处理标准委员会等8个技术委员会[1]。核设施部件建设委员会主要职责是制定、审查和维护核电站建设标准。在役核电检查委员会主要职责是制定、审查和维护关于轻水冷却、气冷和液态金属冷却核电中1、2、3、MC和CC级保压部件及其支架和堆芯支撑结构运行检查的压力完整性规则，以供第Ⅺ卷中的《锅炉及压力容器规范》出版。其中，核设施部件建设委员会（第Ⅲ卷）、在役核电检查委员会（第Ⅺ卷）下设多个分委员会和工作组，专业细分程度很高。以在役核电检查委员会为例，下设了评估标准、无损检验、维修更换、水冷堆系统等小组，小组下设十多个工作组，对一些特定工作还设有任务组。另外，近年来为了适应国际化需要，还设立了中国、德国、阿根廷、印度国际工作组。由于ASME规范的主体文本基本定型，这些委员会或工作组的任务主要是定期根据反馈意见审查规范文本、确定增补或修订内容、答复解释要求等。相关任务被分配到相应的专业组，经讨论和投票表决形成决议后逐级上报[2]。

SC下设了合格评定委员会，ASME合格评定是对公司或个人能力的认可，以满足ASME标准的要求，进而提升公共安全，促进国际贸易[3]。ASME认证分为以下四类：机构认证、产品认证、体系认证和人员认证。机构认证包括："AIA"授权检验机构的认证、"PRD"减压装置测试实验室的认证和"QEI"电梯巡检人员资格验证机构的认证。产品认证包括：锅炉压力容器认证（非核）、核部件、核材料和增强型热固塑料防腐蚀设备认证。人员认证包括："QRO"城市固体废物燃烧设备操作人员资格认证、"QHO"危险废物焚烧炉操作人员认证、"QFO"高效能矿物燃料燃烧设备（锅炉）操作人员认证、"GDTP"几何尺寸与公差专业认证、"EMCI"国际管理工程认证。其中，核部件、核材料和增强型热固塑料防腐蚀设备认证分为六种不同类型的N型证书，如表3.3所示。ASME核电证书是国内核设备制造厂提高市场竞争力，走向世界，与国际接轨的入门钥匙。掌握ASME核级材料检验和验收的依据，检验项目来源、检验过程中的细节对很好地完成材料的升级和验收工作具有重大的意义，将为企业顺利取得ASME核电证书提供有效的保证。目前国内ASME核电N、NPT、NS持证厂家较多，但是真正的ASME核级材料制造厂家较少。多数取得ASME核电N证书的厂家均持有ASME核电NPT证书，其可以将经过检验

---

[1] https://cstools.asme.org.
[2] https://www.xianjichina.com/news/details_72054.html.
[3] https://www.usea.org/sites/default/files/event/3.7%20% E5%90%88% E6%A0%BC% E4%B8%8E% E8%AF%84% E5%AE%9A.pdf.

验收合格的非核级材料升级为核级材料[1]。

表 3.3 ASTM 核部件、核材料和增强型热固塑料防腐蚀设备认证的 N 型证书及内容

序号	证书	证书内容
1	N	Vessels, pumps, valves, piping systems, storage tanks, core support structures, concrete containments, and transport packaging
2	NA	Field installation and shop assembly of all items
3	NPT	Parts, appurtenances, welded tubular products, and piping subassemblies
4	NS	Supports
5	NV	Pressure relief valves
6	N3	Transportation containments and storage containments
7	OWN	Nuclear power plant owner

3.2.1.3 标准化工作

自成立以来，ASME 领导着机械类标准的发展，从最初的螺纹标准开始到现在已制定了 714 项标准[2]，其中核电相关的标准共计 45 项（标准清单见附件 1）。

ASME 核电标准制定时间主要集中于 2016 年后，2017 年是高峰期，制定核相关标准数量共 20 项，高于其他各年（图 3.3）。

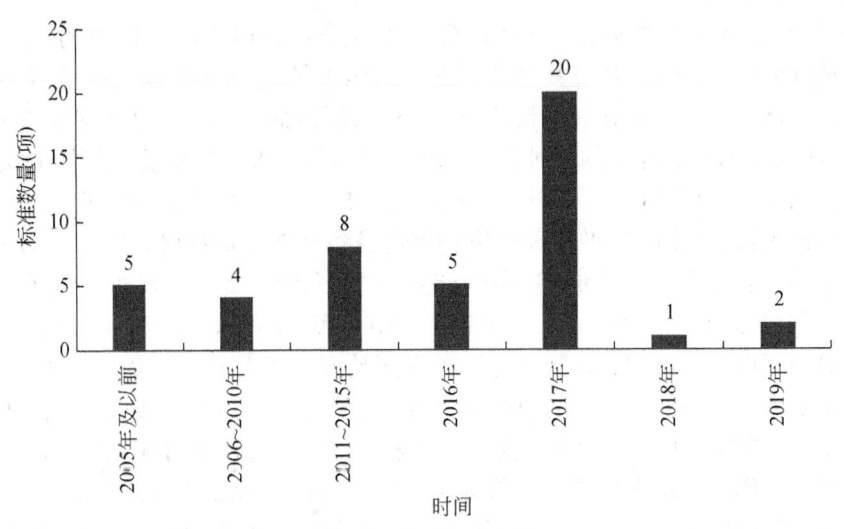

图 3.3 ASME 核电标准制定时间分布

参与制定核标准的技术委员会有 20 个（表 3.4），分别是 BPV 核设施部件建设委员会，性能测试规范标准委员会，ASME/ANS 核电风险管理联合委员会（JCNRM），核空气

---

[1] 马金焕, 李文泽, 张春红, 等. 浅谈 ASME 核电用材料的检验和验收. 锅炉制造, 2018, (1): 61-62.

[2] https://www.asme.org/codes-standards/find-codes-standards.

和气体处理标准委员会（CONAGT），在役核电检查委员会，测试与校准标准委员会，ASME 无损检测委员会（ANDE），锅炉与压力容器委员会（BPVC），核电悬挂式提升机与单轨吊车委员会（NUM），核电站使用与维护标准委员会（O&M），核设施用机械设备鉴定标准委员会（QME），核设施质量保证标准委员会（NQA），后建造委员会（PCC），美国国家标准委员会 N45，桥式和门式起重机（支承桥和多横梁）委员会（NOG），升降、安装、运输设备委员会（HRT），授权检验认证委员会（QAI），涡轮机防水损坏委员会（TWDP），运行与维护委员会（OM），载人压力容器委员会（PVHO）。

表 3.4　ASME 技术委员会参与制定核电标准数量分析

序号	标准委员会名称	制定标准数量（项）
1	BPV 核设施部件建设委员会	13
2	性能测试规范标准委员会	6
3	ASME/ANS 核电风险管理联合委员会（JCNRM）	4
4	核空气和气体处理标准委员会（CONAGT）	3
5	在役核电检查委员会	3
6	测试与校准标准委员会	2
7	ASME 无损检测委员会（ANDE）	1
8	锅炉与压力容器委员会（BPVC）	1
9	核电悬挂式提升机与单轨吊车委员会（NUM）	1
10	核电站使用与维护标准委员会（O&M）	1
11	核设施用机械设备鉴定标准委员会（QME）	1
12	核设施质量保证标准委员会（NQA）	1
13	后建造委员会（PCC）	1
14	美国国家标准委员会 N45	1
15	桥式和门式起重机（支承桥和多横梁）委员会（NOG）	1
16	升降、安装、运输设备委员会（HRT）	1
17	授权检验认证委员会（QAI）	1
18	涡轮机防水损坏委员会（TWDP）	1
19	运行与维护委员会（OM）	1
20	载人压力容器委员会（PVHO）	1

ASME 制定的重要核电标准主要有《锅炉及压力容器规范》《核设施质量保证要求》（NQA-1）《核电站运行与维修规范》（OM）《核电站能动机械设备鉴定》（QME）《核电站空气和气体处理》（AG-1）《核电站概率风险评估标准》（RA-S）等 6 项。

（1）《锅炉及压力容器规范》（BPVC）第Ⅲ卷——核电站部件建设标准

BPVC 第Ⅲ卷内容如表 3.5 所示。整体结构按照三个层次对部件和结构进行分类，并对各类部件分别做出无损检验要求。第一个层次，按照安全级别和作用将被检设备分为 7 个类别，分别为核安全 1 级部件、2 级部件、3 级部件、MC 级部件、支承件、堆芯支承结构及高温使用的核1级部件,各部件要求对应第Ⅲ卷第一册中的 NB 分卷至 NH 分卷,其中前6类均规定了无损检验的要求。第二个层次,将各级部件分为焊缝检测和原材料检测两大类,对应各分卷中的第 5000 章"检测"和第 2500 节"材料的检测和补修"。第三个层次,分别对焊缝和原材料进行分类。焊缝按照焊缝系数和焊缝类型分为容器的 A 类、B 类、C 类、D 类焊缝,管道、阀门焊缝及角焊缝等。原材料按照加工工艺分为板材、锻件、棒材及管材等。

表 3.5　ASME BPVC 标准规范体系 2017 版第Ⅲ卷内容组成

卷册号	名称
ASME BPVC-Ⅲ-1 NCA	Section Ⅲ-Subsection NCA-General Requirements for Division 1 & Division 2
	第三卷 分卷 NCA 第一册和第二册的总要求
ASME BPVC-Ⅲ-1 NB	Section Ⅲ-Division 1-Subsection NB-Class 1 Components
	第三卷 第一册 分卷 NB 1 级部件
ASME BPVC-Ⅲ-1 NC	Section Ⅲ-Division 1-Subsection NC-Class 2 Components
	第三卷 第一册 分卷 NC 2 级部件
ASME BPVC-Ⅲ-1 ND	Section Ⅲ-Division 1-Subsection ND-Class 3 Components
	第三卷 第一册 分卷 ND 3 级部件
ASME BPVC-Ⅲ-1 NE	Section Ⅲ-Division 1-Subsection NE-Class MC Components
	第三卷 第一册 分卷 NE MC 级部件
ASME BPVC-Ⅲ-1 NF	Section Ⅲ-Division 1-Subsection NF-Supports
	第三卷 第一册 分卷 NF 支承卷
ASME BPVC-Ⅲ-1 NG	Section Ⅲ-Division 1-Subsection NG-Core Support Structures
	第三卷 第一册 分卷 NG 堆芯支承结构
ASME BPVC-Ⅲ-2	Section Ⅲ-Division 2 Code for Concrete Containments
	第三卷 第二册:混凝土反应堆压力容器规范
ASME BPVC-Ⅲ-2 CC	Section Ⅲ-Division 2 Concrete Containments
	第三卷 第二册 分卷 CC:混凝土反应堆压力容器
ASME BPVC-Ⅲ-3	Section Ⅲ-Division 3 Containment systems for Transportation and Storage of Spent Nuclear Fuel and High Level Radioactive Material
	第三卷 第三册:乏核燃料和高位放射性材料的储存和运输包装用安全容器系统
ASME BPVC-Ⅲ-3 WA	Section Ⅲ-Division 3 Subsection WA Genral Requirements for Division 3
	第三卷 第三册 分卷 WA:第三册总体要求
ASME BPVC-Ⅲ-3 WB	Section Ⅲ-Division 3 Subsection WB Class TC Transportation Containments
	第三卷 第三册 分卷 WB
ASME BPVC-Ⅲ-3 WC	Section Ⅲ-Division 3 Subsection WC Class SC Storage Containments
	第三卷 第三册 分卷 WC:SC 存储件
ASME BPVC-Ⅲ-3 WD	Section Ⅲ-Division 3 Subsection WD Class ISS Internal Support Structures
	第三卷 第三册 分卷 WD:ISS 内部支撑结构

续表

卷册号	名称
ASME BPVC-Ⅲ-5	Section Ⅲ-Division 5 High Temperature Reactors 第三卷 第五册：高温反应堆
ASME BPVC-Ⅲ-5 HA	Section Ⅲ-Division 3 Subsection HA General Requirements 第三卷 第五册 分卷 HA 总要求
ASME BPVC-Ⅲ-5 HB	Section Ⅲ-Division 3 Subsection HB Class A Metallic Pressure Boundary Components 第三卷 第五册 分卷 HB A级金属压力边界部件
ASME BPVC-Ⅲ-5 HC	Section Ⅲ-Division 3 Subsection HC Class B Metallic Pressure Boundary Components 第三卷 第五册 分卷 HC B级金属压力边界部件
ASME BPVC-Ⅲ-5 HF	Section Ⅲ-Division 3 Subsection HF Class A and B Metallic Supports 第三卷 第五册 分卷 HF A级和B级金属支撑件
ASME BPVC-Ⅲ-5 HG	Section Ⅲ-Division 3 Subsection HG Class A Metallic Core Support Structures 第三卷 第五册 分卷 HG 一级金属关键支撑件结构
ASME BPVC-Ⅲ-5 HH	Section Ⅲ-Division 3 Subsection HH Class A Nonmetallic Core Support Structures 第三卷 第五册 分卷 HH 一级非金属关键支撑件结构

BPVC Ⅲ卷中各分册下 NX2000 是使用材料的基础，起指导作用，不同级别设备用材的要求分别在各分卷的 2000 章中给出。表 3.6 是 BPVC Ⅲ 核设施部件建造规则第 1 册 NB 分卷 1 级部件相关材料内容。BPVC 规范 Ⅱ 卷是选用材料的具体质量指标，但进行哪些项目检验及验收标准由 BPVC Ⅲ 规定。核一级材料的设计应力强度要比 2、3 级材料的许用应力高，决定了核 1 级材料要求要远高于 2、3 级材料。同时，2 级材料要求高于 3 级材料（表 3.7）。

表 3.6 2004 版 BPVC Ⅲ卷 NB 分卷 1 级部件材料内容[①]

序号	标题	序号	标题
NB-2100	材料的通用要求	NB-2190	非承压材料
NB-2110	所用主要术语的范围	NB-2200	铁素体钢材的试件和试样
NB-2120	承压材料	NB-2210	热处理要求
NB-2130	材料的确认	NB-2220	淬火和回火材料试件和试样的制备规程
NB-2140	焊接材料	NB-2300	材料的断裂韧度要求
NB-2150	材料的识别	NB-2310	作冲击试验的材料
NB-2160	材料在使用期间的劣化	NB-2320	冲击试验规程
NB-2170	提高冲击韧性的热处理	NB-2330	试验要求和验收标准
NB-2180	材料的热处理规程	NB-2340	要求冲击试验的次数

① https://www.doc88.com/p-7744944091318.html.

续表

序号	标题	序号	标题
NB-2350	复试	NB-2530	板材的检测和修补
NB-2360	仪表和装置的标定	NB-2540	锻件和棒材的检测技修补
NB-2400	焊接材料	NB-2550	无缝和焊接（不加填充金属）的管状制品，以及配件的检测与修补
NB-2410	通用要求	NB-2560	加填充金属焊接的管状制品和配件的检测和修补
NB-2420	要求的试验项目	NB-2570	静态浇注铸件和离心浇注铸件产品的检测和修补
NB-2430	焊缝金属试验	NB-2580	螺栓、双头螺栓和螺母的检测
NB-2440	焊接材料的储存和保管	NB-2600	材料机构的质量体系大纲
NB-2500	承压材料的检测和修补	NB-2610	质量体系大纲的编制和保管
NB-2510	承压材料的检测	NB-2700	尺寸标注
NB-2520	淬火和回火后的检测		

表3.7　1级、2级、3级设备中使用材料的许用应力要求对比

产品与材料	1级（NB）		2级（NC）		3级（ND）	
	极限强度	屈服强度	极限强度	屈服强度	极限强度	屈服强度
锻件与铸件(黑色金属与有色金属)	(1/3)St	(2/3)Sy	(1/4)St（室温）；(1/4)St（高温）	(2/3)Sy（室温）；(2/3)Sy（高温）	3级同2级(注:对锻件或铸件,焊接管和管还有断裂应力和蠕变率的限值)	
焊接管或管(黑色金属与有色金属)	0.85St/3	0.85Sy/1.5	0.85St/4（室温）;0.85St/4（高于室温）	(2/3)Sy（室温）；(2/3)×0.85Sy（高于高温）		
结构质量用于保持压力处(黑色金属)	0.92St/3（St按设计规格书）	0.92St/1.5	0.92St/4（St按设计规格书）	(2/3)×0.92Sy（室温）；(2/3)×0.92Sy（高于高温）	3级同2级	
结构质量用于非压力保持功能(黑色金属)	(1/3)St	(2/3)Sy	(1/4)St（室温）；(1/4)St（高温）	(2/3)Sy（室温）；(2/3)Sy（高温）		

续表

产品与材料	1级（NB）		2级（NC）		3级（ND）	
	极限强度	屈服强度	极限强度	屈服强度	极限强度	屈服强度
锻件与铸件(奥氏体钢，有色金属合金)	(1.1/3)StRt	(2/3)SyRy 或 0.9SyRy	(1.1/4)StRt	(2/3)SyRy 或 0.9SyRy	3级同2级(注：对锻件或铸件，焊接管和管还有断裂应力和蠕变率的限值)	
结构质量用于非压力保持功能(黑色金属)	[(1.1×0.85)/3]StRt	(0.85/1.5)SyRy 或(0.9×0.85)SyRy	[(1.1×0.85)/4]StRt	(2×0.85/3)SyRy 或(0.9×0.85)SyRy		

（2）《锅炉及压力容器规范》第XI卷——核电站部件运行检验规则

BPVC 规范第XI卷包括核电站设备检验、检查、试验、评定、修理及更换等一套完整内容的规定性规则。BPVC 规范第XI卷包含三册，分别规定了压水堆、高温气冷堆和液态金属冷却堆的在役检查规则。该卷对后两种堆型的在役检查要求尚未完善，主要是针对压水堆核电站的在役检查[①]。

与第Ⅲ卷类似，BPVC 规范第XI卷按照部件的系统和作用将其进行分类，不同级别部件的检验要求也不相同。类别包括核1级、2级、3级部件，MC 和 CC 级金属内衬设备以及各部件的支承件等，对应 IWB 分卷至 IWL 分卷。在各分卷之前为通用要求 IWA 分卷，在各分卷之后为强制性和非强制性附录。

第XI卷对各分卷中不同类型的检验部件和区域进行了分类，如 B-A 类为反应堆压力容器承压焊缝，B-J 类为管道焊缝。针对各类检查部件和结构，BPVC 规范第XI卷相应章节规定了无损检验方法要求、检验计划要求和检验人员要求。对于不同的检验方法还规定了相应的检验技术、显示评定和验收准则等。

（3）《核设施质量保证要求》（ASME NQA-1）

美国机械工程师协会（ASME）NQA 委员会受美国国家标准协会委托，分别于1979年和1983年发布了美国国家标准——《核设施质量保证要求》（ASME NQA-1）和《核设施应用质量保证要求》（ASME NQA-2）。随后 NQA 委员会多次更新和修订 NQA-1 和 NQA-2，直到1994年 NQA 委员会对 NQA 标准做出了重大修改：将 NQA-1 和 NQA-2 合并并修订成为 NQA-1-1994 版，即1994版和此后的 NQA-1 是包括四个篇章的标准：第Ⅰ篇为核设施质量保证大纲要求，它保留了 10CFR50 附录 B 的结构，包容并充实了附录 B 的内容；第Ⅱ篇是核设施制造、维修和试验相关活动的质量保证要求；第Ⅲ、Ⅳ篇是非强制性导则和应用性资料。此后 NQA-1 作了数次修订和补遗（1997、2000、2004 和 2008 版），但主要

---

① 葛亮，蔡家藩，聂勇，等. ASME 规范对核设备制造和运行期间的无损检验要求对比. 无损检测，2016（3）：85-90.

原则要求没有多少变化。NRC 在管理导则 RGL.28 和相应的安全评价报告中认可了 NQA-1，因此 ASME NQA-1 相应地成为《指导取照者实施 NRC 法规》的质量保证标准，即一些营运单位及相关 ASME 钢印取证单位在制定其质量保证大纲时遵循 NQA-1[①]。

(4)《核电站运行与维修规范》（OM）

N45 委员会由美国国家标准学会（ANSI）所创建，并正式称为"核反应堆电厂及其维修的 N45 委员会"。在 N45 委员会解散后，核电站运行和维修委员会（OM 委员会）于 1975 年 6 月成立。经 ASME 核规范和标准委员会批准的 OM 委员会的职责为开发、修订、保持适用于核电站安全、可靠运行和维修的规范、标准和导则。

OM 标准的内容（表 3.8）分为 3 卷：第一卷 OM 规范，含有 6 个分卷（ISTA 通用要求、ISTB2000 年以前泵的在役试验、ISTC 阀门的在役试验、ISTD 动力约束件的役前和在役检测及试验、ISTE 在役检测件的风险告知、ISTF2000 年以后泵的在役试验）；第二卷 OM 标准，含 3、5、12、16、21、24、26、28、29 篇；第三卷 OM 导则，含 7、11、14、19、23 篇。

表 3.8 OM 标准内容

编号	标题
OM 规范	
Subsection ISTA	General Requirements
Subsection ISTB	Inservice Testing of Pumps——Pre-2000 Plants
Subsection ISTC	Inservice Testing of Valves
Subsection ISTD	Preservice and Inservice Examination and Testing of Dynamic Restraints (Snubbers)
Subsection ISTE	Risk-Informed Inservice Testing of Components
Subsection ISTF	Inservice Testing of Pumps—— Post-2000 Plants
OM 标准	
Part 3	Vibration Testing of Piping Systems
Part 5	Inservice Monitoring of Core Support Barrel Axial Preload in Pressurized Water Reactor Power Plants
Part 12	Loose Part Monitoring
Part 16	Performance Testing and Monitoring of Standby Diesel Generator Systems
Part 21	Inservice Performance Testing of Heat Exchangers
Part 24	Reactor Coolant and Recirculation Pump Condition Monitoring
Part 26	Determination of Reactor Coolant Temperature From Diverse Measurements
Part 28	Standard for Performance Testing of Systems
Part 29	Alternative Treatment Requirements for RISC-3 Pumps and Valves

---

① 徐仁楠，陈芳. NQA-1 不能完全覆盖 HAF003 的要求. 中国核学会核能动力学会核电质量保证专业委员会第十届年会暨学术报告会论文专集，2010.

续表

编号	标题
OM 导则	
Part 7	Requirements for Thermal Expansion Testing of Nuclear Power Plant Piping Systems
Part 11	Vibration Testing and Assessment of Heat Exchangers
Part 14	Vibration Monitoring of Rotating Equipment in Nuclear Power Plants
Part 19	Preservice and Periodic Performance Testing of Pneumatically and Hydraulically Operated Valve Assemblies
Part 23	Inservice Monitoring of Reactor Internals Vibration in Pressurized Water Reactor Power Plants

(5)《核电站能动机械设备鉴定》(QME)

QME-1 用于指导核电站用能动型机械设备的鉴定，主要适用于泵阀类及阻尼器产品。其由 ASME 主导开发，并经由美国核管理委员会认可（自 2007 版始）的标准，与 ASMEB&PVC 等其他标准及 IEEE 的相关标准共同作用，构成了北美的核电产品设计鉴定体系。QME-1 自诞生以来，迄今共经历 1994 年、1997 年、2000 年、2002 年、2007 年、2012 年和 2017 年等 7 个版本，其中 2007 版及其后续版本相较于 2002 年之前的版本变化较大，主要是因为吸收了之前版本的应用经验及厂商反馈，另外考虑了新技术的发展及引入对鉴定技术的影响，尤其是计算机技术的发展使得分析法更加为人所认可。结构上 QME-1-2007 版更加简洁易读，无须辗转于不同章节之间寻找参考。另外，最主要的变化在于 QME-1-2007 不再明确规定各项鉴定活动及顺序，而是基于鉴定的目的从宏观角度设定了鉴定的理念，故在可操作性方面 QME-1-2007 版本弱于之前的版本，但其更多地将鉴定的责任及方案设计下放至生产厂商，故在产品的鉴定方面显得更加灵活[①]。

QME-1 各卷用大写字母 Q 开头，Q 表示资格；第二个字母表明该卷主要内容。QME-1 包括三个主要卷，分别是 QR 卷（一般要求）、QP（泵组件的鉴定）、QV（阀组件的鉴定）（表3.9）。

表 3.9 QME-1-2017 标准内容目录

卷号	标题
Section QR	Qualification of Dynamic Restraints
Section QDR	Qualification of Active Pump Assemblies
Section QP	Qualification Requirements for Active Valve Assemblies for Nuclear Facilities
Section QV	Guide to Section QV: Determination of Valve Assembly Performance Characteristics
Section QVG	General Requirements

(6)《核电站空气和气体处理》(AG-1)

AG-1 由核空气和气体处理标准委员会制定，分为 4 册：第一册——《通用要求》，第

---

① 王永先. 基于 QME-1-2007 的气动阀门鉴定探讨. 通用机械, 2019, (9): 48-50.

二册——《通风空气净化和通风空气调节》，第三册——《工艺气体处理》，第四册——《试验程序》。各册分解为多卷，每卷用两个大写字母命名，具体如表3.10所示。AG-1规范对核设施中核安全有关的空气和气体处理系统使用的部件提出了性能、设计、建造、验收试验和设备质量保证的最低要求。目的是确保用于核设施中核安全有关的空气和气体处理系统的社保在性能、设计、建造和验收试验等各方面均是可以接受的。AG-1规范仅适用于一个系统的单个部件，不包括任何功能性系统的设计要求、整个系统的规模或这些系统的任何运行特性。

表3.10 AG-1-2017标准内容目录

卷号	标题
Division Ⅰ	General Requirements
–Section AA	Common Articles
Division Ⅱ	Ventilation Air Cleaning and Ventilation Air Conditioning
–Section BA	Fans and Blowers
–Section DA	Dampers and Louvers
–Section SA	Ductwork
–Section HA	Housings
–Section RA	Refrigeration Equipment
–Section CA	Conditioning Equipment
–Section FA	Moisture Separators
–Section FB	Medium Efficiency Filters
–Section FC	HEPA Filters
–Section FD	Type Ⅱ Adsorber Cells
–Section FE	Type Ⅲ Adsorbers
–Section FF	Adsorbent Media
–Section FG	Mounting Frames for Air-Cleaning Equipment
–Section FH	Other Adsorbers
–Section FI	Metal Media Filters
–Section FJ	Low Efficiency Filters
–Section FK	Special HEPA Filters
–Section FL	Deep Bed Sand Filters
–Section FM	High-Strength HEPA Filters
–Section IA	Instrumentation and Controls
Division Ⅲ	Process Gas Treatment
–Section GA	Heat Exchangers
–Section GB	Noble Gas Hold-Up Equipment
–Section GC	Gas Compressors and Exhausters
–Section GD	Other Radionuclide Equipment

续表

卷号	标题
–Section GE	Hydrogen Recombiners and Igniters
–Section GF	Gas Sampling
–Section GG	Scrubbers
–Section GH	Cyclones
–Section GI	Membranes
–Section GJ	Filters
–Section GK	Mist Eliminators
–Section GL	Elastomeric Precipitators
–Section GM	Noble Gas Hold-Up Media
Division Ⅳ	Testing Procedures
–Section TA	Field Testing of Air Treatment Systems
–Section TB	Field Testing of Gas-Processing Systems

(7)《核电站概率风险评估标准》(RA-S)

ASME 核规范与标准总部（BNCS）于 1997 年夏季开始考虑开发一套使用概率风险评价（PRA）进行以风险信息为导向的决策统一标准。在支持核电站设计和运行中进行的以风险信息为导向的变更所需的 PRA 应具备的技术能力方面，以风险信息为导向的 ASME 规范案例有效推动了 PRA 标准的建立。BPVC 委员会及运行和维修委员会发布了在开展以风险信息为导向的规范案例，在此前提下决定为了描述支持这项新兴技术的 ASME 应用所需的 PRA 能力，建立一套标准。RA-S 标准草案通过了技术标准协商委员会、核风险管理委员会（CNRM）的批准。CNRM 负责保证该标准的维护和修订。

RA-S 阐明用于支持商业核电站进行以风险信息为导向的决策的概率风险评价（PRAs）要求，并且提供如何针对具体问题应用这些要求的方法。目前，RA-S 2002 已经在使用中，RA-S-1.2-2014、RA-S-1.3-2017、RA-S-1.4-2013 草案在试用阶段。

除以上 7 项重要核电相关标准外，还有核空气净化标准 3 项：①《核电站空气净化设备和部件》(N509)；②《核空气净化系统的测试》(N510)；③《核电站空气处理、加热、通风和空调系统使用中的测试》(N511)。起重机的标准，如：①NUM-1 Rules for Construction of Cranes, Monorails, and Hoists (with Bridge or Trolley or Hoist of the Underhung Type) [《起重机、单轨吊车和提升机的制造规则（带有悬桥或悬挂式吊车或悬挂式提升机）》]；②NOG-1 Rules for Construction of Overhead and Gantry Cranes (Top Running Bridge, Multiple Girder) [《桥式和门式起重机（支承桥和多横梁）的建造规则》]；③HRT-1 Rules for Hoisting, Rigging, and Transporting Equipment for Nuclear Facilities（《核设施的升降、安装、运输设备规则》）。性能测试和评估标准 5 项，分别是：①《计算固体力学的验证和校准用指南》(VV10)；②《设备综合性能》(PTC46)；《蒸汽轮机．勘误表》(PTC6)；③《发电厂的性能检测指南》(PTCPM)；④《联合循环蒸汽轮机》(PTC6.2)；⑤《核蒸汽供应系统》(PTC32.1)。

3.2.1.4 未来发展及预判

2019 年,ASME 发布了两项核电标准:① FE.1-2018——试用于聚变能源设备建设规则的新标准草案,标准草案对聚变能装置的建造提出了具体要求,包括真空容器、低温器和超导磁体结构及其部件相互作用的聚变能要求。标准草案由 BPV 核设施部件建设委员会 BPV Ⅲ及下属的核聚变服务小组起草,标准目的是随着核聚变技术的发展,确保全球核聚变界能够适应标准草案中拟定的要求①。②Y14.47-2019——三维模型组织规则。此项标准已于 2019 年 1 月 11 日获得美国国家标准协会批准。此标准提供了数字环境下构建三维模型表达产品,为计算机辅助设计(CAD)用户提供了整套的要求和指南,也是基于模型的企业内设计开发工作的基础。

2017~2018 年新发布标准 9 项,核相关新标准共 3 项,分别是 RA-S-1.2-2014、RA-S-1.3-2017、RA-S-1.4-2013。RA-S 系列标准起源于 1997 年,ASME 核规范与标准总部(BNCS)计划开发概率风险评价(PRA)进行以风险信息为导向的决策统一标准,支持核电站设计和运行中进行的风险信息为导向的变更所需的 PRA 应具备的技术能力②(表 3.11)。

2017~2018 年修订标准 38 项,核相关修订标准共 3 项,分别是:① AG-1-2017——《核电站空气和气体处理标准》;② NQA-1-2017——《核设施应用质量保证要求》;③ QME-1-2017——《核设施中能动机械设备的鉴定标准》(表 3.11)。

表 3.11　2017~2018 年新发布/修订核电相关标准

序号	标准号	标准名称	发布/修订时间
新发布标准			
1	RA-S-1.2-2014	Severe Accident Progression and Radiological Release (Level 2) PRA Standard for Nuclear Power Plant Applications for Light Water Reactors (LWRs)	2017 年 11 月 14 日
2	RA-S-1.3-2017	Standard for Radiological Accident Offsite Consequence Analysis (Level 3 PRA) to Support Nuclear Installation Applications	2017 年 11 月 14 日
3	RA-S-1.4-2013	Probabilistic Risk Assessment Standard for Advanced Non-LWR Nuclear Power Plants	2017 年 11 月 14 日
修订标准			
4	AG-1-2017	Code on Nuclear Air and Gas Treatment	2018 年 2 月 7 日
5	NQA-1-2017	Quality Assurance Requirements for Nuclear Facility Applications	2018 年 1 月 16 日
6	QME-1-2017	Qualification of Active Mechanical Equipment Used in Nuclear Facilities	2017 年 8 月 21 日

除发布和修订新标准外,ASME 正在拟定一项新标准——MUS-1-20XX 移动无人系统

---

① https://www.asme.org/codes-standards/publications-information/standards-certification-update/issue-34-winter-2019.
② https://www.doc88.com/p-7744944091826.html.

（MUS）在工业设施、电厂、设备、输电线路和管道的检查、监测和维护中的应用［Application of Mobile Unmanned Systems（MUS）for inspections, monitoring, and maintenance of industrial facilities and power plants as well as equipment, transmission lines, and pipelines］。同时，为了构建和维持标准、规范与新兴技术的一致性，ASME已发布了系列的研发项目，如表3.12所示。其中，最具有代表性的核电产业技术项目有4项：①一级核电站部件规范对比报告。ASEM组织来自美国、法国、日本、韩国、加拿大和俄罗斯的标准制定机构对比总结研究国际1级设备核电标准规范的区别。②小型模块化反应堆路线图。制定小型模块化反应堆路线图，识别潜在的ASME标准中会影响小型模块化反应堆许可有效性和时效性的潜在问题。③高温气冷核反应堆用石墨。主要分析与块状石墨烯的相关信息，包括结构、化学性质、物理性质、中子辐照性能。④超高温反应堆（VHTR）和第四代反应堆NH结构设计标准中的监管安全问题：与美国能源部合作，识别与ASME锅炉与压力容器规范（BPVC）相关的安全问题，包括第Ⅱ卷、Ⅷ卷、Ⅲ卷NH分卷（高温环境下1级部件）及必须解决的规范案例，以支持第四代反应堆的许可。

表3.12 ASME发布的项目列表

序号	编号	名称
1	STP-NU-072	Small Modular Reactors（SMR）Roadmap
2	STP-NU-069	Analysis of Selected Nondestructive Examination（NDE）Methodologies for the Assessment of Cracking in Concrete Containments
3	STP-NU-062	Comprehensive Comparison of International Quality Standards
4	STP-NU-061	Comprehensive Evaluation of the NSQ-100 Nuclear Safety and Quality Management System Requirements
5	STP-NU-057	ASME Code Development Roadmap for HDPE Pipe in Nuclear Service
6	STP-NU-051-1	Code Comparison Report for Class 1 Nuclear Power Plant Components
7	STP-NU-045-1	Roadmap to Develop ASME Code Rules for the Construction of HTGRs
8	STP-NU-044	Non Destructive Exam（NDE）and In Service Inspection（ISI）for High Temperature Reactors
9	STP-NU-042	New Materials for ASME Subsection NH
10	STP-NU-041	Alternative Simplified Creep-Fatigue Design Methods
11	STP-NU-040	Simplified Elastic and Inelastic Design Analysis Methods
12	STP-NU-039	Creep and Creep-Fatigue Crack Growth at Structural Discontinuities and Welds
13	STP-NU-020	Verification of Allowable Stresses in ASME Section Ⅲ Subsection NH for Alloy 800H
14	STP-NU-018	Creep-Fatigue Data and Existing Evaluation Procedures for Grade 91 and Hastelloy XR
15	STP-NU-013	Improvement of ASME NH for Grade 91 Negligible Creep and Creep Fatigue
16	STP-NU-010	Regulatory Safety Issues in Structural Design Criteria of ASME Section Ⅲ Subsection NH for VHTR and Gen IV Reactors
17	STP-NU-009	Graphite for High Temperature Gas-Cooled Nuclear Reactors
18	STP-NU-001	Risk Initiatives in ASME Nuclear Codes and Standards

资料来源：RESOURCES FOR THE NUCLEAR INDUSTRY

ASME 标准委员会的所有会议对公众都是免费和开放的。2019 年，核设施质量保证委员会（NQA）、核设备起重机标准委员会（CNF）、核电站操作与维护标准委员会（OM）、核空气和气体处理标准委员会（CONAGT）、BPV 第Ⅲ卷标准委员会、核电风险管理联合委员会（JCNRM）、核电规范与标准委员会（BNCS）均召开了相关会议，如表 3.13 所示。

表 3.13　ASME 标准委员会

序号	时间	地点	会议类型	会议内容
1	2019 年 1 月 4 日 ~ 2019 年 1 月 6 日	印度	研讨会	Nuclear Codes & Standards Workshops and Meetings（核标准与认证研讨会）
2	2019 年 4 月 8 日 ~ 2019 年 4 月 11 日	迈阿密，美国	委员会会议	Nuclear Quality Assurance（NQA）（核设施质量保证委员会 NQA 会议）
3	2019 年 4 月 30 日 ~ 2019 年 5 月 3 日	查尔斯顿，美国	委员会会议	Standards Committee on Cranes for Nuclear Facilities-Spring 2019（2019 年春季核设备起重机标准委员会会议）
4	2019 年 5 月 19 日 ~ 2019 年 5 月 24 日	筑波，日本	会议	27th International Conference on Nuclear Engineering（ICONE27）（第 27 届核工程国际会议）
5	2019 年 1 月 11 日 ~ 2019 年 1 月 14 日	圣路易斯，美国	委员会会议	Standards Committee on Operation and Maintenance of Nuclear Power Plants-Summer 2019（核电站操作与维护标准委员会会议）
6	2019 年 1 月 12 日 ~ 2019 年 1 月 13 日	纽约，美国	委员会会议	Board on Nuclear Codes and Standards（BNCS）Summer 2019 Session（核电规范与标准委员会会议）
7	2019 年 7 月 14 日 ~ 2019 年 7 月 19 日	盐湖城，美国	会议	Power Conference and Nuclear Forum（电力与核会议）
8	2019 年 7 月 16 日 ~ 2019 年 7 月 18 日	路易斯维尔，美国	委员会会议	Committee on Nuclear Air and Gas Treatment（CONAGT）[核空气和气体处理标准委员会（CONAGT）]
9	2019 年 9 月 9 日 ~ 2019 年 9 月 13 日	布宜诺斯艾利斯，阿根廷	委员会会议	International Meeting of BPV Ⅲ Standards Committee and Argentina IWG Meetings（BPV 第Ⅲ卷标准委员会及阿根廷工作组国际会议）
10	2019 年 9 月 23 日 ~ 2019 年 9 月 26 日	马里兰，美国	委员会会议	Joint Committee on Nuclear Risk Management Meeting（核电风险管理联合委员会 JCNRM）
11	2019 年 10 月 2 日 ~ 2019 年 10 月 3 日	阿拉维加斯，美国	委员会会议	Board on Nuclear Codes and Standards（BNCS）（核电规范与标准委员会 BNCS 会议）
12	2019 年 10 月 7 日 ~ 2019 年 10 月 10 日	科罗拉多，美国	委员会会议	Nuclear Quality Assurance（NQA）（核设施质量保证委员会 NQA）

ASME 核规范和标准部（BNCS）于 2002 年成立了新堆工作组（NRTG），其任务是将新的堆型设计所需标准列入 ASME 规范标准之中。目标包括三个方面，分别是：①提倡参加新堆设计的专家积极参加规范编制活动；②确保与新堆研发的有关需求在 ASME 规范标准编制机构中都能涉及；③便于成果用于新堆的研究和开发。为实现这些任务和

目标,NRTG 组织了一系列专题会议,包括核工业界有关方、反应堆供货商、管理机构、设计建造者、核电站业主运行人员等。ASME 通过组织这些会议,提出 ASME 有关标准编制要求信息,并要求供货商介绍他们对未来核电站设计的进展及设计中对规范的需求[①]。目前,NRTG 已经收集的材料需求信息包括金属材料、石墨、石墨复合材料、陶瓷材料等。

从美国 ASME 围绕标准修订、发布的标准项目、开展标准会议,以及组织架构设置及变化中可以看出,ASME 标准以下四个方面为发展重点。

(1) 小型模块化

小型堆的优势和特点是能很好地满足中小型电网的供电和特殊领域的需求,是未来核能发展的趋势之一。ASME 将继续关注小型模块化反应堆,以减轻化石能源压力,提高机组发电效率。

(2) 高温液冷堆

美国将投入更多精力推进快中子堆和高温气冷堆的工业化和商业化进程。同时,高温液冷堆也将继续研究。核电作为美国国家清洁能源体系中的重要组成部分,将继续得到关注和支持。

(3) 核电站安全监测

1975 年首创"反应堆安全研究"中的概率性危险分析(PRA):美国商用核电站事故危险评估及随后的评估采用了与确定性方案根本不同的安全评估方法。概率性危险分析的核心是试图通过研制一个在建和在用核电站综合模型回答三个根本问题:可能错在哪里?怎么会发生?以及会有什么结果?概率性危险分析方案比传统的确定性危险分析方案在解决事故情况、系统原因、人为故障和不确定因素处理方面更为复杂。危险评估现被认为是在安全决策中根据对核电站在异常和极端条件下的性能,对不确定因素进行预测并予以解决的最佳有效方法。ASME 特别小组认为全部模式、全部危险和全范围的危险评估,其中包括三级(结果)分析,都要与确定性方案相结合,以便对全部核电站进行更大深度的防御。此外,为了最大限度地利用最先进的危险评估所取得的进展,ASME 特别小组认为新建核电站要达到的通用高级目标应得到国际认同,目的是降低堆芯损坏事故的可能性和限制放射性物质释放到环境。近年,ASME 已制定 RA-S 系列标准。

(4) 新材料研究

ASME 非常重视核电材料标准。《锅炉及压力容器规范》(BPVC)有多个章节规范了核电材料,如第Ⅱ卷选用材料的具体质量指标;第Ⅲ卷中各分册下 NX2000 是使用材料的基础,起指导作用,不同级别设备用材的要求分别在各分卷的 2000 章中给出。新堆工作组(NRTG)收集的材料需求信息包括金属材料、石墨、石墨复合材料、陶瓷材料等,这些领域也将成为 ASME 标准制定的重点关注方向。

---

① 刘纯一,万露霞. 关于美国核电标准及 ASME 对未来先进核电站用标准的策划. 核标准计量与质量,2007,(1):16-24.

3.2.2 美国材料与试验协会

3.2.2.1 概况、职责与使命

美国材料与试验协会（American Society for Testing and Materials，ASTM）成立于1898年，总部位于宾夕法尼亚州，并在布鲁塞尔、渥太华、北京和华盛顿特区等地设有办事处，是世界上最大的非营利性标准制定组织之一。ASTM为企业、政府和个人提供了一个公开、透明的全球协作平台，来自世界各国的技术专家、实验室、制造商、用户、消费者、政府和学术机构等利益相关方依托这一平台，制定自愿性、协商一致性国际标准。这些标准在全球范围内被使用和接受，涉及的领域包括金属、油漆、塑料、纺织品、石油、建筑、能源、环境、消费品、医疗服务、设备和电子产品、先进材料等。截至2018年底，ASTM已有3.3万个（个人和团体）会员，1.28万个有效标准。

ASTM的主要任务是从事有关材料、产品、系统和服务等特性与性能标准的制定工作，促进相关知识的发展和推广。ASTM的使命是致力服务全球社会需求，积极影响公共卫生与安全、消费者信心和整体生活质量。由来自各国的技术专家作为自愿参与会员共同制定标准，将一致性标准和创新服务结合在一起，从而提高生活质量，优化世界运转[1]。

美国材料与试验协会有5大战略目标，分别是：①在领导方面，促进对公共卫生和安全的关注，提升自身在标准领域的领导力，扩大ASTM产品和服务的国际使用范围。②在全球技术技能方面，通过营造能够满足参与者需求和期望的智力与专业奖励协作环境，吸引并留住来自世界各地的技术专家。③在标准和技术内容的制定方面，通过提供一流的、可扩展的标准制定机制，保持标准的市场相关性，并不断提高标准和相关内容的技术质量。④在服务方面，通过整合创新产品和服务来满足全球的社会需求及服务于各利益相关者。⑤在机构的活力方面，为服务和创新提供合适的资源以实现ASTM的使命，以应对不断变化的环境。

3.2.2.2 组织架构

经过120多年的发展，美国材料与试验协会已从当初一个技术小组发展到以常务委员会为中心的复杂组织结构，如图3.4所示[2]。

ASTM的最高权力机构是理事会，负责整个协会的发展战略和重要方针的制定，由主席、副主席、财务与审计委员会主席、总裁等25名成员组成。理事会会议一年举办两次，在ASTM总部或全球其他地方举行。在理事会闭会期间，执行委员会（Executive Committee）可行使理事会所有的一般权力，但不包括填补理事会空缺和修改ASTM理事会程序的权力。理事会授权专门的常务委员会，为全学会履行重要职能。常务委员会包括标准委员会（Committee on Standards，COS）、技术委员会运作委员会（Committee on

---

[1] https://www.astm.org/ABOUT/info/Helping-Our-World-CN-2017.pdf.
[2] https://www.astm.org/TechCommitteeOfficer_Handbook.html.

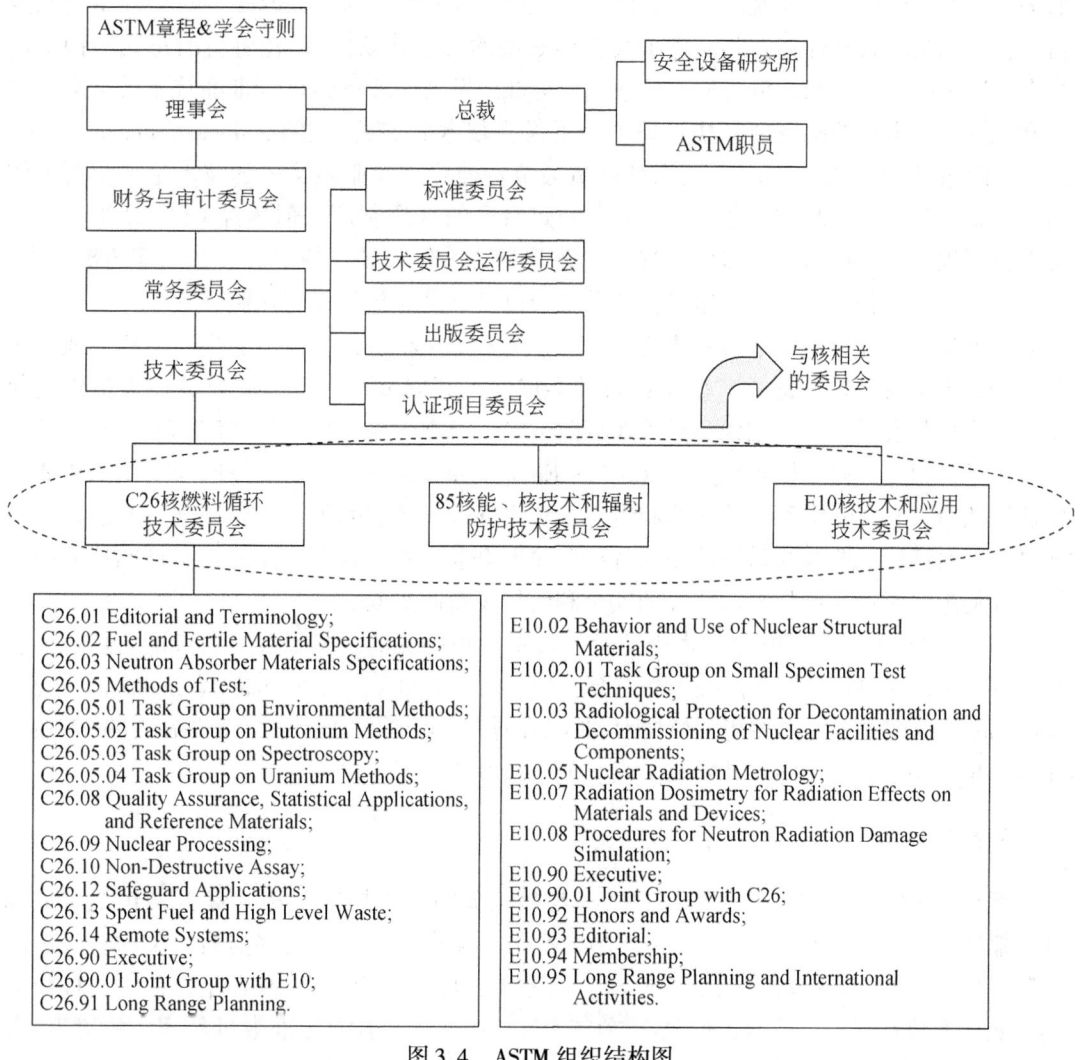

图 3.4　ASTM 组织结构图

Technical Committee Operations，COTCO)、出版委员会（Committee on Publications，COP）和认证项目委员会（Committee on Certification Programs，CCP）。COS 负责审查和批准所有技术委员会的要求，验证协会的规定及其标准是否满足程序要求，同时解决与标准有关的司法纠纷，此外还负责制定、维护和解释 ASTM 标准的格式与样式。COTCO 负责制定并维护《ASTM 技术委员会管理规定》，同时协调各技术委员会管辖范围、结构、发展、规划等，解决技术委员会领域的司法争议，保证技术委员会的有效运行。COP 负责协会的出版计划，就出版政策的制定向理事会提供建议，可在理事会的同意下发起、继续、扩展或终止杂志、期刊、丛书及其他连续出版物，但《ASTM 标准年鉴》除外。CCP 负责向理事会就认证项目政策的制定提供建议，并批准/解除 ASTM 认证项目。理事会除了常务委员会，还有财务与审计委员会［Finance and Audit（F&A）Committee］和技术委员会（Technical Committees，TC）。F&A 委员会负责监督协会的财务运作及理事会可能通过的与财务事项有关的决议，并就此事项向理事会提出财政政策建议，同时该委员会还负责制定员工福利和薪酬管理计划，并向理事会提出必要的修改建议。TC 在协会的正式结构中以半自治团体的形式存在，负责某一科学领域标准的发展，理事会负责批准技术委员会的题目和范围，在批准的范围内，技术委员会可设立技术分委员会（Technical Subcommittees，SC）和工作组（Task Group），技术分委员会负责委员会专业领域内的技术论证，而工作组则负责起草标准。ASTM 的每个委员会制定自己的规章制度，但须经 COTCO 批准，委员会按照规章中的提名选举程序，选出主要委员会工作人员。各委员会在批准的范围内，可将委员会分为分委员会和工作组，分委员会也可以设立部门和工作组。其中，工作组是以非官方身份在分会进行某项具体活动的一个特别工作小组，由委员会主席组建，或经过分会会议表决或投票，超过半数同意后批准成立，其成员不受协会或委员会委员资格限制，可能会随着任务完成或任务撤销而解散。除了设立的委员会，ASTM 还在 2016 年设立了一个子公司——安全设备研究所（Safety Equipment Institute，SEI），SEI 拥有 ASTM 所有的认证项目，它是一个私人的非营利组织，负责管理非政府的第三方认证项目和公共安全测试，同时认证职业和娱乐所使用的各种安全和防护产品。SEI 认证项目是自愿性的，适用于任何想要对产品型号进行认证的安全和防护设备制造商。

目前，ASTM 下设 159 个技术委员会，其中与核相关的技术委员会有 3 个：C26 核燃料循环（Nuclear Fuel Cycle）技术委员会，E10 核技术和应用（Nuclear Technology and Applications）技术委员会，核能、核技术和辐射防护（Nuclear Energy, Nuclear Technologies, and Radiological Protection）技术委员会（对接 ISO TC 85）。

3.2.2.3 标准化工作

截至 2018 年，ASTM 已发布了 902 项与核相关的技术标准及相关资料（包括有效标准、撤回标准和正在制定的标准），其中含有 757 项有效标准，这些与核相关的有效标准的数量随时间的变化趋势如图 3.5 所示。从图 3.5 可以看出，在 2016 年以前，与核相关的有效标准数量在逐年递增，但是在 2016 年和 2017 年，有效标准数量呈现小幅度下降，到 2018 年，关于核的有效标准数量又小幅度增加，达到 124 项。

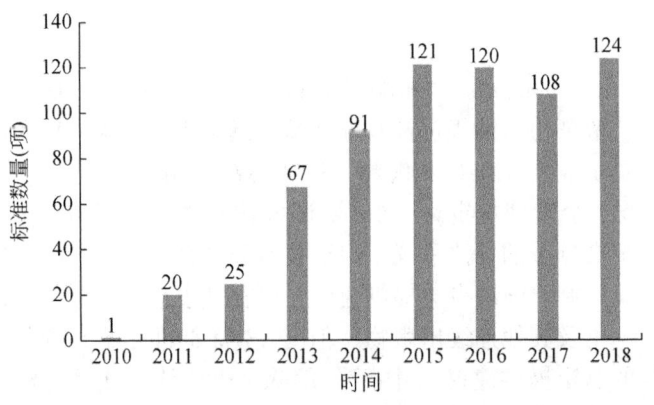

图 3.5 与核相关的有效标准数量的变化趋势

ASTM 已发布与核相关的 902 项标准是由 74 个技术委员会制定,发布标准数量居前 10 位的技术委员会为核燃料循环技术委员会,核技术和应用技术委员会,水问题技术委员会,土壤和岩石技术委员会,环境评估、风险管理和纠正措施技术委员会,石油产品、液体燃料和润滑剂技术委员会,医疗、外科材料和设备技术委员会,国土安全应用技术委员会,发电设施的保护涂层和衬里工程技术委员会,电子技术委员会,各技术委员制定标准数量如表 3.14 所示。居前 10 位技术委员会共发布了 613 项标准,约占发布标准总数量的 68%,其余 64 个技术委员会共发布 289 项标准,约占发布标准总数量的 32%。由此可见,居前 10 位委员会对核领域的标准制定做出了巨大贡献。

表 3.14 发布与核相关标准数量居前 10 位的技术委员会

序号	代码	名称	数量(项)
1	C26	Nuclear Fuel Cycle 核燃料循环技术委员会	235
2	E10	Nuclear Technology and Applications 核技术和应用技术委员会	89
3	D19	Water 水问题技术委员会	50
4	D18	Soil and Rock 土壤和岩石技术委员会	49
5	E50	Environmental Assessment, Risk Management and Corrective Action 环境评估、风险管理和纠正措施技术委员会	49
6	D02	Petroleum Products, Liquid Fuels, and Lubricants 石油产品、液体燃料和润滑剂技术委员会	44
7	F04	Medical and Surgical Materials and Devices 医疗、外科材料和设备技术委员会	30
8	E54	Homeland Security Applications 国土安全应用技术委员会	23
9	D33	Protective Coating and Lining Work for Power Generation Facilities 发电设施的保护涂层和衬里工程技术委员会	22
10	F01	Electronics 电子技术委员会	22

表 3.15 是居前 10 位技术委员会的成立时间、目前拥有的成员人数、拥有管辖权的标准数量、制定标准发布在 ASTM 标准年鉴中的位置以及下设的技术分委员会数量信息;附件 2 则展示了上述居前 10 位技术委员会下设的分委员会情况。

表 3.15　与核相关标准数量居前 10 位的技术委员会信息

序号	代码	成立时间	成员人数	标准数量	ASTM 标准年鉴卷号	技术分委员会数量
1	C26	1969 年	200	150	12.01	17
2	E10	1951 年	225	105	12.02	12
3	D19	1932 年	400	290	11.01，11.02	15
4	D18	1937 年	900	300	4.08，4.09	68
5	E50	1990 年	1000	93	11.05，11.06	9
6	D02	1904 年	2500	814	05.01，05.02，05.03，05.04，05.05，05.06	139
7	F04	1962 年	900	305	13.01，13.02	36
8	E54	2003 年	450	64	15.08	16
9	D33	1979 年	100	30	06.02	12
10	F01	1955 年	140	136	10.04	8

（1）C26——核燃料循环技术委员会

C26——核燃料循环（Nuclear Fuel Cycle）技术委员会成立于 1969 年，每年召开两次会议，通常在 1 月和 6 月举行，约有 50 名成员参加为期三天的技术会议。C26 主要为核燃料循环、材料、产品和工艺制定一致标准，以促进商业贸易、人员安全、公共和环境健康以及核燃料循环的法规遵守。其中，核燃料循环重点关注核燃料和反应堆材料的处理、分析以及废物处理/处置技术和应用。无论是民用还是国防核工业的核燃料循环标准都适用于此委员会标准范围。

（2）E10——核技术和应用技术委员会

E10——核技术和应用（Nuclear Technology and Applications）技术委员会成立于 1951 年，每年召开两次会议，通常在 1 月和 6 月举行，约有 50 名成员参加为期三天的技术会议。E10 主要负责：①规范辐射效应和剂量学的测量技术和规格，包括材料响应、仪器响应和燃料消耗；②规范用于支持核工业的测试方法或仪器中的术语和定义；③保持在核科学技术应用方面广泛的专业知识，尤其是在核反应堆、粒子加速器、本土空间、航天器和放射性核素环境辐射效应的测量方面；④保持在放射性核素应用方面广泛的专业知识；⑤主办委员会专业领域的科学技术研讨会和出版物；⑥与 ASTM 相关委员会及国内外其他技术协会和组织进行联络来促进核科学技术的发展和能源的安全利用。

（3）D19——水问题技术委员会

D19——水问题（Water）技术委员会成立于 1932 年，每年召开两次会议，通常在 1 月和 6 月举行，大约有 120 名成员参加为期四天的技术会议和相关主题的研讨会。D19 关注的领域是：①制定关于下列抽样、鉴定和分析的标准方法——a. 水及溶解或悬浮在水中或由水中形成的物质，包括物理、化学、生化、放射化学和微生物学特征；b. 土著和其他水生生物群落。②制定地表水和地下水的水力和水文测量的标准方法。③制定标准方法来评估用于改变水特性的材料的性能，包括选择性、部分或全部去除溶解或悬浮成分及离子交换。④制定标准方法来确定水的腐蚀性或沉积特性。⑤与水有关的术语、测量单位及测试精度和准确性的制定。

（4）D18——土壤和岩石技术委员会

D18——土壤和岩石（Soil and Rock）技术委员会成立于1937年，每年召开两次会议，通常在1月和6月举行，大约有150名成员参加为期四天的技术会议，会议的主题通常是关于岩土或地质环境工业。D18关注的领域是土壤、岩石、粉末及可能与土壤和岩石密切相关的材料，具体表现为：①制定抽样和测试的规范和方法；②促进与土壤、岩石及其中所含液体的物理和化学性质，以及行为有关的术语、定义和实践的发展，包括占据土壤和岩石孔隙空间、裂缝和其他空隙的类土壤材料和流体的物理和化学性质和行为，因为这些流体可能影响土壤和岩石材料的性质、行为和用途，不包括在波特兰水泥和沥青路面以及由协会其他委员会管辖的结构中用作建筑石材和组成材料的岩石。

（5）E50——环境评估、风险管理和纠正措施技术委员会

E50——环境评估、风险管理和纠正措施（Environmental Assessment, Risk Management and Corrective Action）技术委员会成立于1990年，每年召开两次会议，通常在4月和10月举行，约有70名成员参加为期三天的技术会议。E50旨在促进与环境评估、风险管理和纠正措施有关的知识推广、研究激励，以及标准指南、规范、实践、测试方法、分类和定义的制定。该委员会的范围包括但不限于多媒体环境评估和风险管理问题，包括环境评估、环境管理、纠正措施尽职调查和可持续性。E50制定的标准在商业房地产交易、纠正措施、污染预防、有益使用、生物效应和环境命运的各个方面都发挥着重要作用。

（6）D02——石油产品、液体燃料和润滑剂技术委员会

D02——石油产品、液体燃料和润滑剂（Petroleum Products, Liquid Fuels, and Lubricants）技术委员会成立于1904年，每年召开两次会议，通常在6月和12月举行，为期五天的技术会议大约有1000名成员参加。D02主要是在以下技术领域中促进知识传播和标准规范、分类、测试方法、实践、指南和术语的制定：①液体燃料来源——a. 石油或煤、页岩、油砂或其他天然材料的液化；b. 液化石油气（LPG）和其他压缩液化燃料；c. 来自生物材料的液体燃料（"生物燃料"）；d. 合成液体燃料（也称为可再生燃料或替代燃料）和含氧化合物作为燃料或其组分。此类液体燃料包括用于航空、汽车、燃烧器、柴油、燃气轮机和船舶服务的燃料。②全部或部分源自石油和非石油来源的润滑剂，包括合成材料（例如酯润滑油）、生物或天然（开采）材料。③全部或部分源自石油或其他来源的液压油；化学和特殊用途的液态碳氢化合物［包括液化石油气（LPG）］和碳氢化合物混合物，以及由此衍生的燃料产品。④全部或部分源自石油液体的石油焦炭、工业碳和工业沥青；石油和石油蜡；在委员会范围内影响燃料、润滑油和其他产品的产品特性的添加剂和其他物质。⑤在委员会的范围内，还应包括知识的传播和颁布有关产品环境持久性（生物降解）、生态毒性和生物蓄积性的标准。

（7）F04——医疗、外科材料和设备技术委员会

F04——医疗、外科材料和设备（Medical and Surgical Materials and Devices）技术委员

会成立于1962年，通常在5月和11月召开两次会议，约190名成员参加为期两天的技术会议。会议的主题是医疗/外科材料及设备。F04主要是为医疗、外科材料和设备制定标准术语和术语定义、试验方法、推荐做法、指南、规范和性能标准。该委员会制定的标准在材料、骨科设备、测试、组织工程，以及医疗/外科手术器械方面发挥着重要作用。

（8） E54——国土安全应用技术委员会

E54——国土安全应用（Homeland Security Applications）技术委员会成立于2003年，每年召开两次会议，通常在1月和6月举行，约100名成员参加为期三天的技术会议。E54负责处理与国土安全应用标准和指导材料有关的问题，特别关注基础设施保护、净化、安全控制、威胁和脆弱性评估及CBRNE传感器和检测器，它还负责协调与国土安全需求相关的现有标准化（ASTM制定的标准和外部标准）。

（9） D33——发电设施的保护涂层和衬里工程技术委员会

D33——发电设施的保护涂层和衬里工程（Protective Coating and Lining Work for Power Generation Facilities）技术委员会成立于1979年，在每年1月召开一次会议，约40名成员参加为期两天的技术会议，包括来自监管机构的代表。D33主要是为发电设施有机和无机保护涂层及衬里工程制定标准规范、试验方法、实践、定义和分类。

（10） F01——电子技术委员会

F01——电子（Electronics）技术委员会成立于1955年，每年召开两次会议，通常在1月和6月举行，约有30名成员参加为期两天的技术会议，以制定和更新与电子行业相关的标准。F01旨在制定测试方法、规范、实践、术语、分类和指南，以促进有关电子设备及其制造所用材料、工艺、过程控制和设备有关的知识研究。该委员会涉及的领域包括：①电子管；②各种半导体材料和器件；③激光器和非相干光源及相关的传感和发射装置；④非金属热电材料及器件；⑤铁电和非金属磁性材料及器件；⑥用于信号处理或控制的超导材料和器件；⑦采用与生产上述物品相类似的工艺加工的无源零部件；⑧用于上述用途的互联网络、封装材料和零部件及封装件；⑨构成较大电路或者系统组成部分的上述组件；⑩数据存储设备。

在已发布的757项有效标准中，有不少与核材料相关的标准，包括核反应堆堆芯、中子吸收材料、燃料包壳材料、压力壳材料、不锈钢材料、涂料、石墨、碘吸附剂及陶瓷材料等。其中，标准ASTM C859-14b制定了核材料相关标准术语，该标准包含术语、定义、术语说明、命名法及与C26委员会管辖下的标准相关的缩略词和符号的解释。

（1） 关于堆芯的标准

目前使用的核燃料芯块是二氧化铀（UO_2）。因此，ASTM制定了一系列关于UO_2的标准，如ASTM C787-15、ASTM C996-15、ASTM C788-03（2015）、ASTM C753-16a、ASTM C776-17、ASTM C922-14、ASTM C888-18、ASTM C1462-00（2013）、ASTM C833-17等，上述标准都是关于从铀矿石中提取和生成UO_2时产生的产物的标准规范。例如，浓缩六氟化铀（UF_6）标准规范、产生供浓缩工厂使用的UF_6或直接转化为用于反应堆的氧化铀（UO_3）的核级硝酸铀酰溶液或晶体标准规范、适用于核反应堆燃料芯块的核级可烧结UO_2粉末的标准规范等。在生成UO_2的过程中，难免会有其他稀土元素，而稀土元素具有较大的热中子俘获截面，直接会影响核燃料性能和质量。因此，必须对核燃料中的稀土杂质元素含量进行严格的控制和准确的测定。所以，标准中还有一些关于测定核级铀化合物中杂质的标准试验方法，如 ASTM C1287-18、ASTM C1539-08（2014）、ASTM C1771-13、ASTM C1842-16、ASTM C1561-10（2016）等。除了核燃料，ASTM 还制定了一些关于核反应堆芯应用中的结构部件的标准，如 ASTM C1783-15 是为纤维增强碳–碳复合结构（平板、矩形棒、圆棒和管）准备的材料规范指南，这些结构是专门为核反应堆芯应用中的结构部件而制造的。ASTM C1836-16 涵盖了专门为结构部件制造的纤维增强碳–碳复合结构的标准分类。ASTM C1793-15 是专门为核反应堆堆芯应用中的结构部件和燃料包壳制造的碳化硅纤维增强碳化硅复合材料结构（垫板、矩形棒、圆棒和管子）规范编制的指南。

(2) 关于中子吸收材料的标准

中子吸收材料是用于制造具有显著吸收中子特性以控制反应堆反应性的控制元件和液体中子吸收剂的材料，大多包含有硼、镉、银、铟、铪、铕、钆、镝等具有高中子吸收截面的元素。目前主要应用在核屏蔽材料中；控制棒及灰棒的制作中，以控制核反应速度和停堆启堆，以及乏燃料储存水池格架和储运容器中，这是为了增加乏燃料设施的储存容量，同时确保在密集储存中乏燃料阵列有足够的安全裕量，以防止可能出现的意外事件，并对周围的工作人员和环境进行屏蔽保护。

1）核屏蔽材料：由于碳化硼（B_4C）中硼的同位素 ^{10}B 具有较高的热中子吸收截面并且其价格低廉，因此被广泛地应用为核电站屏蔽材料当中的中子吸收体。ASTM 也制定了一些关于 B_4C 的标准，如 ASTM C750-18、ASTM C751-16、ASTM A887-89（2014）等，这些标准是关于核用 B_4C 粉末、芯块以及含硼不锈钢、薄板和带材的标准规范。

2）控制棒材料：控制棒组件是保证反应堆运行安全的关键部件，其通过在燃料组件中插入和抽出对堆芯进行反应性控制，同时为堆芯提供正常停堆和快速停堆的功能。控制棒材料一般是碳化硼、银–铟–镉（Ag-In-Cd）、铪、钐、钆、钴和铕等，其中 Ag-In-Cd 合金是常用的反应堆控制棒吸收体材料，广泛应用于压水堆中。ASTM C752-18 规定了用作轻水核反应堆控制材料的 Ag-In-Cd 合金的标准规范。由于 Ag-In-Cd 合金在辐照后会以很长的半衰期发射 γ 射线，而铪则无此现象，在核反应堆中使用较安全，因此铪往往是反应堆控制棒的首选材料，多用于动力堆。ASTM 也制定了一些关于铪的标准，如 ASTM C1076-09（2015）适用于核反应堆中使用的核级氧化铪芯块标准规范、ASTM C1098-08（2015）用于制造核反应堆堆芯形状的核级氧化铪粉标准规范、ASTM B776-12（2019）为铪及铪合金带材、薄板及板材标准规范。

3）乏燃料储存水池格架和储运容器材料：从乏燃料储运用中子吸收材料的使用性能、核性能及生产成本等综合考虑，目前使用和研究较多的中子吸收材料多添加硼、镉、钆等中子吸收元素。其中，ASTM 关于硼的标准制定得最多，例如：①ASTM C992-16 规定了在池环境机架中使用的硼基中子吸收材料系统的标准，用于储存核轻水反应堆（LWR）乏燃料组件或拆卸后的组件，以保持储存架系统中的次临界状态。②ASTM C1671-15 规定了干桶储存系统和运输包装的核临界控制用硼基金属中子吸收器的鉴定和验收标准实施规程。由于 B_4C 属于陶瓷材料，其塑性和韧性差，难于变形加工，因此通常将 B_4C 颗粒添加到金属基体当中制备成复合材料。其中，铝基碳化硼复合材料因硼面密度高且具有良好的热中子吸收性能和力学性能，是目前最为有效的中子吸收材料，且第三代核电站一般都采用含硼量较高的硼铝材料。③ASTM C784-16 规定了用于反应堆堆芯的核级氧化铝-碳化硼复合颗粒标准规范。④ASTM C1031-11（2016）为核级应用提供了核级氧化铝粉末标准规范，该粉末的两个具体用途是分别用作绝热体或可燃中子吸收剂的 Al_2O_3 芯块和 $Al_2O_3B_4C$ 复合芯块。⑤ASTM C785-08（2015）规定了核级氧化铝球团的标准规范，可用于反应堆堆芯，如用作燃料、可燃毒物或控制棒内的填充物或隔离物，但是为了区分本标准的颗粒和可燃毒物颗粒，已确定本标准的颗粒不打算用作中子吸收材料。

(3) 关于燃料包壳材料的标准

锆合金被认为是承受高温、高压、中子辐照、一回路腐蚀介质等严苛工况的燃料包壳最理想的材料，构成核电站的第一道实体屏障。此外，锆合金还用作具有相似工况的堆芯结构材料，如定位格架、导向管、中子通量测量管等。目前大多数动力反应堆都使用锆基合金，主要有锆-锡系与锆-铌系两类。ASTM 也制定了一系列与锆相关的标准。例如，ASTM C1066-09（2015）规定了适用于核反应堆中使用的稳定氧化锆球团的标准规范；ASTM C1065-08（2015）规定了用于核反应堆堆芯的核级氧化锆粉末标准规范；ASTM B350/B350M-11（2016）e1 涵盖了用于核应用的真空熔炼锆和锆合金锭的标准规范；ASTM B349/B349M-16 涵盖了核用海绵锆和其他形式的纯金属的标准规范；ASTM B811-13（2017）规定了适用于核燃料包壳的无缝锻造锆合金管的标准规范；ASTM B353-12（2017）涵盖了核设施（核燃料包壳除外）用锻造锆及锆合金无缝和焊接管标准规范；ASTM B351/B351M-13（2018）涵盖了四个等级的锻造锆和锆合金棒材、杆材和线材，分别是 R60001 非合金级、R60802 锆锡合金（锆锡合金2）、R60804 锆锡合金（锆锡合金4）和 R60901 锆铌合金。

(4) 关于不锈钢材料的标准

不锈钢是核电站应用最广泛的结构材料，与一回路冷却剂接触的设备和部件绝大部分是由不锈钢制造的。按组织分，核电站涉及的不锈钢主要包括奥氏体、马氏体、奥氏体-铁素体双相不锈钢三大类。奥氏体不锈钢辐照敏感性低、焊接性好，但耐晶间腐蚀、应力腐蚀、局部腐蚀能力差，所以普遍用作接触一回路高纯介质的主管道、主泵泵壳及反应堆压力容器表面的堆焊层等；马氏体不锈钢强度高、耐磨性好，但焊接性与耐蚀性差，故常用作控制棒驱动机构、蒸汽发生器支撑件、压紧弹簧等；双相不锈钢兼具奥氏体与铁素体的优点，且耐蚀性优异，因此常在主管道、堆内构件等部位应用，但需关注其热老化倾向。尽管低合金钢的耐蚀性与耐辐照性逊于上述三类材料，但凭借在机械性能与价格方面的优势，成为反应堆压力容器、蒸汽发生器、稳压器等主设备筒体材料的首选。ASTM 也制定了部分与不锈钢相关的标准。例如，ASTM A451/A451M-19 为适用于高温、腐蚀性或核压力环境中使用的奥氏体合金钢管的标准规范；ASTM A533/A533M-16 为锰钼和锰钼镍调质合金钢压力容器板标准规范，该标准包括一种锰钼和四种锰钼镍合金钢板用于焊接压力容器的淬火和回火条件。

(5) 关于涂料的标准

防护涂层已经广泛应用于核电站核岛、常规岛的钢结构、混凝土构筑物及设备和管道等部位，是核电站腐蚀防护的重要手段之一。相比于二代核电主流涂料，三代核电涂料引入了无机富锌涂料，提高了产品的长期防腐蚀性能。AP1000 核电技术是美国西屋公司开发的第 3 代先进核电技术，其推荐的涂层系统中，主要选用以下几种搭配方式：无机锌涂层（IOZ）；双组分自底漆高固态环氧涂层（SPHSE）；无机锌底漆（IOZ）+双组分自底漆高固态环氧面漆（SPHSE）；环氧富锌底漆（ZRE）+双组分高固态环氧面漆（SPHSE）；无机锌底漆（IOZ）+双组分自底漆高固态环氧中间漆（SPHSE）+聚氨酯面漆（PUE）；环氧富锌底漆（IOZ）+双组分自底漆高固态环氧中间漆（SPHSE）+聚氨酯面漆（PUE）。ASTM 也制定了一系列与涂层相关的标准。例如，ASTM D4538-15 涵盖了与核电站保护涂层和衬里相关的术语及其定义；ASTM D5139-19 规定了尺寸、成分、表面制备和涂层应用变量，用于制备和评估各种基底上涂层和衬里的样品；ASTM E3104-17 为减轻放射性污染扩散的可剥离/可移除涂层提供了依据，促进随后的净化或保护未受污染区域免受放射性污染的扩散；ASTM E3105-17 提供了用于减轻放射性污染扩散的永久涂层的标准规范；ASTM D4227-05（2017）提供了一种验证在混凝土表面（包括在核设施安全相关区域）涂敷规定涂料时达到所需质量的熟练程度和能力的涂层涂敷器评定的标准规程；ASTM D4228-05（2017）则提供了在钢表面（包括在核设施安全相关区域）涂敷规定涂层所需质量的涂敷器评定标准规程；ASTM D5144-08（2016）提供了保护涂层可重复评估试验鉴定和选择的基础，以及保护涂层的应用和维护指南；ASTM D3843-16 提供了核设施保护涂层质量保证标准实施规程；ASTM D3912-10（2017）建立了用于核电站 Ⅰ 级和 Ⅱ 级涂层应用的涂层和衬里耐化学性评估程序。

（6）关于石墨的标准

核石墨作为一种重要的中子慢化材料，被广泛应用于各类反应堆中。ASTM 也制定了一些与石墨相关的标准。例如，ASTM D7219-08（2014）——各向同性和近各向同性核石墨的标准规范，该标准涵盖了核级石墨坯的分类、加工和性能，满足高温气冷反应堆中燃料元件、慢化剂或反射块的设计要求，这里指定的石墨等级将适用于中子辐照引起的尺寸变化是重要的设计考虑因素的反应堆堆芯应用；ASTM C781-18 涵盖了测量石墨材料性能的测试方法的标准实施规程，这些性质可用于气冷反应堆部件的设计和评估；ASTM D7301-11（2015）规定了适用于低中子辐照剂量组件的核石墨的标准规范，满足高温气冷反应堆中反射块和堆芯支撑结构的设计要求，此处规定的石墨等级适用于中子辐照引起的尺寸变化不是重要设计考虑因素的反应堆堆芯应用。

（7）关于碘吸附剂的标准

核反应堆在事故情况下会释放出大量气态放射性碘，人吸入放射性碘会对人体造成较强的内照射。因此，在核电站通风系统和安全壳空气清洗系统中都设有碘吸附器装置，用以去除空气和废气中的放射性碘。碘吸附器中装填的吸附剂通常为核级活性炭，它是采用 TEDA（三乙烯二胺）和 KI（碘化钾）为浸渍剂处理过的浸渍活性炭，对气态碘特别是活性炭基炭难以吸附的有机碘有着非常高的吸附效率。ASTM D3803-91（2014）规定了核级活性炭的标准测试方法，该试验方法是一个非常严格的程序，用于确定新的和使用过的活性炭从空气和气流中去除放射性标记的甲基碘化物的能力；ASTM D4069-95（2014）规定了用于从气流中去除气态放射性碘的纯浸渍活性炭的物理性质和性能要求。

（8）关于陶瓷材料的标准

随着陶瓷材料的发展，其材料性能中的一些薄弱环节像韧性差、难加工等方面得到了改善，再加上陶瓷材料本身具有的性能优点，使得陶瓷材料在核工业中得到了大量应用。目前陶瓷材料在核工业上的应用比较广泛、范围跨度大，主要应用在裂变堆中的核燃料、吸收棒吸收体和慢化剂等。

1）裂变反应堆的核燃料。该燃料可以分为金属型燃料元件、弥散型燃料元件和陶瓷型燃料元件三种，其中陶瓷型燃料元件即各种类型的陶瓷芯块或球体，主要化学成分为 UO_2。现在各反应堆主要使用的有：无其他添加成分的 UO_2 陶瓷芯块、添加了其他放射型金属氧化物的 MOX 燃料芯块、包覆型燃料颗粒。UO_2 陶瓷芯块主要应用于轻水堆与重水堆中，其中轻水堆需要低富集铀作燃料，而重水堆则可直接用天然铀作为燃料。关于 UO_2 的 ASTM 标准在关于堆芯的标准中已说明，这里不再赘述。MOX 燃料芯块主要用于快中子堆，但随着 20 世纪 80 年代中期以来快堆计划的推迟，轻水堆与重水堆使用 MOX 燃料芯块的研究也已经展开，其中某些轻水堆已经开始在堆料中配上一定数量的 MOX 燃料芯块，芯块的主要成分为 UO_2 与 PuO_2。ASTM C833-17 规定了用于轻水堆的烧结（铀-钚）二氧化物芯块的标准规范。ASTM C757-16e1 规定了用于轻水堆的核级 PuO_2 粉末的标准规范，该规范适用于各种同位素组成的 PuO_2。包覆性燃料指在燃料颗粒外层涂上特殊的涂层，用来约束裂变材料，阻挡裂变产物释放，目前应用于高温气冷堆。目前最先进的包覆型燃料颗粒为 TRISO 颗粒，这种颗粒的核芯一般为富集 UO_2。核芯外有四层包覆层，从内到外分别为疏松的热解碳层、各向同性的热解碳层、碳化硅层以及最外的各向同性热解碳层。

2）吸收棒吸收体。为了裂变反应的速率在一个预定的水平上，需用控制棒和安全棒（总称为吸收棒）对反应速率进行调节，其中控制棒用来补偿燃料消耗和调节反应速率，安全棒则用来快速停止反应。现行吸收棒内广泛应用于轻水堆、重水堆、高温气冷堆与快中子堆之中，使用的吸收体主要为 B_4C 粉末或是 B_4C 芯块。关于 B_4C 的 ASTM 标准在关于中子吸收材料的标准中已说明，这里不再赘述。

3）慢化剂。核裂变堆中的裂变反应是由中子轰击 ^{235}U 引起的，在轻水堆、重水堆和高温气冷堆中，相比中子裂变产生的快速中子，慢速中子更易引发 ^{235}U 裂变。因此，这些堆中需要能使中子速度减慢的材料，即为慢化剂。目前国际上通用的慢化剂包括水、石墨、铍、氧化铍（BeO）等，其中作为陶瓷材料的 BeO 被考虑作为未来的一种慢化剂。在 ASTM C708-16 中规定了用于制造核部件的核级 BeO 粉末的物理和化学要求。

3.2.2.4　未来发展及预判

随着核工业的迅速发展，ASTM 为了能继续在核电领域发挥着重要作用，保持在核电领域的领导地位和突出地位，各技术委员会也采取了一定措施。

（1）C26——核燃料循环（Nuclear Fuel Cycle）技术委员会

为了在未来五年内保持 C26 的领导地位，将专注于共识标准，以支持：①国际上对核材料商业化的关注；②乏核燃料和放射性废料的处理和安全临时储存；③美国和国际乏核燃料处置的实用和生产方法；④核裁军和不扩散活动；⑤核材料（燃料和靶）在开发用于核医学和其他应用新的/改进的同位素方面的应用。为了实现这一目标，该委员会将扩大 C26 分委员会的国际参与度（比利时、英国、法国、德国、日本、俄罗斯），开展持续计划：(Be Proactive/Dynamic) "Drive the system"，执行相关活动。

(2) E10——核技术和应用（Nuclear Technology and Applications）技术委员会

E10 于 2020 年 5 月 10 日至 15 日在瑞士洛桑的洛桑联邦理工学院（École Polytechnique Fédérale de Lausanne，EPFL）举行第 17 届反应堆剂量学国际研讨会，该研讨会由 EPFL 组织，由 ASTM E10 和欧洲反应堆剂量学工作组（EWGRD）联合主办。该研讨会的主题是辐射反应堆材料和反应堆实验的剂量学评估，包括辐射计量技术、数据库和标准化。主要议题包括以下领域：①实验技术、测量和监测；②计算方法；③反应堆监控、工厂寿命管理和退役；④核数据、不确定性和调整；⑤基准和比对；⑥测试和研究反应堆中的剂量测定，包括加速器和聚变反应。该研讨会将对参与反应堆剂量测定的人员，包括研究人员、制造商及来自工业、公共事业和监管机构的代表具有重要意义。

结合当前世界核工业的发展现状，以及已有标准在实施过程中的实际情况，ASTM 不仅对于先前制定的核材料标准进行了修订，同时还恢复了部分以前撤回的标准。其中修订的标准有：WK40951 C859-10b——与核材料有关的标准术语修订版；WK66218 D7219-08 2014——各向同性和近各向同性核石墨的标准规范修订版（删除了对灰含量的错误引用）；WK68711 C781-18——气冷核反应堆部件用石墨材料试验的标准实施规程修订版（删除了对 C562 的引用，因为在先前的修订版中省略了计算石墨比热的公式）；WK60449 B349/B349M-16——核用海绵锆和其他形式未加工金属标准规范修订版（增加了工作项的创建以设置协作区域）；WK66839 D5139-12——核电站用涂层评定试验样品制备标准规范修订版（将 6.2 节中对标准 C150 的引用更新为 C150/C150M Ⅰ型或Ⅱ型低碱，这是因为 D5139 被投票赞成重新批准，否决票建议按照被许可方的要求对引用进行更新）；WK68633 C787-15——浓缩六氟化铀标准规范修订版；WK68632 C996-15——浓缩至 5%^{235}U 以下六氟化铀标准规范修订版；WK4475 C757-90（2002）——可烧结核级二氧化钍粉末标准规范修订版；WK68982 C968-12——分析烧结氧化钆–二氧化铀颗粒的标准测试方法修订版（添加了所需的术语部分、必需的关键字）。

重新恢复的标准有：WK42217 A771/A771M-95（2001）——用于液态金属冷却反应堆堆芯部件的无缝奥氏体和马氏体不锈钢管标准规范恢复（2004 年撤回），这是因为 S42100 不锈钢应用的复兴；WK18019 C1065-93——核级氧化锆粉末的标准规范恢复（1994 年撤回），这是因为该产品仍被供应商和制造商使用，希望恢复规范使产品能够达到一个国际公认的一致标准；WK18020 C1098-93——核级氧化铪粉末的标准规范恢复，这也是因为该产品仍被供应商和制造商使用。

3.2.3 美国核学会

3.2.3.1 概况、职责与使命

美国核学会（American Nuclear Society，ANS）是一家有关科学和教育的国际化非营利性组织，由核科学和技术领域相关专家于 1954 年 12 月 11 日在美国华盛顿国家科学院创立，总部设在美国伊利诺伊州的拉格兰奇。其核心目标是提升核科学和技术应用的意识和

实践，进一步造福社会。其愿景是希望核技术能够通过改善人们的生活及保护地球而受到更多人的认可和关注。发展至今，学会已有约 11 000 名会员，包括工程师、科学家、管理者和教育家等。学会由 4 名理事及从会员中选举出来的理事会管理[1]。

20 世纪 50 年代中期，当时各界开始积极讨论对如何安全地利用核科学技术改善美国甚至全世界人民的生活。美国德怀特·戴维·艾森豪威尔总统 1953 年向联合国大会发表了《原子能为和平服务》的演说，提出利用国际知识共享来促进民用核科学和技术的发展。虽然当时许多学会已经拥有核研究部门或组织，但多数专家认为需要一个新的、更有针对性的核机构。基于此，1954 年美国核学会作为一家非营利的国际性、科学性、工程和教育组织而成立，之后迅速扩大研究规模与研究深度。

20 世纪 50 年代中后期，构成 ANS 的重点组织已基本成型。1955 年 6 月，ANS 召开了第一次年会，并选举了第一任主席。1956 年 3 月，ANS 发布了第一本杂志——《核科学与工程》，并于 1956 年 11 月成立标准委员会。到 20 世纪 50 年代末，ANS 已经拥有 3 个专业部门，14 个本地部门和 11 个学生分支机构。

在 20 世纪 60 年代，由于美国和其他国家兴建核电站，并将核技术应用到航天航空等各个领域，ANS 发展迅速。到 20 世纪 60 年代末，ANS 已经拥有 12 个专业部门，28 个本地部门，40 个学生分支机构，3 本期刊，并且每年举办两次全国会议和多次主题会议。

20 世纪 70 年代，ANS 成为更加具有国际潜力的组织，影响力开始拓展到海外。20 世纪 80 年代，由于政府对管控放射性废料的重视程度不断提高，ANS 成立了燃料循环和废料管理部门。20 世纪 90 年代，由于工业领域的融合，ANS 在华盛顿特区的知名度明显提高，实现了第一个专业指导的战略计划，致力于为核领域提供优质的从业人员。

随着历史的推进，ANS 也在不断地发展，并继续为核科学技术的使用和发展做出贡献。目前，ANS 的产品和服务主要包括会议、出版物、标准、宣传报道、奖学金、讲习培训班等形式[2]。

ANS 是 ANSI 认可的标准组织，负责核领域的标准制定工作，具体负责的技术领域如下：①核临界安全；②核领域使用的技术术语定义；③使用放射性同位素的设备和放射性物质的远程处理；④反应堆和危险设备研究；⑤反应堆物理学和放射性屏蔽；⑥核领域计算机程序的使用；⑦核设备的位置要求；⑧核电站工厂设计，包括安全要求和工厂系统准则；⑨反应堆操作和操作者培训及选择；⑩燃料设计、处理和储存；⑪放射性废物管理；⑫裂变产品性能。需特别注意的是，ANS 不负责医用放射性标准的制定。

3.2.3.2　组织架构

ANS 的标准制定工作由标准理事会（Standards Board）领导。下设有 ANS 标准委员会，7 个协调委员会，1 个 ANS/ASME 核风险管理联合委员会（JCNRM），若干分委员会和工作组[3]，具体如图 3.6 所示。

---

[1]　http://www.ans.org/about.
[2]　http://www.ans.org/about/history.
[3]　郭德华. 美国核学会. 标准科学, 2004, (10): 54-55.

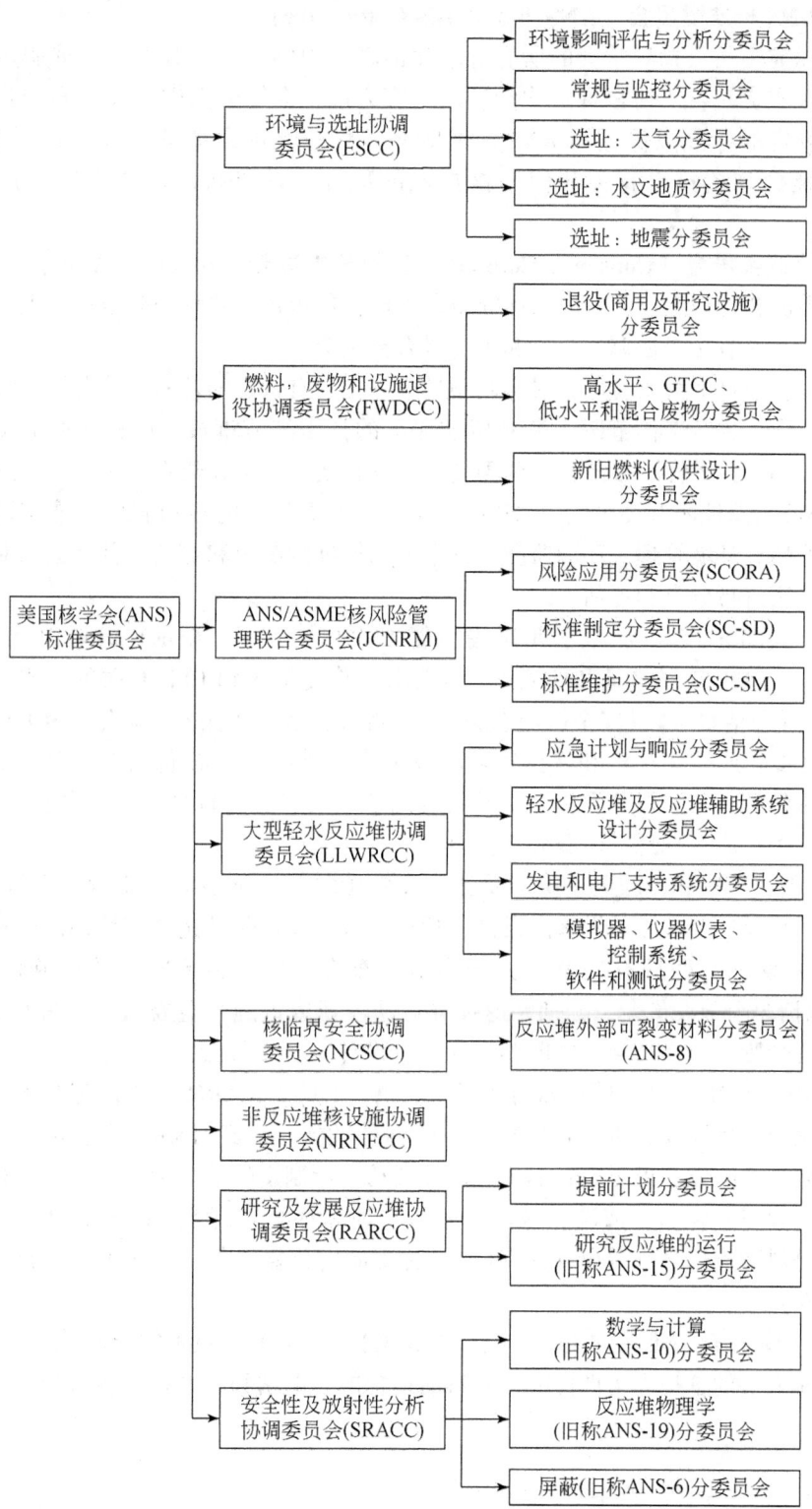

图 3.6 美国核学会的组织架构

(1) ANS 标准委员会（ANS-Standards Committee）

ANS 标准委员会指导学会的所有标准化活动，由学会内所有参与标准制定的人员组成。其工作职责是：①协调标准化活动的所有方面，向学会提供标准方面的建议并评议其他组织制定的标准以保证与 ANS 标准的一致性；②确定新标准和修订标准的需求；③制定和维护与核技术有关和使用核技术的部件、系统和设备的设计、分析和操作标准。

(2) 协调委员会（Consensu Committee）及分委员会（Subcommittees）

协调委员会管理工作范围内的标准制定工作，负责建立和管理分委员会及工作组的活动。目前，ANS 有 7 个协调委员会和 1 个联合委员会。

分委员会由每个协调委员会或协调委员会建立，有特定的技术工作范围，建立和管理工作组的工作，进行工作范围内所有标准提案的技术细节审核，审核标准提案的技术需求、适当性和可接受性。目前，协调委员会和联合委员会下共建立了 21 个分委员会。

1) 环境与选址协调委员会（ESCC）。ESCC 负责为核电站和非反应堆核设施进行选址、环境评估、环境管理、环境监测等各个方面标准的制定和更新，并对公共和私营部门核设施的危害进行分类和评估。

目前，大部分 ESCC 标准满足民用核能工业和能源部（DOE）会议 10 CFR 50、10 CFR 51 和 10 CFR 52 的选址和环境的许可要求，并遵守与 40 CFR 相关的法规，例如《清洁空气法》《清洁水法》《安全饮用水法》《资源保护和回收法》《综合环境响应补偿和责任法》《有毒物质控制法》和《国家环境政策法》等①。ESCC 包括 5 个分委员会，分别是：环境影响评估与分析分委员会、常规与监控分委员会、选址：大气分委员会、选址：水文地质分委员会、选址：地震分委员会。

2) 燃料，废物和设施退役协调委员会（FWDCC）。FWDCC 负责制定和维护关于新、旧燃料的运输及储存，相关设施的设计、操作、维护及操作员选择和培训的标准。包括各类不同等级废料的处理设备及服务于商业、教育、研究和政府相关设施的退役等②。FWDCC 包括 3 个分委员会，分别是退役（商用及研究设施）分委员会，高水平、GTCC、低水平和混合废物分委员会、新旧燃料（仅供设计）分委员会。

3) ANS/ASME 核风险管理联合委员会（JCNRM）。JCNRM 负责制定和维护安全、风险标准，完成概率风险分析（PRA）和风险评估的方法。经 ANS 标准委员会和 ASME 标准与认证委员会同意，可开展其他相关标准活动。所制定的标准和方法适用于核设施的设计、开发、建设、运行、清洗、退役、废物管理和环境恢复③。JCNRM 包括 3 个分委员会，分别是风险应用分委员会（SCORA）、标准制定分委员会（SC-SD）、标准维护分委员会（SC-SM）。

4) 大型轻水反应堆协调委员会（LLWRCC）。LLWRCC 负责制定和维护设计、运营、操作等工作人员的选择和培训标准，对目前运营的核电站和未来拥有轻水慢化反应堆、水

---

① http://www.ans.org/standards/committees/escc.
② http://www.ans.org/standards/committees/fwdcc.
③ http://www.ans.org/standards/committees/jcnrm.

冷反应堆的核电站的质量要求。这些标准包括反应堆岛、核电站平衡及核电站边界内影响安全及运行的其他系统①。LLWRCC 包括 4 个分委员会，分别是应急计划与响应分委员会，轻水反应堆及反应堆辅助系统设计分委员会，发电和电厂支持系统分委员会，模拟器、仪器仪表、控制系统、软件和测试分委员会。

5）核临界安全协调委员会（NCSCC）。NCSCC（旧称 N16）负责准备和维护确定反应堆外部裂变材料的核临界可能性的标准，预防意外或减轻事故程度，防止处理、储存、运输、加工可裂变核素等活动中发生链式核反应。NCSCC 有 1 个分委员会，即反应堆外部可裂变材料分委员会（ANS-8）。从其范围来看，该委员会的目标是"在处理、储存、运输、加工裂变核素的所有程序中为预防链式核反应建立标准"。②

6）非反应堆核设施协调委员会（NRNFCC）。NRNFCC 负责制定和维护非反应堆核设施的安全分析、设计、维护及操作人员选择和培训的标准，包括使用放射性同位素的设施、放射性物质的远程处理、燃料加工、混合氧化物燃料处理及除乏燃料外的其他燃料的循环设施等。NRNFCC 没有分委员会③。

7）研究及发展反应堆协调委员会（RARCC）。RARCC 负责制定和维护设计、操作、维护包括脉冲临界设施，用于生产工业、教育和医疗用同位素的反应堆及先进的非大型轻水堆的质量要求。其范围主要包括：水冷和非水冷小型模块化反应堆、Ⅲ+代和Ⅳ代反应堆及非轻水冷却/慢化大型商用反应堆。RARCC 标准主要包括：核岛的设计和运行、核电站的平衡及核电站边界内影响安全的其他系统。RARCC 包括 2 个分委员会，分别是提前计划分委员会、研究反应堆的运行（旧称 ANS-15）分委员会④。

8）安全性及放射性分析协调委员会（SRACC）。SRACC 负责为核设施、屏蔽材料、屏蔽分析方法、安全分析等方法与代码的制定和维护提供统一标准。SRACC 包括 3 个分委员会，分别是反应堆物理学（旧称 ANS-19）分委员会、数学与计算（旧称 ANS-10）分委员会、屏蔽（旧称 ANS-6）分委员会⑤。

(3) 工作组（Working Gorups）

工作组由分委员会建立，负责制定新标准和修改现有标准。工作组一般由 12 人组成，每个人都起草 ANS 标准，决定标准的修订，对标准的要求做出声明和解释。很多工作组在每年的 6 月和 11 月召开会议，一些工作组则通过电话、电子邮件和传真进行工作联系。现在一些工作组开始使用网络进行通信。这些工作组的网页提供了委员会成员与公众间共享标准草案和讨论标准状况的场所，也提供了委员会情况，如会议日期和通知、标准讨论等。ANS 标准同其他标准组织制定的标准一样，是规定设备的设计、制造、操作要求的文件，也制定计算机固件和软件标准。所有的 ANS 标准都通过 ANSI 程序制定，都得到 ANSI 的批准，作为美国国家标准出版。ANS 任何标准都是自愿采用的，不强求任何个人或组织遵守标准中的要求，即使对参加标准制定和投票的个人或组织也是如此。但当一个标准被

---

① http://www.ans.org/standards/committees/llwrcc.
② http://www.ans.org/standards/committees/ncscc.
③ http://www.ans.org/standards/committees/nrnfcc.
④ http://www.ans.org/standards/committees/rarcc.
⑤ http://www.ans.org/standards/committees/sracc.

联邦政府机构采用后，它即成为强制法规的一部分，如一些 NRC 条例指南、联邦条例规范中参照了 ANS 标准①。

3.2.3.3 标准化工作

ANS 的标准制定工作通过 ANS 标准委员会、协调委员会、分委员会和工作组层层递进，各分委员会围绕其主题范围进行标准拓展。从图 3.7 来看，2010 年以前，ANS 制定的标准数量稳定增长，2010 年之后，尤其是 2013～2017 年，ANS 制定的标准数量增幅明显增大，5 年共制定了 29 件。

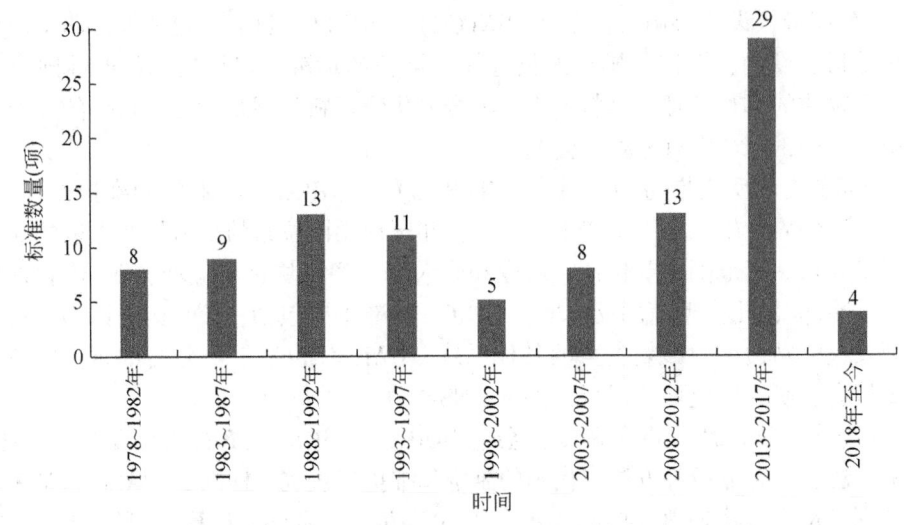

图 3.7 1978 年至今 ANS 每 5 年制定的标准数量变化情况

目前，ANS 官网依据"nuclear"可以检索到共 103 件标准（含撤回标准），制定标准的名称、编号、参与机构等内容见附件 2。ANS 标准委员会一直致力于不断丰富不同主题的标准，目前各分委员会的现行标准数量共 87 件，拟议/进行中的标准数量共 65 件。其中，现行标准数量最多的是安全性及放射性分析协调委员会（SRACC），有 19 件；最少的为非反应堆核设施协调委员会（NRNFCC），仅有 1 件。由此可见，ANS 对核电站的安全性与放射性尤为重视。随着核相关技术的发展，ANS 标准指定方向的重点也发生了变化，拟议/进行中的标准数量最多的协调委员会是大型轻水反应堆协调委员会（LLWRCC），有 17 件，可见 ANS 在巩固和更新传统核心领域的基础上，更加关注新技术发展对标准的影响，不断拓展标准覆盖的方向。

ANS 标准委员会下设协调委员会分管各个领域的标准制定工作，协调委员会则依靠分委员会细化标准制定的方向，有针对性地进行标准的规划、修改与更新。表 3.16 是各协调委员会及其下设分委员会的现行标准数量与拟议/进行中的标准数量。

---

① 郭德华. 美国核学会. 标准科学, 2004, (10): 54-55.

表 3.16　各委员会现行标准数量及拟议/进行中的标准数量

协调委员会	分委员会	现行标准数量（件）	拟议/进行中的标准数量（件）
环境与选址协调委员会（ESCC）	选址：地震分委员会	7	1
	选址：大气分委员会	4	3
	选址：水文地质分委员会	1	6
	常规与监控分委员会	3	1
	环境影响评估与分析分委员会	0	1
燃料，废物和设施退役协调委员会（FWDCC）	退役（商用及研究设施）分委员会	0	1
	高水平、GTCC、低水平和混合废物分委员会	2	5
	新旧燃料（仅供设计）分委员会	4	4
ANS/ASME 核风险管理联合委员会（JCNRM）	标准制定分委员会	5	4
	标准维护分委员	1	5
	风险应用分委员会	0	0
大型轻水反应堆协调委员会（LLWRCC）	模拟器、仪器仪表、控制系统、软件和测试分委员会	6	3
	发电和电厂支持系统分委员会	2	6
	轻水反应堆及反应堆辅助系统设计分委员会	4	3
	应急计划与响应分委员会	0	5
核临界安全协调委员会（NCSCC）	反应堆外部可裂变材料分委员会（ANS-8）	18	1
非反应堆核设施协调委员会（NRNFCC）	—	1	2
研究及发展反应堆协调委员会（RARCC）	研究反应堆的运行（旧称 ANS-15）分委员会	9	1
	提前计划分委员会	1	5
安全性及放射性分析协调委员会（SRACC）	反应堆物理学（旧称 ANS-19）分委员会	8	4
	屏蔽（旧称 ANS-6）分委员会	7	2
	数学与计算（旧称 ANS-10）分委员会	4	1

各协调委员会和分委员会的标准内容如下所示。

(1) 环境与选址协调委员会（ESCC）①

1) 环境影响评估与分析分委员会。目前没有现行标准，正在进行对核设施的施工、运营和报废标准的制定（ANS-2.35）。

2) 常规与监控分委员会。现行标准主要围绕估计当前和预测未来核设施周围人口分布（ANS-2.6-2018）、低放射性废物短期试验方法（ANS-16.1-2019）、废物放射性数据的验证和确认［ANS-41.5-2012（R2018）］等方向展开。

3) 选址：大气分委员会。现行标准主要围绕龙卷风、飓风等极端大气环境条件下的安全标准［ANS-2.3-2011（r2016）］、常规大气条件下，核辐射扩散影响的建模与计算［ANS-2.15-2013（R2017）］、终极散热器对大气影响的评估标准［ANS-2.21-2012（R2016）］、不同气象条件下核设施标准（ANS-3.11-2015）等方向展开。

4) 选址：水文地质分委员会。现行标准主要围绕地下放射性核素的评估标准［ANS-2.17-2010（R2016）］展开。

5) 选址：地震分委员会。现行标准主要围绕核电站地震仪器的标准、（ANS-2.2-2016）、核设施地震检测及处理的仪器标准（ANS-2.10-2017）、核电站地震响应机制标准（ANS 2.23-2016）、核设施结构及系统的抗震设计标准［ANS-2.26-2004（R2017）］、核设施能承受的地震危险性评估标准［ANS-2.27-2008（R2016）］、概率分析标准［2.29-2008（R2016）］、核设施构造面断层破裂程度评估标准（ANS 2.30-2015）等展开。

(2) 燃料，废物和设施退役协调委员会（FWDCC）②

1) 退役（商用及研究设施）分委员会。目前没有现行标准，正在进行反应堆报废标准［ANS-15.10（W2004）］的研究。

2) 高水平、GTCC、低水平和混合废物分委员会。现行标准主要围绕移动式低放射性废物处理系统［ANS-40.37-2009（R2016）］、轻水堆核电站固体放射性废物处理系统［ANS-55.1-1992（R2017）］等方面展开。

3) 新旧燃料（仅供设计）分委员会。现行标准主要围绕轻水反应堆燃料装卸系统设计要求［ANS-57.1-1992（R2015）］、轻水反应堆核电站新燃料储存设施的设计要求［ANS-57.3-2018］、燃料组件标识标准［ANS 57.8-1995（R2017）］、轻水反应堆乏燃料固结设计准则［ANS-57.10-1996（R2016）］等方面展开。

(3) ANS/ASME 核风险管理联合委员会（JCNRM）③

1) 风险应用分委员会。无现行标准与拟议/进行中的标准。

2) 标准制定分委员会。现行标准主要围绕低功耗和关机模式下的内、外部1级危险的 PRA 要求（ANS/ASME-58.22-2014）、严重事故进展分析（ASME/ANS RA-S-1.2-2014）、用于支持商业核电站风险决策的 PRA（ASME/ANS RA-S-1.3-2017）、非轻水反应堆（LWR）核电站的风险概率评估（PRA）标准（ASME/ANS RA-S-1.4-2013）、高级轻水反应堆（ASME/ANS RA-S-1.5）等方向展开。

---

① http://www.ans.org/standards/committees/escc.
② http://www.ans.org/standards/committees/fwdcc.
③ http://www.ans.org/standards/committees/jcnrm.

3）标准维护分委员会（SC-SM）：现行标准主要围绕包括电源、洪水、火灾等5种情况下的核电站维护标准（ASME/ANS RA-S）展开。

（4）大型轻水反应堆协调委员会（LLWRCC）①

1）应急计划与响应分委员会。目前没有现行标准，正在进行围绕核设施辐射应急组织标准［ANS-3.8.1（W2005）］，核设施辐射应急功能和物理特性标准［ANS-3.8.2（W2005）］，辐射应急预案、实施程序及维持应急能力标准［ANS-3.8.3（W2005）］，应急响应、辐射现场监测及取样等的评估［ANS-3.86（W2005）］，核设施应急演习的规划、发展、实施和评估［ANS-3.8.7（W2008）］等方面的标准研究。

2）轻水反应堆及反应堆辅助系统设计分委员会。现行标准主要围绕轻水堆正常运行时使用的术语（ANS-18.1-2016）、压水堆辅助给水系统［ANS-51.10-1991（R2018）］、轻水堆安全流体系统［ANS-58.9-2002（R2015）］、轻水堆安全和压力完整性分级标准［ANS-58.14-2011（R2017）］等方向展开。

3）发电和电厂支持系统分委员会。现行标准主要围绕安全方面的应急柴油发电机燃油系统［ANS-59.51-1997（R2015）］及应急柴油发电机润滑油系统［ANS-59.52-1998（R2015）］等方向展开。

4）模拟器、仪器仪表、控制系统、软件和测试分委员会。现行标准主要围绕核电站人员的选择和培训（ANS-3.1-2014），核电站运行阶段的管理、行政和质量控制［ANS-3.2-2012（R2017）］，核电站操作人员的医疗水平认证［ANS-3.4-2013（R2018）］，核电站操作人员的培训和考试模拟器（ANS-3.5-2009），安全壳系统泄漏试验的要求［ANS-56.8-2002（R2016）］，操作人员的应急响应时间的标准［ANS-58.8-1994（R2017）］等方向展开。

（5）核临界安全协调委员会（NCSCC）②

NCSCC有1个分委员会，即反应堆外部可裂变材料分委员会（ANS-8），共有18个现行标准。现行标准主要围绕反应堆外部可裂变材料的核临界安全（ANS-8.1-2014）、临界事故报警系统［ANS-8.3-1997（R2017）］、硼硅酸盐玻璃拉希格圈作为中子吸收剂在裂变材料溶液中的应用［ANS-8.5-1996（R2017）］、亚临界状态时的中子增值系数［ANS-8.6-1983（R2017）］、存储裂变材料的核临界安全［ANS-8.7-1998（R2017）］、核临界安全控制标准（ANS-8.10-2015）、反应堆外部钚铀燃料混合物的核临界控制和安全性［ANS-8.12-1987（R2016）］、中子吸收器在反应堆外部核设施中的应用［ANS-8.14-2004（R2016）］、特殊锕系元素的核临界控制（ANS-8.15-2014）、反应堆外部轻水堆燃料装卸、储存和运输的临界安全标准［ANS-8.17-2004（R2014）］、核临界安全管理规程（ANS-8.19-2014）、核临界安全培训［ANS-8.20-1991（R2015）］、固定中子吸收器在反应堆外核设施中的应用［ANS-8.21-1995（R2011）］、慢化剂的核临界安全［ANS-8.22-1997（R2016）］、核临界事故应急计划［ANS-8.23-2007（R2012）］、中子输运方程（ANS-8.24-2017）、临界安全工程师培训和资格认证［ANS-8.26-2007（R2016）］、轻水堆燃料

---

① http://www.ans.org/standards/committees/llwrcc.
② http://www.ans.org/standards/committees/ncscc.

的燃耗信用（ANS-8.27-2015）等方面展开。

（6）非反应堆核设施协调委员会（NRNFCC）[①]

NRNFCC没有分委员会，目前为止共有1条现行标准和2条拟议/进行中的标准。其中，现行标准是围绕非反应堆核设施的分类和设计标准（ANS-58.16-2014）展开；拟议/进行中的标准则分别是关于非反应堆核设施老化管理（ANS-3.14）和非反应堆核设施综合安全评估（ANS-57.11）两个方向。

（7）研究及发展反应堆协调委员会（RARCC）[②]

1）提前计划分委员会。现行标准主要围绕模块化氦冷却核反应堆的安全设计标准［ANS-53.1-2011（R2016）］展开。

2）研究反应堆的运行（旧称ANS-15）分委员会。现行标准主要围绕核关键试验［ANS-1-2000（R2019）］、快脉冲反应堆的运行［ANS-14.1-2004（R2019）］、反应堆技术规范的制定［ANS-15.1-2007（R2018）］、板式铀铝燃料元件的质量控制［ANS-15.2-1999（R2016）］、反应堆操作人员的选择和培训［ANS-15.4-2016］、反应堆质量保证计划要求［ANS-15.8-1995（R2018）］、反应堆的辐射防护（ANS-15.11-2016）、反应堆应急计划（ANS-15.16-2015）、反应堆安全分析报告格式及内容标准、［ANS-15.21-2012（R2018）］等方面展开。

（8）安全性及放射性分析协调委员会（SRACC）[③]

1）反应堆物理学（旧称ANS-19）分委员会。现行标准主要围绕轻水堆衰变热功率（ANS-5.1-2014）、反应堆所需核数据集（ANS-19.1-2019）、核电反应堆稳态中子反应速率［ANS-19.3-2011（R2017）］、核反应堆中沉积速率的测定［ANS-19.3.4-2002（R2017）］、核动力反应堆（ANS-19.4-2017）、压水堆换料［ANS-19.6.1-2011（R2016）］、压水堆、沸水堆压力容器及堆内构件中子［ANS-19.10-2009（R2016）］、影响压水堆慢化剂反应性的温度系数的计算与测量（ANS-19.11-2017）等方面展开。

2）数学与计算（旧称ANS-10）分委员会。现行标准主要围绕核工业中非安全相关的科学与工程计算机程序［ANS-10.4-2008（R2016）］、适应科学与工程计算机软件开发的用户需求［ANS-10.5-2006（R2016）］、核工业中软件开发人员要求［ANS-10.7-2013（r2018）］、核工业中软件用户需求（ANS-10.8-2015）等方面展开。

3）屏蔽（旧称ANS-6）分委员会。现行标准主要围绕氧化物燃料中挥发性裂变产物释放量的计算（ANS-5.4-2011）、非反应堆核设施的气体释放量［ANS-5.10-1998（R2013）］、核电站辐射防护和屏蔽［ANS-6.1.2-2013（R2018）］、轻水反应堆辐射屏蔽试验程序［ANS-6.3.1-1987（R2015）］、核电站混凝土辐射屏蔽功能设计［ANS-6.4-2006（R2016）］、辐射屏蔽材料规范［ANS-6.4.2-2006（R2016）］、轻水堆核电站的γ辐射（ANS-6.6.1-2015）等方面展开。

ANS发布的重要核材料标准主要有8项，具体如表3.17所示。

---

① http://www.ans.org/standards/committees/nrnfcc.
② http://www.ans.org/standards/committees/rarcc.
③ http://www.ans.org/standards/committees/sracc.

表 3.17 ANS 发布的重要核材料标准信息

序号	标准号	标准名称	技术委员会	标准概述	发布日期
1	ANSI/ANS-8.12-1987 (R2016)	反应堆外部钚-铀燃料混合物的核临界控制与安全（Nuclear Criticality Control and Safety of Plutonium-Uranium Fuel Mixtures Outside Reactors）	反应堆外部可裂变材料分委员会	该标准适用于与核反应堆外部钚-铀氧化物燃料混合物相关的各项操作。该标准提出了有关钚-铀燃料混合物的各项基本标准，该燃料混合物为单一形态单位，其中钚含量不超过 30 wt%，铀含量不超过 0.71 wt% ^{235}U。除此之外，均匀水性混合物（溶液）的限制适用于均匀成混合物的颗粒均匀分布且直径不大于 127mm（0.005in），即能够通过 120 目筛内。该标准又包括管理控制、工艺或设备设计、控制工艺满足说明或运输裂变材料时应满足的详细标准	1987 年 9 月 11 日
2	ANSI/ANS-57.8-1995 (R2017)	燃料组件识别（Fuel Assembly Identification）	新旧燃料（仅供设计）分委员会	该标准描述了核电站所用燃料的所有标识要求。它主要是为商用轻水反应堆而开发的，也可用于离散燃料规定的任何反应堆燃料。依据该标准包含中包含的任何反应堆燃料组件的序列号对这些燃料组件进行标识。该标准又了用于分配燃料组件标识的字符和建议顺序	1995 年 4 月 6 日
3	ANSI/ANS-8.3-1997 (R2017)	危急事故报警系统（Criticality Accident Alarm System）	反应堆外部可裂变材料分委员会	该标准适用于钚、^{233}U、浓缩铀 ^{235}U 和其他可裂变材料，并导致人员意外情况下、在这些操作、在这些操作中，可能会发生意外临界的辐射剂量下的情况。满足该标准的操作仪表要求时，不需要设施的附加设备。当设施视为管理特权的行政行为，也不包括仪表单独的具体设计和说明。核事故也不在该标准描述的范围内参数也不在该标准描述的范围内	1997 年 5 月 28 日
4	ANSI/ANS-2.17-2010 (R2016)	商业核电厂地下放射性核素转移的评估（Evaluation of Subsurface Radionuclide Transport at Commercial Nuclear Power Plants）	选址：水文地质分委员会	该标准规定了评估商业核电站因放射性核素异常释放而引起的地下放射性核素产生和转移的要求。该标准适用于影响地下水的异常放射性核素释放，地下水源受水及地表水过渡区带的暴露途径（包括穿过地下水-地表水过渡区带的暴露途径）	2010 年 12 月 23 日

续表

序号	标准号	标准名称	技术委员会	标准概述	发布日期
5	ANSI/ANS 5.1-2014 (R2019)	轻水反应堆中的衰变热功率（Decay Heat Power in Light Water Reactors）	反应堆物理学（旧称 ANS-19）分委员会	该标准规定了对使用 ^{235}U 和 ^{238}U 核燃料的轻水反应堆（LWRs）停堆后裂变产物的衰变热功率值。规定了 ^{239}U 和 ^{239}Np 的衰变热功率及所有其他锕系元素的贡献。该标准所描述的方法考虑了反应堆的运行历史、裂变产物的中子俘获效应及由此产生的衰变热功率的不确定性评估方法	2014年11月4日
6	ANSI/ANS 8.10-2015	核屏蔽与约束操作中核临界安全准则（Criteria for Nuclear Criticality Safety Controls in Operations With Shielding and Confinement）	反应堆外部可裂变材料分委员会	该标准适用于堆外的操作。屏蔽与约束在使用 ^{235}U、^{233}U、^{239}Pu 和其他可裂变材料的核反应堆中是用来保护员工和公众安全的，准则在此情况下用于安全控制。该标准不适用于任何受控条件下这些可裂变材料的组装，比如在临界实验中。同时，该标准也不包括管理中的细节，这些细节是管理相关的。包括与程序设计和设备设计相关的细节，或者过程	2015年2月12日
7	ANS 18.1-2016	轻水反应堆正常运行的放射源术语（Radioactive Source Term for Normal Operation of Light Water Reactors）	轻水反应堆及反应堆辅助系统设计分委员会	该标准提供了一组典型的放射性核素浓度，用于估算轻水反应堆主要流体系统中的放射性，并预测放射性物质预期释放量。这些值不是设计时的一依据，而是应用于合适的运行条件和核电站寿命期间的其他地方	2016年11月1日
8	ANS 57.3-2018	轻水反应堆核电站新建燃料存储设施的设计要求（Design Requirements for New Fuel Storage Facilities at Light Water Reactor Plants）	新旧燃料（仅供设计）分委员会	该标准规定了轻水反应堆核电站新建燃料干式储存设施的必要功能。它规定了在此类核电站安全储存核燃料和控制部件的最低设计要求。该标准所涵盖的燃料储存设施用于接收、检查和储存含有新的、回收的和混合氧化物的燃料。该标准的基础是确保以高效经济的方式进行设施的设计，主要要求是：①排除临界性；②确保对新建燃料组件、控制部件、核电站工作人员和公众的保护；③保持尽可能合理的低辐射暴露状态	2018年3月20日

3.2.3.4　未来发展及预判

美国的核能行业正处于十字路口。ANS 的目标是应对一系列重大技术性核挑战，使核技术带来的经济、政治和社会效益继续造福人类。基于此，ANS 于 2018 年 7 月发布了其最新战略规划。主要包括以下两个方面①。

(1) 指导原则

1) 满足需求。ANS 的产品、服务、出版物、活动及政策需要充分满足成员和利益相关者的需求，将其偏好与 ANS 的具体工作相结合，充分发挥学会价值，解决成员及利益相关者的实际问题。

2) 拥有远见。现代社会的发展迅速，核科学技术发展的需求和目标也在不断变化。ANS 希望能够预测需求与机会，提早制定政策并采取行动，使 ANS 的产品和服务能够影响社会的进一步发展。

3) 扩大影响。核科学技术对社会发展至关重要，为生产和生活带来了一系列的好处。ANS 希望通过产品、服务及宣传活动，使社会各界更加关注核科学技术的发展，同时进一步提高 ANS 的国际影响力。

4) ANS。核科学技术的发展需要来自不同领域、兴趣、背景和经验的专业人员组成。ANS 希望创造并领导一个多元化且统一的核科学技术研究组织，集合各领域的资源、人才等，共同造福社会。

(2) 工作目标

1) 促进会员的专业化发展：①丰富职业生涯；通过提供高价值的资源和机会来提高会员的知识、技能和能力；②促进核科学技术相关领域专业人员、各国专业人员之间的合作互联的网络建设；③表彰突出贡献者；授予行业领先的专业人士荣誉和奖项。

2) 促进核技术创新：①构思并提供能够实现信息共享，推进核技术发展的主题论坛和产品；②鼓励并制作信息丰富的技术出版物和产品，强调核技术的重要性并推动全球核技术的发展；③领导核科学、工程和技术等方面标准的制定，促进先进反应堆的实施和商业化。

3) 善于吸引和告知公众和学生：①吸引公众，强调核技术给人类日常生活带来的诸多好处；②通过 K-12 阶段 STEM 教育提高学生对核技术的热情，向美国的所有学生开放核技术相关课程；③倡导并投资核科学、工程和技术事业，促进学生参与，培养下一代核技术人才。

4) 成为核技术倡导者：①培养基层力量，使会员、公众和决策者之间能够有效沟通；②主持国内和国际关于核科学技术重大发展的公开讨论，领导国际宣传工作；③通过直接对话及有影响力的书面、视频和线上材料，为决策者提供有效的建议。

美国核学会（ANS）最新的核标准趋势主要表现在制定阶段和试运行阶段的标准。ANS 核标准的制定需经历 4 个阶段：申请启动阶段、拟定阶段、投票阶段和批准阶段。目

---

① http://www.ans.org/about/plan.

前 ANS 处于这四个阶段的标准情况如下所示①。

（1）申请启动阶段：批准启动拟议的标准项目

标准项目在开始起草标准之前，必须通过项目启动通知系统（PINS），并将其提交给美国国家标准协会（ANSI）。表 3.18 是目前正在 PINS 中处于制定和/或批准过程中的标准。

表 3.18 ANS 申请启动阶段的标准

标准号	标准名称	备注
ANS-2.18-201x	核电站地表水中放射性核素迁移评估	拟议的新标准，名称待定
ANS-2.26-201x	核设施结构、系统和抗震部件的分类	ANSI/ANS-2.26-2004（R2017）的拟议修订版
ANS-2.32-201x	地下污染修复方法的选择和评估	拟议的新标准
ANS-3.15-201x	网络安全标准	拟议的新标准，名称待定
ANS-3.16-201x	荒地火灾响应的气象因素	拟议的新标准，名称待定
ANS-8.22-201x	基于限制和控制慢化剂的核临界安全标准	ANSI/ANS-8.22-1997（R2016）的拟议修订版
ANS-56.1-201x	安全壳氢控制标准	拟议的新标准，名称待定
ANS-56.2-201x	流体系统的安全壳隔离规定	拟议新标准，取代 ANS-56.2-1984（W1999）
ANS-57.9-201x	独立乏燃料储存装置（干式）的设计标准	拟议新标准，取代 ANS-57.9-1992（R2000）（W2010）
ANS-60.1-201x	出口管制标准	拟议的新标准，名称待定

ANS 处于此阶段的核标准主要是围绕核电站放射性核素的控制及对环境造成污染后的修复、内外部灾害和安全预警、燃料的储存等方面展开。未来 ANS 将更加重视实现闭式核燃料循环；支持先进裂变反应堆、加速器和材料循环技术的示范和部署，以便在获得最大价值的同时将环境影响降至最低。同时，确保放射性同位素供应的可持续性，并且在不同条件下将危害降到最低。

（2）拟定阶段：草拟过程

通过申请启动阶段的工作之后，ANS 制定的核标准开始进入拟定阶段。表 3.19 的标准已经通过 PINS 并正在拟定阶段中。

表 3.19 ANS 拟定阶段的标准

序号	标准号	标准名称	备注
1	ANS-1-201x	关键实验进行的标准	ANSI/ANS-1-2000（R2012）修订版
2	ANS-2.16-201x	防止核设施意外泄漏设计标准	新标准
3	ANS-2.21-201x	评估大气对最终热沉影响的标准	ANSI/ANS-2.21-2012（R2016）修订版
4	ANS-2.22-201x	核设施运行时的环境辐射监测	新标准

---

① http://www.ans.org/standards/new.

续表

序号	标准号	标准名称	备注
5	ANS-2.27-201x	核设施地震危险性评估调查准则	ANSI/ANS-2.27-2008（R2016）修订版
6	ANS-2.29-201x	地震概率的危险性分析	ANSI/ANS-2.29-2008（R2016）修订版
7	ANS-3.8.10-201x	核设施实时事故排查模拟准则	新标准
8	ANS-3.13-201x	核设施可靠性保证系统的（RAP）开发	新标准
9	ANS-3.14-201x	非反应堆核设施老化管理和寿命延长程序	新标准
10	ANS-2.34-201x	火山灾害特征及概率分析	新标准
11	ANS-2.35-201x	核设施建设、运行和退役对当前和未来社会经济影响的估算	新标准
12	ANS-3.5.1-201x	用于模拟辅助工程和非操作员培训的核电站模拟器	新标准
13	ANS-6.1.1-201x	中子和γ射线对剂量因子的注量	新标准，取代 ANS6.1.1-1991（W2001）
14	ANS-6.4.2-201x	核设施使用辐射屏蔽材料的规范	ANSI/ANS-6.4.2-2006（R2016）修订版
15	ANS-6.4.3-201x	工程材料的γ射线衰减系数和累积因子	ANS-6.4.3-1991（W2001）修订版
16	ANS-8.1-201x	反应堆外可裂变材料运输过程中的核临界安全	ANSI/ANS-8.1-2014（R2018）修订版
17	ANS-8.7-201x	裂变材料储存过程中的核临界安全	ANSI/ANS-8.7-1998（R2017）修订版
18	ANS-8.12-201x	反应堆外钚铀燃料混合物的核临界控制和安全性	ANSI/ANS-8.12-1987（R2016）修订版
19	ANS-8.20-201x	反应堆外可裂变材料操作的核临界安全培训	ANSI/ANS-8.20-1991（R2015）修订版
20	ANS-8.26-201x	临界安全工程师培训和资格认证计划	ANSI/ANS8.26-2007（R2016）修订版
21	ANS-8.28-201x	核临界安全使用的无损分析测量的管理规程	新标准
22	ANS-10.4-201x	核工业非安全相关科学与工程计算机程序的验证与确认	ANSI/ANS-10.4-2008（R2016）修订版
23	ANS-15.22-201x	研究堆结构、系统和部件的分类	新标准
24	ANS-19.3.4-201x	核反应堆中热能沉积率的测定	ANSI/ANS-19.3.4-2002（R2017）修订版
25	ANS-19.5-201x	参考反应堆物理测量要求	新标准，取代 ANS-19.5-1995（W2005）
26	ANS-19.6.1-201x	压水堆重新加载启动的物理试验	ANSI/ANS-19.6.1-2011（R2016）修订版
27	ANS-20.2-201x	液体熔盐燃料反应堆核电站的核安全设计标准和功能性能要求	新标准

续表

序号	标准号	标准名称	备注
28	ANS-30.1-201x	将风险和性能目标整合到新的反应堆核安全设计中	新标准
29	ANS-30.2-201x	新核电站结构、系统和部件的分类	新标准
30	ANS-30.3-201x	先进轻水反应堆基于风险的性能设计标准和方法	新标准
31	ANS-56.8-201x	安全壳系统泄漏试验要求	ANSI/ANS-56.8-2002（R2016）修订版
32	ANS-57.2-201x	核电站轻水反应堆用燃料储存设施的设计要求	新标准，取代 ANS-57.2-1983（W1992）
33	ANS-57.8-201x	燃料组件标识	ANSI/ANS-57.8-1995（R2017）修订版
34	ANS-59.3-201x	控制空气系统的核安全标准	新标准，取代 ANS-59.3-1992（W2012）

这部分标准主要围绕核电站安全监测（核辐射、地震、火山等）、核材料（辐射屏蔽材料、裂变材料、液体燃料、钚铀燃料等）、核电站结构与设施（反应堆结构、安全壳等）等方面展开。未来 ANS 将加快推进仿真和实验的应用，对核电站危险应急情况进行模拟，保证操作人员应急响应的正确性；促进先进反应堆（熔盐燃料反应堆、轻水反应堆等）设计的取证和部署。

(3) 投票阶段：项目投票或综合投票意见

ANS 将拟定的标准发送给分委员会或协调委员会进行标准项目投票，同时进行公开审查。综合投票意见，草拟的标准可能需要多次投票才能通过。表 3.20 的标准草案正在审批/征求意见过程中。

表 3.20 ANS 投票阶段的标准

序号	标准号	标准名称	备注
1	ANS-2.8-201x	核设施外部洪水危害的概率评估	新标准，取代 ANS-2.8-1992（W2002）
2	ANS-3.5-201x	用于操作员培训和考试的核电站模拟器	ANSI/ANS-3.5-2009 修订版
3	ANS-8.3-201x	临界事故报警系统	ANSI/ANS-8.3-1997（R2017）修订版
4	ANS-8.21-201x	反应堆外核设施中固定中子吸收器的使用	修订和合并 ANSI/ANS-8.21-1995（R2019）和 ANSI/ANS-8.5-1996（R2017）
5	ANS-8.23-201x	核临界事故应急计划和响应	ANSI/ANS-8.23-2007（R2012）修订版
6	ANS51.10-201x	加压水反应堆辅助给水系统	ANSI/ANS51.10-1991（R2018）修订版
7	ANS-54.1-201x	钠冷快堆核电站的核安全标准和设计过程	新标准，取代 ANS-54.1-1989（W1999）
8	ANS-57.11-201x	非反应堆核设施综合安全评估	新标准
9	ANS-58.8-201x	安全操作时间的响应设计标准	ASI/ANS-58.8-1994（R2017）修订版

这部分的标准主要围绕核电站内外安全风险监控与评估、预警和应急系统等主题展开，表明了 ANS 在发展核应用的基础上重视核安全的决心与实际行动。无论是外部洪水等自然灾

害的风险监控还是内部核反应堆及相关设施的安全标准设计都将是 ANS 关注的重点。

（4）批准阶段：ANS 最近批准的标准

综合投票意见后予以通过的标准就会进入批准阶段。表 3.21 是 ANS 最近已获得 ANSI 批准新的或修订的标准。

表 3.21　ANS 批准阶段的标准

序号	标准号	标准名称	备注
1	ANSI/ANS-2.6-201	估计核设施周围当前人口分布和预测未来人口分布	新标准
2	ANSI/ANS-2.10-201	核设施地震仪器记录的检索、处理、处理和储存标准	ANS-2.10-2003（W2013）修订版
3	ANSI/ANS-8.24-2017	核临界安全计算中子输运方法的验证	ANSI/ANS-8.24-2007（R2012）修订版
4	ANSI/ANS-16.1-2019	用短期试验方法测定固化低放废物的浸出性	ANSI/ANS-16.1-2003（R2017）修订版
5	ANSI/ANS-19.1-2019	反应堆设计计算所用的核数据集	ANSI/ANS-19.1-2002（R2011）修订版
6	ANSI/ANS-19.4-201	分析验证动力反应堆参数的测量和记录	ANS-19.4-1976（W2010）修订版
7	ANSI/ANS-19.11-2017	水慢化动力反应堆慢化剂反应性温度系数的计算和测量	ANSI/ANS-19.11-1997（R2011）修订版
8	ANSI/ANS-57.3-2018	轻水堆新燃料储存设施设计要求	新标准，取代 ANS-57.3-1983（W1993）

这部分标准主要围绕各类反应堆设计所需的各项实验数据、核设施相关要求等展开，从而加快推进核电站运行的仿真和实验应用。ANS 未来将整合不同实验和仿真的各项参数标准，以便建立基于第一原理的预测仿真能力，将核能系统设计和取证从依赖实验转向依赖建模和仿真。

除了上述 4 个阶段的标准之外，目前 ANS 最新的标准还包括正在试用中的标准，如表 3.22 所示。

表 3.22　ANS 其他的核标准

序号	标准号	标准名称	标准概述	发布时间
1	ASME/ANS RA-S-1.4-2013	先进非轻水堆核电站的概率风险评估标准（Probabilistic Risk Assessment Standard for Advanced Non-LWR Nuclear Power Plants）	该标准规定了先进的非轻水反应堆（LWR）核电站的概率风险评估（PRA）的要求	2013 年 12 月 9 日

续表

序号	标准号	标准名称	标准概述	发布时间
2	ASME / ANS RA-S-1.3-2017	支持核设施应用的放射性事故的场外后果分析标准（Standard for Radiological Accident Offsite Consequence Analysis）	该标准规定了 PRA 和相关分析方法中确定相关结果的要求，这些要求可用于支持商业核电站的风险决策。该标准还规定了将这些要求应用到某些涉及将放射性物质释放到大气中的其他应用过程[例如，非轻水堆（LWR）核电站，研究反应堆、燃料循环设施和非反应堆核能源部（DOE）设施]。在这些情况下，需要补充要求以确保技术上的适当性	2017 年 7 月 13 日
3	ASME/ANS RA-S-1.2-2014	轻水堆核电站使用的严重事故进展和放射性物质释放（2 级）的 PRA 标准应用 [Severe Accident Progression and Radiological Release (Level 2) PRA Standard for Nuclear Power Plant Applications for Light Water Reactors（LWRs）]	该标准仅限于分析从放射性核素释放到环境的堆芯损伤开始到确定不会释放到环境的严重事故进展的过程。它包括对反应堆容器、安全壳结构和向环境释放放射性核素途径的邻近结构分析	2015 年 1 月 5 日
4	ANS/ASME-58.22-2014	低功率和停堆概率风险评估要求（Requirements for Low Power and Shutdown Probabilistic Risk Assessment）	该标准规定了低功率和停堆模式的内部和外部危险的 1 级 PRA 要求。这些模式包括各种运行状态，即从核电站处于额定满功率（低功率）到核电站在反应堆亚临界状态下关闭，并且主系统减压并充分冷却，以便进行 RHR 冷却。低功率模式仅在最终导致核电站停堆的 LPSD 演变时才被包括在内	2015 年 3 月 25 日

根据 ANS 仍处于拟定阶段及正在试用期的标准，参考美国核学会（ANS）主席 Andy Klein 2017 年 6 月 12 日在旧金山召开的核学会年会上发布的题为《核领域重大挑战》的报告中对核工业在 2030 年前需要应对的 9 项挑战[①]，可以得出 ANS 下一步的主要标准化工作包括以下几点：

1）需要为在现代辐射防护中适用的低剂量准则建立科学基础的相关标准。需要为低剂量辐射照射的健康效应建立科学基础和导则，并用基于科学的现代化核辐射安全模型来取代现行的线性无阈方法。

---

① 王树，伍浩松. 美国核学会提出核工业面临的 9 项挑战. 国外核新闻，2017，(7)：4.

2）实现闭式核燃料循环的相关标准，为早日实现闭式燃料循环奠定坚实基础。支持先进裂变反应堆、加速器和材料循环技术的示范和部署，以便在获得最大价值的同时将环境影响降至最低。

3）确保放射性同位素供应的可持续性的相关标准。研发可靠的放射性同位素生产技术，确保可用于医疗、能源、研究（航空航天、无损分析）和国家安全领域的放射性同位素（包括稀有、短寿命且不易获得的放射性核素）供应的可持续性。

4）振兴核技术基础架构和设施的相关标准。迫切需要振兴和建设涉及先进核技术研究、测试、开发和部署的基础架构、设施和科研人才队伍。保持国家级技术试验平台对支持充满活力的商业核企业至关重要。

5）加速推进先进材料的开发和鉴定的相关标准。需要使用基于科学的设计方法来缩短能够承受极端裂变、聚变及空间动力和推进环境的新型核燃料与先进材料的开发和鉴定时间。

6）加快推进仿真和实验的应用的相关标准。整合实验和仿真能力，以便建立基于第一原理的预测仿真能力，这种能力是将核能系统设计和取证从依赖实验转向依赖建模和仿真所必需的。

7）促进先进反应堆设计的取证和部署的相关标准。采用实际可行的创新方法推进先进反应堆设计的取证工作，在减少监管负担的同时确保安全，从而促进先进反应堆概念（设计）的开发和部署。监管体系需要适应先进反应堆技术的商业化发展步伐。

3.2.4 美国电力研究院

3.2.4.1 概况、职责与使命

美国电力研究院（Electric Power Research Institute，EPRI）成立于1972年，它是一家独立的、非营利性的能源和电力科研机构[①]。1965年11月发生的美国东北部大停电使得美国国会对美国的电力行业感到担忧。昌西·斯塔尔博士（Dr. Chauncey Starr）应国会要求，创建了美国电力研究院，以支持电力部门解决技术和运营挑战。

EPRI的目标是开展研究、开发和示范项目，造福美国民众。其主要任务是组织、协调并统一规划发电、输电、配电、用电等方面的科研活动，以及核能发电、新技术开发利用、环境保护等方面的研究和科技信息的交流等。EPRI提供思想领导力、行业专业知识和协作价值，帮助电力部门识别问题、技术差距和更广泛的需求。

自成立以来，EPRI一直与电力行业及其利益相关者合作，其成员已扩展到超过38个国家和地区，大多数成员为电力公用事业企业，还包括政府机构、监管机构及从事电力生产、输送或使用的某些方面的公共或私人实体。通过他们在EPRI及其研究部门和项目中的顾问角色，EPRI成员为EPRI年度研究组合的发展提供信息，识别关键的和新兴的电力行业问题，并支持EPRI研发的应用和技术转让。

---

① https://www.epri.com.

3.2.4.2 组织架构

EPRI 包括三个业务部门：发电部（Generation sector）、核电部（Nuclear sector）、电力传输和利用部（Power Delivery and Utilization sector）。

1）发电部：提供信息、流程和技术，以提高现有化石燃料和可再生能源发电部门的灵活性、可靠性、性能和效率。

2）核电部：进行研究，支持安全、可靠和对环境负责的核电使用，并为现有核资产和新的核技术开发具有成本效益的技术、技术指导和知识转移工具。

3）电力传输和利用部：提供输电、配电和最终用户研发，以指导公用事业和利益相关者建立安全、可靠、有弹性、负担得起和对环境负责的综合电网。

3.2.4.3 标准化工作

在核电领域，EPRI 实施多个核相关的研发计划，这些研发计划分为四类：核电材料管理类、燃料与化学类、核电站性能类、核战略计划类。基于这些研究，EPRI 产出了若干份技术报告、导则等指南性文件，来指导核电站的操作和维护实践。EPRI 实施的各类计划如表 3.23 所示。

表 3.23 EPRI 在核电领域实施的计划列表

计划所属类别	计划名称	产出的标准类技术文件/技术报告的数量（份）
核电材料管理类	41.01.01 International Materials Research（IMR） 国际材料研究	158
	41.01.02 Pressurized Water Reactor Steam Generator Management Program（SGMP） 压水堆蒸汽发生器管理计划	401
	41.01.03 Boiling Water Reactor Vessel and Internals Program（BWRVIP） 沸水反应堆容器和内部部件计划	386
	41.01.04 Pressurized Water Reactor Materials Reliability Program（MRP） 压水堆材料可靠性计划	642
	41.01.05 Welding & Repair Technology Center（WRTC） 焊修技术中心	242
	41.04.01 Nondestructive Evaluation Program 无损评估计划	579

续表

计划所属类别	计划名称	产出的标准类技术文件/技术报告的数量（份）
燃料与化学	41.02.01 Fuel Reliability Program 燃料可靠性计划	545
燃料与化学	41.03.01 Used Fuel and High-Level Waste Management 使用过的燃料和高放废物管理	258
燃料与化学	41.09.01 Radiation Safety Program 辐射安全计划	507
燃料与化学	41.09.03 Water Chemistry Program 水化学计划	409
燃料与化学	41.12.01 Nuclear Fuel Industry Research Program（NFIR） 核燃料工业研究计划	45
核电站性能	41.05.01 Nuclear Maintenance Application Center Program（NMAC） 核维护应用中心计划	625
核电站性能	41.05.02 Plant Engineering Program 核电站工程计划	819
核电站性能	41.05.03 Instrumentation and Control Program 仪表和控制计划	372
核电站性能	41.07.01 Risk and Safety Management Program 风险和安全管理计划	780
战略计划	41.08.01 Advanced Nuclear Technology Program 先进核技术计划	286
战略计划	41.09.02 Remediation and Decommissioning Technology 修复和退役技术	246
战略计划	41.11.01 Flexible Operations Program 灵活运营计划	35
战略计划	41.13.01 Plant Modernization Program 核电站现代化计划	39

EPRI 编制和发布的核电相关技术导则被全球多家核电站采用和遵循，在维护核电站的正常运行和安全方面发挥了积极作用。

4 欧盟核电材料标准化发展

4.1 欧盟层面对核电的认识、定位

欧盟对核电发展态度消极,各成员国政府层面对核电的重视程度较弱。意大利已经做出退出核能发电的决定,并在1990年停止了四个核反应堆的发电运营;法国政府计划降低核能发电的比例,计划在2025年以前,将核能发电量占总发电量的比例降低到50%。1986年发生的切尔诺贝利核电站事故是欧洲发展核电技术的一个转折点。事故后,欧洲新建的核电站明显减少[①]。

欧盟"反核"态度原因来自两个方面:一是安全问题。1986年的切尔诺贝利核电站事故和2011年的福岛核事故增强了人们对核能发电的潜在危险意识。切尔诺贝利核电站事故直接导致欧洲多个核能电厂的建造计划停滞。二是老旧反应堆的维护成本高于运营效益。核电站的设计寿命一般为30~35年,欧洲已建成的多个核电站故障频发,维修费用越来越高,而更新一个核电机组需要4亿~5亿欧元。2014年6月欧盟已批准一项新的法律,以加强安全标准并提升对核设施的监管,确保整个欧盟的每一个核电站都遵循最高的安全标准[②]。如果目前核反应堆的安全标准按照最新的要求进行更新,将需要投入很多的资金。

欧盟于2012年正式启动欧洲可持续核能工业倡议(ESNII),是目前欧盟指导核电开发的主要指导文件。根据ESNII的要求,欧洲原子能共同体组织欧盟主要的22家核安全监管机构专家,组成欧洲SARGENIV研发团队,强化对欧盟第四代核电安全标准的研制开发。研发团队在广泛征求欧盟及其成员国技术安全机构(TSOs)、工业界、科技界、非政府组织(NGOs)和相关利益方意见建议的基础上,根据目前世界上最先进的核安全技术、成员国核安全框架和欧盟核安全"压力测试"的成功实践,开发出第四代核反应堆三种不同类型统一的核安全评估方法及检测工具。主要内容包括安全目标、安全标准、事故分级、防护措施、检测手段、程序规范和外部危险,涉及第四代核电站从建设安装和操作运营到退役拆除及废料处理的全过程。新的核安全标准,首次在更大范围内,充分考虑所有人为活动(包括恐怖袭击)和自然现象造成的安全隐患[③]。

---

① https://www.dw.com/zh/%E6%A0%B8%E8%83%BD%E5%8F%91%E7%94%B5%E5%9C%A8%E6%AC%A7%E6%B4%B2%E5%B7%B2%E8%BF%9B%E5%85%A5%E5%B0%BE%E5%A3%B0/a-19214714.
② http://www.drc.gov.cn/xscg/20141013/182-473-2884476.htm.
③ http://www.chinamission.be/chn/omdt/t1191097.htm.

4.2 欧盟层面核电标准发展现状

4.2.1 欧洲标准化体系

欧洲标准化是欧盟经济一体化的产物,并且欧洲标准化既是经济一体化的必然产物,又是推动内部统一市场的重要因素。作为立法和行政机构一应俱全紧密构成的区域组织,欧洲标准化体系包括两个层面的标准构成[1]。

第一个层面是欧盟层面,即欧洲标准化委员会(Comité Européen de Normalisation,CEN)、欧洲电工标准化委员会(European Committee for Electrotechnical Standardization,CENELEC)、欧洲电信标准协会(European Telecommunications Standards Institute,ETSI)三大标准化组织制定的标准。三大标准化组织制定的标准分为两个部分:一部分是各自在自己的领域内,根据市场需要直接制定的标准,目标是为市场服务;一部分是根据欧盟每发布一项指令提出的"基本要求",即根据"委托书"提出的要求,制定协调标准。这一部分标准直接解决"基本要求"的技术细节。其目标是直接为欧盟"政府"的意志服务。

第二个层面是欧盟成员国制定的国家标准。各成员国的国家标准也包括两个部分:一部分是根据上述三大标准化组织制定发布的"协调标准"制定或转化的国家标准。根据欧盟"政府"的规定,欧盟各成员国国家标准必须与欧洲标准保持一致,其中包括"协调标准"。一部分是成员国国家标准化机构根据本国需要制定的国家标准。这部分国家标准虽然是根据本国的需要制定,但不能与欧洲标准存在矛盾。

欧盟新方法指令规定,根据欧盟技术法规提出的基本要求,由欧洲标准化组织制定满足上述基本要求的协调标准。然后,各成员国国家标准机构将欧盟标准转换成国家标准。

随着欧洲一体化的推进,在发展核电中如何采用核电标准就成为必须解决的问题。1991年,欧洲部分国家的核电设备生产商和电力部门共同参加制定欧洲用户安全要求(EUR),对欧洲使用的标准进行了协调,明确共同安全和环境目标[2]。EUR要求对于每个标准的核电站设计以及每个单独工程项目,都应编制应用的标准清单。允许采用不同来源的标准,但应保证其一致性。一般来说,设计者应采用核电站设计期间最新的标准。这一标准清单应具有层次结构,以便于优先选用,其层次应具有5个等级,如图4.1所示[3]。

(1) Ⅰ级:法令

每个国家适用于核电站的法律和法规,是强制性的。Ⅰ级法令一般适用于所有电站安全1级、2级和非安全级。设计者在标准选用时应便于法令的执行。Ⅰ级标准也包括每个国家安全当局的特殊要求,这些要求通常用于具有安全功能的设备和部件。

---

[1] 毕克新,王晓红. 欧盟技术法规体系及其对我国的启示与对策研究. 科学学与科学技术管理,2007,(11):14-19.
[2] 刘纯一,李丽娟,万露霞. 国外核电标准发展动向及启示. 中国核工业,2007,(9):13-15.
[3] 刘纯一,万露霞. 欧洲国家核电标准及发展动向. 核标准计量与质量,2006,(3):13-24.

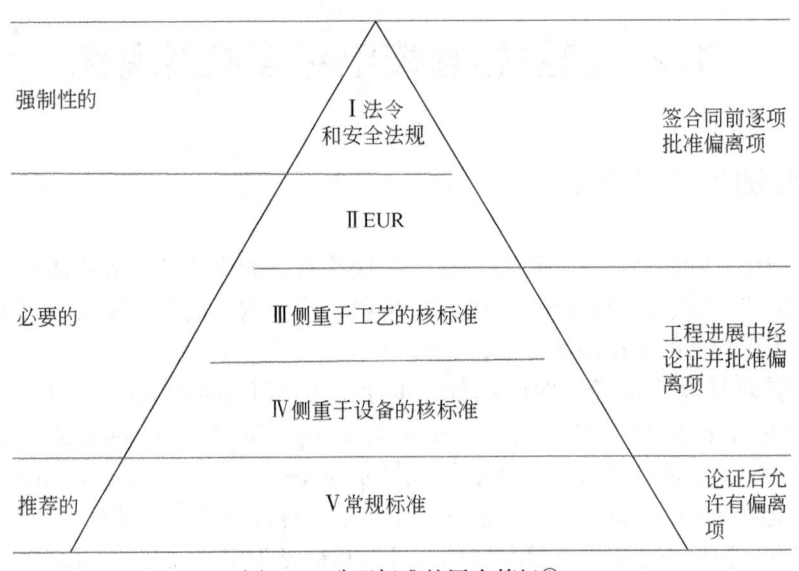

图 4.1 欧盟标准的层次等级①

(2) Ⅱ级：欧洲用户要求（EUR）

EUR 只是业主与设计者之间采购意向与合同技术要求的一部分，并不是高于核标准。由于指出了核文件规范和标准的选用方法，EUR 置于标准层次图之上。EUR 适用安全 1、2 级系统设备和构筑物，有时也用于非安全级。

(3) Ⅲ级：侧重于工艺的核标准

该级由各国制定，是专门用于核设施最重要的安全方面的核级标准，它规定了对系统、设备和构筑物的相应要求；其他的核级标准也可以采用，但其优先使用顺序为：欧洲标准—ISO 标准—国家标准（其中应考虑：①参考电站所在国家使用的标准。对特定项目，业主可优先选用建造国标准，或供应商所在国家标准；②建造国相应机构制定的标准或国际机构制定的标准，但经政府同意；③与上述相当的核标准）。设计者应提出采用标准的建议，并应明确所使用的Ⅲ级标准与 EUR 不同之处。

(4) Ⅳ级：侧重于设备的核标准

该级一般由工业部门制定，用于系统、设备、构筑物的设计建造。其适用性应符合核法规或专门的权威机构要求。设计之初，设计者应按业主的技术规格书，确定并提交给业主所采用的 Ⅳ 级标准。在设计中出现的偏离应经业主批准。该级标准优先采用顺序同Ⅲ级。

(5) Ⅴ级：常规标准

本级标准用于常规设施的设计和建造，对本级标准的应用无特殊规定，但应采用在建国家习惯用标准。可能的话推荐优先采用欧洲标准。对业主指明采用的标准，设计者应论证其可用性。为保证合理选用标准，应当确定物项的安全等级与标准中规定的安全等级间的关系。

---

① 刘纯一，万露霞. 欧洲国家核电标准及发展动向. 核标准计量与质量，2006，(3)：13-24.

4.2.2 欧洲标准管理模式

4.2.2.1 欧洲标准的管理体制

欧洲标准化委员会（CEN）、欧洲电工标准化委员会（CENELEC）、欧洲电信标准协会（ETSI）紧密合作，制定共同的政策，保持相互协调和步调一致。

CEN/CENELEC/ETSI 联合主席小组（JPG）是欧洲标准化组织有关共同政策事务的一个高层协商论坛。它是一个协调组织，是影响三个标准化组织事务的基础。JPG 的目标是协商欧洲标准化政策议题，取得共同立场，制定提案的合作场所；监管三大标准制定组织有关技术、宣传、外联及其他事务上合作的场所。

JPG 建立若干 CEN-CENELEC 联合技术委员会和工作组，并决定其工作范围和工作领域。联合技术委员会的秘书处由某个 CEN/CENELEC 的国家成员承担。联合技术委员会和联合工作组向 CEN/CENELEC 的国家成员开放，每个国家只能有一个 CEN/CENELEC 在这个国家的成员任命的代表[①]。

4.2.2.2 欧洲标准的制定

欧洲标准的制定首先是公开询问，随后是 CEN/CENELEC 国家成员通过加权票通过，最后最终批准。

各成员国加权的依据，是根据对于 CEN/CENELEC 的"综合财务和技术贡献"。

财务标准："每一个国家成员缴纳的年费占所有国家成员缴纳的年费总额的百分比"，百分比占 50% 的加权。

技术标准："每一个国家成员承担的技术委员会秘书处数量占所有国家成员承担的技术委员会总数量的百分比"，百分比占 50% 的加权。

管理委员会根据加权情况，将成员国分为 A、B、C 三个组。A 组 4 个国家，B 组 10 个国家，C 组为其他国家。管理委员会共 12 位官员，4 人从 A 组提名选举，4 人从 B 组提名选举，4 人从 C 组提名选举。

在国家层面，宣布将一个欧洲标准作为一个等同的国家标准出版、认可，撤销任何与之相冲突的国家标准。

4.2.2.3 欧洲标准的实施

欧洲标准由 CEN/CENELEC 国家成员在技术理事会所认可的期限内实施，一般为欧洲标准发布之后的 6 个月后，通过电子版方式向 CEN/CENELEC 管理中心通报之后就意味着已经发布。各成员国通过两种方式实施欧洲标准：赋予其国家标准的地位；撤销与之相冲突的国家标准。

目前，欧洲常用核电标准如表 4.1 所示。

---

① http://www.dqzyxy.net/bzh/info/1024/2464.htm.

表 4.1 欧洲常用核电标准[①]

标准缩写	名称	国家和组织
IAEA	国际原子能机构标准	国际
IEC	国际电工委员会标准	国际
ISO	国际标准化组织标准	国际
CEN	欧洲标准化委员会标准	欧盟
AFCEC	法国核电站常用材料的制造和监测协会标准	法国
AFCEN	法国核电站锅炉设计和建造协会标准	法国
AFNOR	法国标准协会标准	法国
CODAP	法国压力容器建造规范	法国
RCC	压水堆核电站设计和建造规则	法国
RFS	基本安全规则	法国
RSEM	机械材料试验和应用规则	法国
BS	英国标准	英国
AD	德国压力容器规范	德国
DIN	德国国家标准	德国
KTA	德国核技术委员会标准	德国
RSK	德国反应堆安全委员会标准	德国
SSK	德国辐射防护标准	德国
VDE	德国电工标准	德国
VDI	德国工程师协会标准	德国
ANSI	美国国家标准协会标准	美国
ASME	美国机械工程师协会标准	美国
ASTM	美国材料试验学会标准	美国
IEEE	电子和电子工程师协会标准	美国
RG	管理导则	美国
TEMA	管式热交换器制造商协会标准	美国

4.2.3 欧洲标准化委员会

4.2.3.1 概况、职责与使命

欧洲标准化委员会（CEN）是欧盟按照 83/189/EEC 指令（在技术标准和法规领域提供信息的程序）正式认可的欧洲标准化组织，专门负责除电工、电信以外领域的欧洲标准

---

① 刘纯一，万露霞. 欧洲国家核电标准及发展动向. 核标准计量与质量，2006，(3)：13-24.

化工作。CEN 的标准是 ISO 制定国际标准的重要基础，也是衡量欧盟市场上产品质量的主要依据[1][2]。

CEN 发布的文件（deliverables）主要有：欧洲标准（EN）、协调文件（HD）、技术规范（CEN/TS）、技术报告（CEN/TR）、工作协议（CWA）、工作导则（CEN Guide）及将来可能会成为技术规范的欧洲暂行标准（ENV）和通常成为技术报告的 CEN 报告（CEN/CR）等。现在的 CEN 标准目录中仍可见一定数量的 ENV 和 CR，这些 ENV 和 CR 将逐渐被转化为 TS 和 TR，或者被废止。

4.2.3.2 组织架构

CEN 所有标准化活动由技术董事会（Technical Board，TB）负责，技术委员会（Technical Committees，TCs）负责标准制定工作，每个技术委员会均有自己的工作领域。技术委员会的成员来自 CEN 成员国，每位成员代表各自的国家观点，确保技术委员会能平衡广泛的利益。在完成大型工作项目时，技术委员会将成立分技术委员会。工作组负责标准的具体制定工作，工作组中的专家成员由 CEN 任命，专家能自由发表观点，并共同起草标准草案。工作研讨会主要负责需要开发新规范的新兴技术领域或者快速变化技术领域，主要形成 CEN、CENELEC、CEN/CENELEC 协议（CWAs）[3]。

目前，CEN 共有 399 个技术委员会（含 58 个分技术委员会，1629 个工作组）和 58 个工作研讨会。其中，负责核电相关标准制定的技术委员会和工作组分别是 CEN TC 430、CEN/WS 064 Phase 1、CEN/WS 064 Phase 2、CEN/WS 064 Phase 3[4]。各技术委员会和工作组的详细信息如表 4.2 所示。

表 4.2　CEN 技术委员会中核电相关技术委员

序号	技术委员会编号	技术委员会名称	秘书处	制定标准数量（项）
1	CEN TC 430	Nuclear energy, nuclear technologies, and radiological protection （核能、核能技术和放射防护技术委员会）	AFNOR（法国标准化协会）	42
2	CEN/WS 064 Phase 1	Design and Construction Code for mechanical equipments of innovative nuclear installations (European Sustainable Nuclear Industrial Initiative) [新型核装置机械部件设计和建造规则（欧洲可持续核工业倡议）]	AFNOR（法国标准化协会）	1

---

[1]　岳峰，徐斌. 浅谈欧洲标准化委员会和欧洲电工标准化委员会对外合作机制. 中国标准化，2019，543（7）：167-169，175.
[2]　李景. 欧洲标准化委员会（CEN）. 中国标准化，2018，521（9）：146-147.
[3]　https://www.cen.eu/about/Pages/default.aspx.
[4]　https://standards.cen.eu/dyn/www/f?p=CENWEB:6.NO.

续表

序号	技术委员会编号	技术委员会名称	秘书处	制定标准数量（项）
3	CEN/WS 064 Phase 2	Design and Construction Codes for Gen Ⅱ to Ⅳ nuclear facilities（pilot case for process for evolution of AFCEN codes）[第二代至第四代核设施设计和施工规范（AFCEN规范演变过程试点案例）]	AFNOR（法国标准化协会）	1
4	CEN/WS 064 Phase 3	Design and Construction Codes for Gen Ⅱ, Ⅲ and Ⅳ nuclear facilities（第二代、第三代、第四代核设施设计和施工规范）	AFNOR（法国标准化协会）	0

4.2.3.3 标准化工作

截至2018年底，CEN发布的文件共有16 979份，其中欧洲标准15 305项，工作协议461项，技术规范526项，技术报告531项，统一为ISO的欧洲标准5576项[①]。核电相关的技术委员会标准制定情况如下。

（1）CEN TC 430

CEN TC 430技术委员会已制定42项核相关标准（表4.3），主题包括：①环境中的放射性测定标准（19项）；②放射防护标准（10项）；③核燃料技术标准（5项）；④核能标准（4项）；⑤其他标准（4项）（图4.2）。

表4.3 CEN TC 430标准制定清单[②]

序号	标准号	标准名称	发布时间
1	CEN ISO/TS 18090-1：2019	Radiological protection-Characteristics of reference pulsed radiation-Part 1：Photon radiation（ISO/TS 18090-1：2015）	2019年9月11日
2	EN ISO 11665-11：2019	Measurement of radioactivity in the environment-Air：radon-222-Part 11：Test method for soil gas with sampling at depth（ISO 11665-11：2016）	2019年10月9日
3	EN ISO 11665-1：2019	Measurement of radioactivity in the environment-Air：radon-222-Part 1：Origins of radon and its short-lived decay products and associated measurement methods（ISO 11665-1：2019）	2019年10月9日
4	EN ISO 11665-2：2019	Measurement of radioactivity in the environment-Air：radon-222-Part 2：Integrated measurement method for determining average potential alpha energy concentration of its short-lived decay products（ISO 11665-2：2019）	2019年10月16日

---

① https://www.cen.eu/news/brochures/brochures/CEN%20Annual%20Report%202018.pdf.
② https://standards.cen.eu/dyn/www/f?p=CENWEB:105:::RESET.

续表

序号	标准号	标准名称	发布时间
5	EN ISO 11665-3：2015	Measurement of radioactivity in the environment-Air：radon-222-Part 3：Spot measurement method of the potential alpha energy concentration of its short-lived decay products（ISO 11665-3：2012）	2015年9月16日
6	EN ISO 11665-5：2015	Measurement of radioactivity in the environment-Air：radon-222-Part 5：Continuous measurement method of the activity concentration（ISO 11665-5：2012）	2015年9月16日
7	EN ISO 11665-6：2015	Measurement of radioactivity in the environment-Air：radon-222-Part 6：Spot measurement method of the activity concentration（ISO 11665-6：2012）	2015年9月16日
8	EN ISO 11665-7：2015	Measurement of radioactivity in the environment-Air：radon-222-Part 7：Accumulation method for estimating surface exhalation rate（ISO 11665-7：2012）	2015年9月16日
9	EN ISO 12183：2019	Nuclear fuel technology-Controlled-potential coulometric assay of plutonium（ISO 12183：2016）	2019年6月12日
10	EN ISO 12799：2019	Nuclear energy-Determination of nitrogen content in UO_2，（U, Gd）O_2 and （U, Pu）O_2 sintered pellets-Inert gas extraction and conductivity detection method（ISO 12799：2015）	2019年6月12日
11	EN ISO 12800：2019	Nuclear fuel technology-Guidelines on the measurement of the specific surface area of uranium oxide powders by the BET method（ISO 12800：2017）	2019年6月12日
12	EN ISO 15366-1：2016	Nuclear fuel technology- Chemical separation and purification of uranium and plutonium in nitric acid solutions for isotopic and isotopic dilution analysis by solvent extraction chromatography-Part 1：Samples containing plutonium in the microgram range and uranium in the milligram range（ISO 15366-1：2014）	2016年4月20日
13	EN ISO 15366-2：2016	Nuclear fuel technology- Chemical separation and purification of uranium and plutonium in nitric acid solutions for isotopic and isotopic dilution analysis by solvent extraction chromatography-Part 2：Samples containing plutonium and uranium in the nanogram range and below（ISO 15366-2：2014）	2016年4月20日
14	EN ISO 15382：2017	Radiological protection-Procedures for monitoring the dose to the lens of the eye, the skin and the extremities（ISO 15382：2015）	2017年10月11日
15	EN ISO 15646：2016	Re-sintering test for UO_2，（U, Gd）O_2 and （U, Pu）O_2 pellets（ISO 15646：2014）	2016年4月20日
16	EN ISO 15651：2017	Nuclear energy-Determination of total hydrogen content in PuO_2 and UO_2 powders and UO_2，（U, Gd）O_2 and （U, Pu）O_2 sintered pellets-Inert gas extraction and conductivity detection method（ISO 15651：2015）	2017年10月11日
17	EN ISO16424：2017	Nuclear energy-Evaluation of homogeneity of Gd distribution within gadolinium fuel blends and determination of Gd_2O_3 content in gadolinium fuel pellets by measurements of uranium and gadolinium elements（ISO 16424：2012）	2017年10月18日
18	EN ISO 16637：2019	Radiological protection-Monitoring and internal dosimetry for staff members exposed to medical radionuclides as unsealed sources（ISO 16637：2016）	2019年6月12日
19	EN ISO 16638-1：2017	Radiological protection-Monitoring and internal dosimetry for specific materials-Part 1：Inhalation of uranium compounds（ISO 16638-1：2015）	2017年10月11日

续表

序号	标准号	标准名称	发布时间
20	EN ISO 16639：2019	Surveillance of the activity concentrations of airborne radioactive substances in the workplace of nuclear facilities（ISO 16639：2017）	2019 年 6 月 12 日
21	EN ISO 16641：2016	Measurement of radioactivity in the environment-Air-Radon 220：Integrated measurement methods for the determination of the average activity concentration using passive solid-state nuclear track detectors（ISO 16641：2014）	2016 年 4 月 20 日
22	EN ISO 16645：2019	Radiological protection-Medical electron accelerators-Requirements and recommendations for shielding design and evaluation（ISO 16645：2016）	2019 年 6 月 12 日
23	EN ISO 17099：2017	Radiological protection- Performance criteria for laboratories using the cytokinesis block micronucleus（CBMN）assay in peripheral blood lymphocytes for biological dosimetry（ISO 17099：2014）	2017 年 10 月 11 日
24	EN ISO 18417：2019	Iodine charcoal sorbents for nuclear facilities-Method for defining sorption capacity index（ISO 18417：2017）	2019 年 6 月 12 日
25	EN ISO 18589-2：2017	Measurement of radioactivity in the environment-Soil-Part 2：Guidance for the selection of the sampling strategy, sampling and pre-treatment of samples（ISO 18589-2：2015）	2017 年 10 月 11 日
26	EN ISO 18589-3：2017	Measurement of radioactivity in the environment-Soil-Part 3：Test method of gamma-emitting radionuclides using gamma-ray spectrometry（ISO 18589-3：2015, Corrected version 2015-12-01）	2017 年 10 月 11 日
27	EN ISO 18589-7：2016	Measurement of radioactivity in the environment-Soil-Part 7：In situ measurement of gamma-emitting radionuclides（ISO 18589-7：2013）	2016 年 4 月 20 日
28	EN ISO 19017：2017	Guidance for gamma spectrometry measurement of radioactive waste（ISO 19017：2015）	2017 年 10 月 11 日
29	EN ISO 19238：2017	Radiological protection- Performance criteria for service laboratories performing biological dosimetry by cytogenetics（ISO 19238：2014）	2017 年 10 月 18 日
30	EN ISO 20553：2017	Radiation protection-Monitoring of workers occupationally exposed to a risk of internal contamination with radioactive material（ISO 20553：2006）	2017 年 10 月 11 日
31	EN ISO 20785-1：2017	Dosimetry for exposures to cosmic radiation in civilian aircraft-Part 1：Conceptual basis for measurements（ISO 20785-1：2012）	2017 年 10 月 11 日
32	EN ISO 20785-2：2017	Dosimetry for exposures to cosmic radiation in civilian aircraft- Part 2：Characterization of instrument response（ISO 20785-2：2011）	2017 年 10 月 11 日
33	EN ISO 20785-3：2017	Dosimetry for exposures to cosmic radiation in civilian aircraft-Part 3：Measurements at aviation altitudes（ISO 20785-3：2015）	2017 年 10 月 11 日
34	EN ISO 21483：2017	Determination of solubility in nitric acid of plutonium in unirradiated mixed oxide fuel pellets（U, Pu）O_2（ISO 21483：2013）	2017 年 10 月 11 日
35	EN ISO 21484：2019	Nuclear Energy-Fuel technology-Determination of the O/M ratio in MOX pellets by the gravimetric method（ISO 21484：2017）	2019 年 6 月 12 日

续表

序号	标准号	标准名称	发布时间
36	EN ISO 21613: 2017	(U,Pu)O₂ Powders and sintered pellets-Determination of chlorine and fluorine (ISO 21613: 2015)	2017年10月18日
37	EN ISO 22765: 2019	Nuclear fuel technology-Sintered (U,Pu)O₂ pellets-Guidance for ceramographic preparation for microstructure examination (ISO 22765: 2016)	2019年6月12日
38	EN ISO 28057: 2018	Dosimetry with solid thermoluminescence detectors for photon and electron radiations in radiotherapy (ISO 28057: 2014)	2018年9月26日
39	EN ISO 2919: 2014	Radiological protection-Sealed radioactive sources-General requirements and classification (ISO 2919: 2012)	2014年11月5日
40	EN ISO 29661: 2017	Reference radiation fields for radiation protection-Definitions and fundamental concepts (ISO 29661: 2012, including Amd 1: 2015)	2017年10月18日
41	EN ISO 361: 2015	Basic ionizing radiation symbol (ISO 361: 1975)	2015年10月14日
42	EN ISO 3925: 2015	Unsealed radioactive substances-Identification and documentation (ISO 3925: 2014)	2015年9月16日

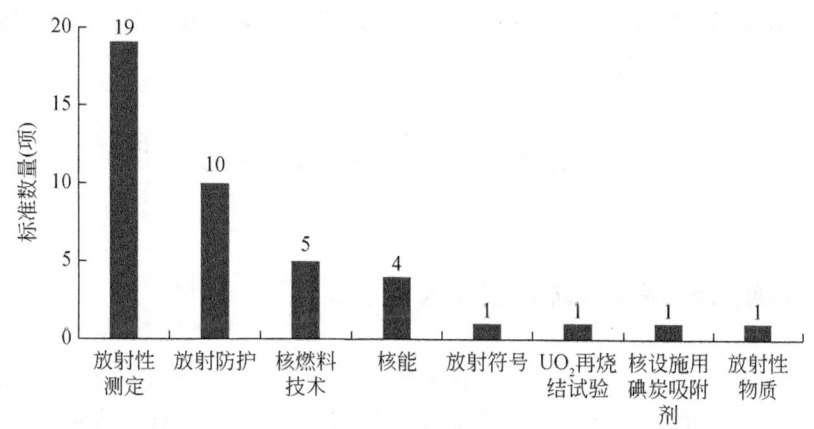

图 4.2　CEN TC 430 标准制定主题分布①

（2）CEN/WS 064 Phase 1

CEN/WS 064 Phase 1 已发布 1 项核相关标准，标准名称：Design and Construction Code for mechanical equipments of innovative nuclear installations，标准号 CWA 16519：2012，已于 2012 年 11 月 14 日发布。该标准由法国核岛设备设计和建造规则协会（AFCEN）编制和出版，规定了高温条件下使用部件的设计、材料、制造、检验等技术要求，RCC-MRx 为

---

① https://standards.cen.eu/dyn/www/f?p=CENWEB:105:::RESET.

RCC-MR 标准的升级版。

（3）CEN/WS 064 Phase 2

CEN/WS 064 Phase 2 已发布 1 项核相关标准，标准名称：Design and Construction Code for mechanical equipments of innovative nuclear installations，标准号 CWA 17377：2019，已于 2019 年 2 月 6 日发布。

（4）CEN/WS 064 Phase 3

CEN/WS 064 Phase 3 目前未发布相关标准。

4.2.3.4　未来发展及预判

核能对于欧洲电力供应发挥了重要作用，欧盟用电量的三分之一来自核能[①]。核工业的基本原则和责任是安全。基于此目标，欧洲层面的标准化组织 CEN、CENELEC 与国际标准化组织 ISO、IEC 紧密合作，制定和发布标准，确保欧洲核能工业的安全、环境和技术要求。

欧洲近年可再生能源发展迅速，且相关的标准相继发布。2018 年，CEN 发布风能标准包括 EN 61400-11：2013/A1：2018，光伏标准包括 EN IEC 61730-1：2018、EN IEC 61730-2：2018、EN IEC 62688：2018、EN IEC 61853-3：2018、EN IEC 61853-4：2018。核电领域，CEN/TC 430 技术委员会发布 EN ISO 28057：2018。此外，CENELEC 下属的子技术委员会 CLC/TC 45B 发布标准 EN 60846-2：2018。

在未来一段时间内，欧洲核电标准将会稳定发展，加强核电安全标准的制修订，同时协调欧洲可再生能源标准的制定。

4.3　法国核电材料标准化发展

4.3.1　法国国家层面对核电的认识、定位与发展

法国核电经济的前景并不看好。目前欧洲境内仅有的两座建造中的核电站都由法国 AREVA 公司承建，而这两个核能项目目前都已经演变为丑闻[②]。核电站的经济效益并不理想，原因之一是可再生能源的发展。因为，可再生能源对环境有利，成本也在降低，而且没有风险。

从 2017 年开始，法国以每年五到六座的速度逐步关闭日益老化的核反应设施。对法国电力巨头——法国电力集团（EDF）来说，成本较低的做法是像美国那样将设备的使用年限从 40 年延长到 60 年。然而，福岛核事故之后，为了防御"极端自然灾害"，

---

① http://news.bjx.com.cn/html/20091223/238125.shtml.
② https://www.dw.com/zh/%E6%A0%B8%E8%83%BD%E5%8F%91%E7%94%B5%E5%9C%A8%E6%AC%A7%E6%B4%B2%E5%B7%B2%E8%BF%9B%E5%85%A5%E5%B0%BE%E5%A3%B0/a-19214714.

现有核电设施的维护标准变得更加严格。因此,延长设备使用寿命的做法已不具有成本优势①。

2019 年,EDF 提交了未来 15 年内建造 6 个新反应堆的计划。同年,法国国民议会通过的《能源与气候法案》中详细规划了法国能源未来的转型轨迹,希望在 2035 年前降低核能在电力生产中的份额由目前的 75% 降低至 50%,并最终达成与可再生能源平衡的目标。为此,法国政府推行了能源发展长期计划,旨在指导法国未来 10 年的能源转型路线,计划到 2035 年关闭 14 座核反应堆,并显著扩大太阳能与风能的利用。虽然在《能源与气候法案》中没有明确提及建造新的核反应堆计划,但法国总统马克龙曾呼吁法国核工业体系在 2021 年中期提出一项计划,允许企业高管决定是否需要建设新反应堆,这为核电发展预留了政策空间②。

4.3.2 法国标准化协会（AFNOR）

4.3.2.1 概况、职责与使命

目前法国采用一套独特的标准化管理模式：官助民办、政府监督。法国标准化管理中涉及法国政府、AFNOR、跨部门标准化工作组、行业标准化局等。具体来说,法国的标准化工作接受标准化高级委员会指导,政府内设有标准化专署,由政府标准化专员代表政府指导、监督全国的标准化工作,具体的标准化工作由法国标准化协会（Association Francaise de Normalisation,AFNOR）负责实施,并由工业部总归口。

法国标准化协会主导标准化工作。作为法国的国家标准机构,AFNOR 在法国工业部部长的监督下,受政府委托全面负责标准化工作协调、确定标准化需求、制定标准化战略、协调并指导行业标准化机构的活动、确保各标准化委员会能体现各方利益,组织公众对标准质询活动及标准化培训等。AFNOR 董事会根据标准通报的结果,批准法国标准。AFNOR 一方面在法律的授权下管理国内的标准化各项事宜,另一方面代表国家参与国际和区域的标准化活动,并在国际标准化组织中代表法国的利益。

法国每 3 年编制一次标准制（修）订计划,每年进行一次调整；标准制定周期一般为 1 年半左右。法国国家标准通常由 AFNOR 指定的标准化局起草,当涉及多个部门或者所涉及部门中没有得到认可的标准化局时,由 AFNOR 起草。标准化局仅可起草标准,所有标准草案须提交 AFNOR,由 AFNOR 完成接下来的标准制定程序③。

4.3.2.2 组织结构

AFNOR 的最高管理机构为行政董事会（Administrative Board）,董事会成员通常由 26 人至 38 人组成,其中由股东大会选举 18～30 人,任期 3 年。政府 10 名代表来自不同部门

---

① https://www.chinadialogue.net/article/show/single/ch/4956-Nuclear-Europe-a-dream-unwinding.
② http://www.xinhuanet.com/energy/2019-11/26/c_1125274276.htm.
③ 王晓燕. 法国标准化管理与运作模式考察报告. 上海标准化, 2004,（5）: 39-41.

的部长，包括工业部长、农业部长、建设部长、国防部长、消费和预算部长等任命的官员。AFNOR 的主任由工业部长批准任命。

董事会下设 4 个机构：消费者委员会、审计和评估委员会（CAE）、标准协调和指导委员会（CCPN）及咨询委员会。其中，CCPN 的使命比较广泛，最主要的任务是在所有欧洲和国际标准化机构中确定法国代表的立场，负责起草法国标准化战略、确定标准化目标、主要标准化项目中的重点任务，并保证这些内容与国家政策、欧洲政策及国际政策之间保持一致。CCPN 通过下设的战略委员会（CoS）来管理具体的标准制定项目。AFNOR 组织架构如图 4.3 所示①。

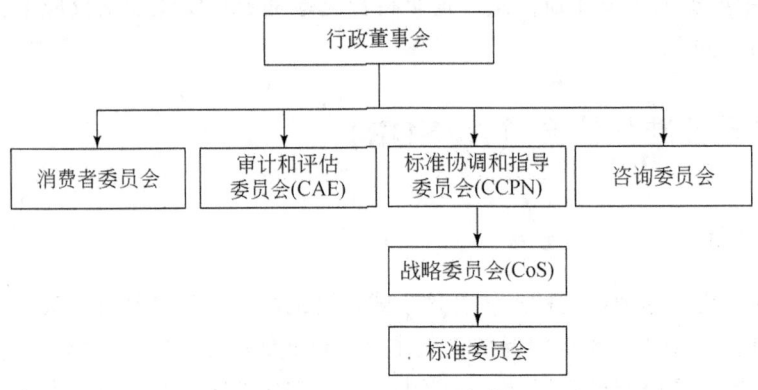

图 4.3　AFNOR 组织架构

战略委员会下设 21 个标准委员会，其中核设施委员会（BNEN）负责核电领域的标准化工作。

4.3.2.3　标准化工作

AFNOR 在法国主要地区设有 7 个代理机构和 32 个网点，承担着信息传递、标准应用咨询等业务。AFNOR 指导 17 个大标准化规划组，涵盖农业食品、机械制造、电工技术与电子技术、煤气、管理与服务、基础标准、交通、建筑、环境、卫生等领域。目前，法国共有 3 个标准化局（最多时达 39 个），承担了 AFNOR 的 50% 的标准制修订工作。其余 50% 则由 AFNOR 直接管理的技术委员会来完成。NF 是法国标准的代号，法国标准分为：正式标准（HOM）、试行标准（EXP）、注册标准（ENR）和标准化参考文献（RE）4 种②。

截至 2020 年 1 月初，AFNOR 累计发布核电工程标准共 211 项，分为裂变材料和核燃料技术、核电站安全、核能总论、反应堆工程等四类（图 4.4）。标准发布时间分布如图 4.5 所示。

AFNOR 发布的所有核电工程标准如表 4.4 所示。

---

① 许甲坤，黄华. 法国标准化发展现状及中法标准化合作建议. 标准科学，2018，(12)：22-25.
② https://www.afnor.org/en.

4 | 欧盟核电材料标准化发展

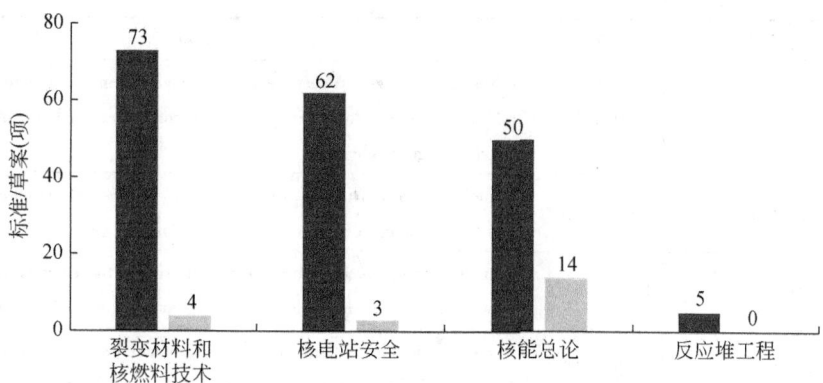

图 4.4　AFNOR 标准 ICS 类别分布①

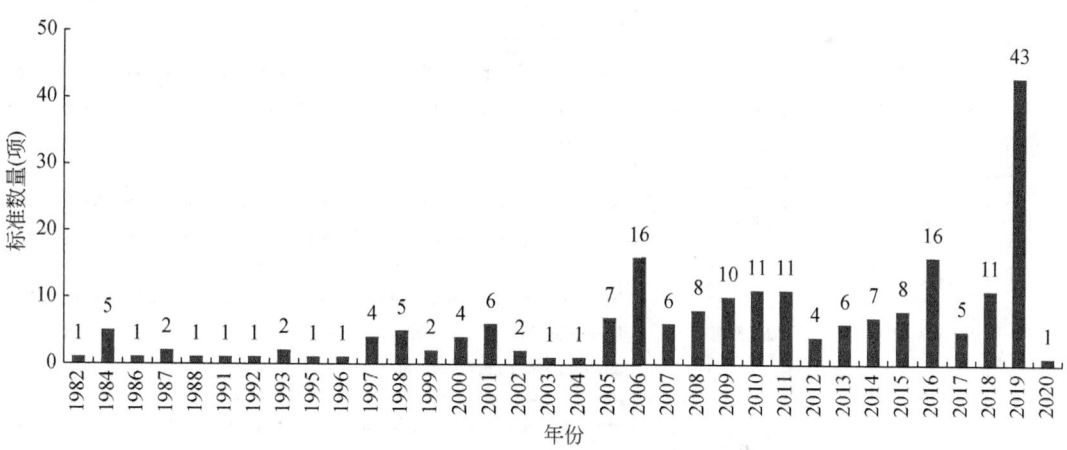

图 4.5　AFNOR 核电工程标准发布时间分布②

表 4.4　AFNOR 核电工程标准

序号	标准号	发布时间	名称
1	NF M60-321	2005 年 12 月	Nuclear energy- Nuclear fuel cycle technology-Waste- Non- intrusive, non- destructive determination of the tritium activity of a package containing tritiated waste by measurement of helium-3 leakage from the package-Énergie nucléaire
2	NF M62-201	1986 年 12 月	Limiting enclosures. Principles of ventilation
3	NF M60-332	2010 年 5 月	Nuclear energy- Nuclear fuel technology- Determination of chlorine- 36 activity in effluents and waste by liquid scintillation-Énergie nucléaire

---

① https：//www.boutique.afnor.org.
② https：//www.boutique.afnor.org.

续表

序号	标准号	发布时间	名称
4	NF M60-770	2000年10月	Nuclear energy- Measurment of environnemental radioactivity- Air- Determination of the activity concentration for atmospheric deposits on the soil-Énergie nucléaire
5	NF M60-326	2006年10月	Nuclear energy- Nuclear fuel technology- Waste- Determination of tritiated water effective diffusion coefficient in confining materials-Énergie nucléaire
6	NF M60-780-4	1997年5月	Nuclear energy. Measurement of radioactivity in the environment. Bioindicators. Part 4: general guide for the preparation of samples-Énergie nucléaire
7	NF ISO 26802	2010年10月	Nuclear facilities-Criteria for the design and the operation of containment and ventilation systems for nuclear reactors-Installations nucléaires
8	NF ISO 8298	2001年5月	Nuclear fuel technology-Determination of milligram amounts of plutonium in nitric acid solutions-Potentiometric titration with potassium dichromate after oxidation by Ce (Ⅳ) and reduction by Fe (Ⅱ)- Technologie du combustible nucléaire
9	NF M62-210	1984年7月	Limiting enclosures. Method of control of the leak rate per hour. Enclosures of classes 1 and 2. Method of measurement of the increase of the oxygen titre in volume
10	NF ISO 9278	2009年2月	Nuclear energy- Uranium dioxide pellets- Determination of density and volume fraction of open and closed porosity-Énergie nucléaire
11	NF M60-759	2005年4月	Nuclear energy- Measurement of environmental radioactivity- Air- Determination of the volumic activity of iodine in the atmospheric environment-Énergie nucléaire
12	NF ISO 18589-5	2009年5月	Measurements of radioactivity in the environment-Soil-Part 5: measurement of strontium 90-Mesurage de la radioactivité dans l'environnement
13	NF ISO 18213-4	2008年5月	Nuclear fuel technology- Tank calibration and volume determination for nuclear materials accountancy- Part 4: accurate determination of liquid height in accountancy tanks equipped with dip tubes, slow bubbling rate-Technologie du combustible nucléaire
14	NF M62-231	1993年12月	Shielded enclosures. High activity installations. Guidelines
15	NF M62-200	1982年12月	Limiting enclosures. Classification of enclosures according to their sealing capacity
16	NF M60-324	2005年12月	Nuclear energy- Nuclear fuel cycle technology- Determination of leaching resistance of homogeneous waste blocks-Énergie nucléaire
17	NF M60-780-5	2000年10月	Nuclear energy- Measurements of radioactivity in the environment-Bioindicators-Part 5: general guide for the sampling of biological indicators from the earth environment-Énergie nucléaire

续表

序号	标准号	发布时间	名称
18	NF M60-327	2008年1月	Nuclear energy-Nuclear fuel technology-Waste-Determination of released tritium from radioactive waste packages-Énergie nucléaire
19	NF M62-213	1984年7月	Limiting enclosures. Method of control of the renewal rate per hour. Enclosures of class 5
20	NF ISO 11933-5	2002年3月	Components for containment enclosures-Part 5: penetrations for electrical and fluid circuits
21	NF ISO 27468	2011年9月	Nuclear criticality safety-Evaluation of systems containing PWR UOX fuels-Bounding burnup credit approach-Sûreté-criticité
22	NF ISO 17874-2	2006年4月	Remote-handling devices for radioactive materials-Part 2: mechanical master-slave manipulators
23	NF M60-338	2015年9月	Measurement of bêta activity in effluents and waste by liquid scintillation counting method-Mesurage de l'activité bêta dans les effluents et déchets par scintillation liquide
24	NF ISO 13164-3	2013年11月	Water quality-Radon-222-Part 3: test method using emanometry-Qualité de l'eau
25	NF EN ISO 18589-7	2016年7月	Measurement of radioactivity in the environment-Soil-Part 7: in situ measurement of gamma-emitting radionuclides-Mesurage de la radioactivité dans l'environnement-Sol-Partie 7: mesurage in situ des radionucléides émetteurs gamma
26	XP M60-824	2016年7月	Nuclear energy-Measurement of radioactivity in the environment-Determination of tritium activity in the environment-Test method for analysis of tritium in free water and organically bound tritium in environmental matrices-Energie nucléaire-Mesure de la radioactivité dans l'environnement-Détermination de l'activité du tritium dans l'environnement-Mesurage du tritium de l'eau libre et du tritium organiquement lié dans les matrices environnementales
27	NF EN 61839	2014年11月	Nuclear power plants-Design of control rooms-Functional analysis and assignment-Centrales nucléaires de puissance-Conception des salles de commande-Analyse fonctionnelle et affectation des fonctions
28	NF EN ISO11665-1	2016年1月	Measurement of radioactivity in the environment-Air: radon-222-Part 1: origins of radon and its short-lived decay products and associated measurement methods-Mesurage de la radioactivité dans l'environnement-Air: radon 222-Partie 1: origine du radon et de ses descendants à vie courte, et méthodes de mesure associées
29	NF EN ISO 11665-6	2016年1月	Measurement of radioactivity in the environment-Air: radon-222-Part 6: spot measurement method of the activity concentration-Mesurage de la radioactivité dans l'environnement-Air: radon 222-Partie 6: méthode de mesure ponctuelle de l'activité volumique

续表

序号	标准号	发布时间	名称
30	NF M60-760	2017年8月	Nuclear Energy- Measurement of radioactivity in the environment- Air- Sampling of aerosols for measurement of radioactivity in the environment- Energie nucléaire- Mesures de la radioactivité dans l'environnement- Air- Prélèvement des aérosols dans l'environnement pour le mesurage en différé de la radioactivité
31	NF EN ISO 15366-2	2016年7月	Nuclear fuel technology- Chemical separation and purification of uranium and plutonium in nitric acid solutions for isotopic and isotopic dilution analysis by solvent extraction chromatography- Part 2: samples containing plutonium and uranium in the nanogram range and below- Technologie du combustible nucléaire- Séparation et purification chimiques de l'uranium et du plutonium dans les solutions d'acide nitrique par extraction chromatographique par solvant pour les mesures isotopiques et les analyses par dilution isotopique- Partie 2: échantillons ayant des
32	NF EN ISO 13163	2019年6月	Water quality- Lead- 210- Test method using liquid scintillation counting- Qualité de l'eau- Plomb 210- Méthode d'essai par comptage des scintillations en milieu liquide
33	NF ISO 18195	2019年7月	Method for the justification of fire partitioning in water cooled nuclear power plants (NPP) - Méthode pour la justification de la sectorisation incendie des centrales nucléaires utilisant l'eau comme fluide caloporteur
34	NF ISO 18256-1	2019年9月	Nuclear fuel technology- Dissolution of plutonium dioxide- containing materials- Part 1: dissolution of plutonium dioxide powders- Technologie du combustible nucléaire- Dissolution des matériaux contenant du dioxyde de plutonium- Partie 1: Dissolution des poudres de dioxyde de plutonium
35	NF ISO 18256-2	2019年9月	Nuclear fuel technology- Dissolution of plutonium dioxide- containing materials- Part 2: dissolution of MOX pellets and powders- Technologie du combustible nucléaire- Dissolution des matériaux contenant du dioxyde de plutonium- Partie 2: Dissolution de pastilles et poudres de MOX (ou mélanges d'oxydes)
36	NF EN ISO 12183	2019年6月	Nuclear fuel technology-Controlled-potential coulometric assay of plutonium- Technologie du combustible nucléaire-Dosage du plutonium par coulométrie à potentiel imposé
37	NF ISO 17874-3	2011年12月	Remote handling devices for radioactive materials-Part 3: electrical master-slave manipulators
38	NF ISO 21243	2009年9月	Radiation protection- Performance criteria for laboratories performing cytogenetic triage for assessment of mass casualties in radiological or nuclear emergencies-General principles and application to dicentric assay-Radioprotection

续表

序号	标准号	发布时间	名称
39	NF M64-001	1991年11月	Procedure for qualification of electric equipment installed in containments for pressurized water reactors subject to accident conditions
40	NF ISO 11311	2011年9月	Nuclear criticality safety- Critical values for homogeneous plutonium-uranium oxide fuel mixtures outside of reactors-Sûreté-criticité
41	NF M60-001	1984年12月	Nuclear energy glossary
42	NF ISO 15647	2006年10月	Nuclear energy-Isotopic analysis of uranium hexafluoride- Double-standard gas-source mass spectrometric method-Énergie nucléaire
43	NF M60-780-8	2001年3月	Nuclear energy-Measurement of radioactivity in the environment-Bioindicators-Part 8：glossary-Énergie nucléaire
44	NF M62-203	1987年12月	Limiting enclosures. Filtering fittings for air or gas
45	NF ISO 16795	2006年6月	Nuclear energy- Determination of Gd_2O_3 content of gadolinium fuel pellets by X-ray fluorescence spectrometry-Énergie nucléaire
46	NF ISO 18213-3	2009年5月	Nuclear fuel technology- Tank calibration and volume determination for nuclear materials accountancy- Part 3：statistical methods- Technologie du combustible nucléaire
47	NF ISO 21238	2007年8月	Nuclear energy- Nuclear fuel technology- Scaling factor method to determine the radioactivity of low- and intermediate- level radioactive waste packages generated at nuclear power plants-Énergie nucléaire
48	NF M62-202	1987年12月	Limiting enclosures. Characteristics of ventilation systems- Enceintes de confinement
49	NF EN 61500	2011年11月	Nuclear power plants- Instrumentation and control important tosafety- Data communication in systems performing category A functions- Centrales nucléaires de puissance
50	NF M60-780-3	1997年5月	Nuclear energy. Measurement of radioactivity in the environment. Bioindicators. Part 3：general guide for the storage and handling of samples-Énergie nucléaire
51	NF ISO 17874-5	2007年3月	Remote handling devices for radioactive materials- Part 5：remote handling tongs
52	NF M60-328	2006年9月	Nuclear energy- Nuclear fuel technology- Waste- Determination of plutonium 241 activity in liquid or solid waste after a preliminary chemical separation- Energie nucléaire
53	NF ISO 12795	2006年5月	Nuclear fuel technology- Uranium dioxide powder and pellets- Determination of uranium and oxygen/uranium ratio by gravimetric method with impurity correction-Technologie du combustible nucléaire
54	NF ISO 15080	2002年3月	Nuclear facilities- Ventilation penetrations for shielded enclosures

续表

序号	标准号	发布时间	名称
55	NF ISO 18213-1	2008年1月	Nuclear fuel technology-Tank calibration and volume determination for nuclear materials accountancy-Part 1: procedural overview-Technologie du combustible nucléaire
56	NF ISO 11933-4	2001年9月	Components for containment enclosures-Part 4: ventilation and gas-cleaning systems such as filters, traps, safety and regulation valves, control and protection devices
57	NF EN 62340	2010年8月	Nuclear power plants-Instrumentation and control systems important to safety-Requirements for coping with Common Cause Failure (CCF)-Centrales nucléaires de puissance
58	NF ISO 18213-2	2008年1月	Nuclear fuel technology-Tank calibration and volume determination for nuclear materials accountancy-Part 2: data standardization for tank calibration-Technologie du combustible nucléaire
59	NF M60-807	2006年9月	Nuclear Energy-Measurement of the radioactivity in the environement-Water-Measurement of lead 210 activity in water by gamma pectrometry-Énergie nucléaire
60	NF M60-320	2004年2月	Nuclear energy-Nuclear fuel technology-Waste-Determination of carbone 14 activity in waste by liquid scintillation-Énergie nucléaire
61	NF EN 62241	2015年5月	Nuclear power plants-Main control room-Alarm functions and presentation-Centrales nucléaires de puissance-Salle de commande principale-Fonctions et présentation des alarmes
62	NF EN ISO 11665-3	2016年1月	Measurement of radioactivity in the environment-Air: radon-222-Part 3: spot measurement method of the potential alpha energy concentration of its short-lived decay products-Mesurage de la radioactivité dans l'environnement-Air: radon 222-Partie 3: méthode de mesure ponctuelle de l'énergie alpha potentielle volumique de ses descendants à vie courte
63	NF EN ISO 3925	2015年12月	Unsealed radioactive substances-Identification and documentation-Substances radioactives non scellées-Identification et documentation
64	NF M60-312-1	2019年6月	Nuclear energy-Measurement of radioactivity in the environment-Determination of tritium activity in the air-Part 1: determination of the activity concentration of atmospheric tritium sampled by the sparging technique (air through water)-Énergie nucléaire-Mesure de la radioactivité dans l'environnement-Détermination de l'activité du tritium dans l'air-Partie 1: Détermination de l'activité volumique du tritium atmosphérique prélevé par la technique de barbotage de l'air dans l'eau
65	NF ISO 16793	2019年2月	Nuclear fuel technology-Guidelines for ceramographic preparation of UO_2 sintered pellets for microstructure examination-Technologie du combustible nucléaire-Guide pour la préparation céramographique de pastilles UO_2 frittées pour l'examen de la microstructure

续表

序号	标准号	发布时间	名称
66	NF EN 62808	2016年12月	Nuclear power plants- Instrumentation and control systems important to safety- Design and qualification of isolation devices- Centrales nucléaires de puissance- Systèmes d'instrumentation et de contrôle- commande importants pour la sûreté- Conception et qualification des appareils d'isolement
67	NF ISO 18557	2018年1月	Characterisation principles for soils, buildings and infrastructures contaminated by radionuclides for remediation purposes- Principes de caractérisation des sols, bâtiments et infrastructures contaminés par des radionucléides, à des fins de réhabilitation
68	NF EN ISO 21613	2018年1月	$(U,Pu)O_2$ Powders and sintered Pellets- Determination of chlorine and fluorine- Poudres et pastilles frittées de $(U,Pu)O_2$-Détermination du chlore et du fluor
69	NF EN 62808/A1	2019年6月	Nuclear power plants- Instrumentation and control systems important to safety- Design and qualification of isolation devices- Centrales nucléaires de puissance- Systèmes d'instrumentation et de contrôle- commande importants pour la sûreté- Conception et qualification des appareils d'isolement- Amendement 1
70	NF EN IEC 62646	2019年6月	Nuclear power plants- Control rooms- Computer-based procedures- Centrales nucléaires de puissance- Salles de commande- Procédures informatisées
71	NF EN IEC 60964	2019年6月	Nuclear power plants- Control rooms- Design- Centrales nucléaires de puissance- Salles de commande- Conception
72	NF ISO 9463	2019年9月	Nuclear energy- Nuclear fuel technology- Determination of plutonium in nitric acid solutions by spectrophotometry- Énergie nucléaire- Technologie du combustible nucléaire- Détermination du plutonium dans les solutions d'acide nitrique par spectrophotométrie
73	NF EN ISO 12799	2019年6月	Nuclear energy- Determination of nitrogen content in UO_2, $(U,Gd)O_2$ and $(U,Pu)O_2$ sintered pellets- Inert gas extraction and conductivity detection method- Énergie nucléaire- Dosage de la teneur en azote des pastilles frittées d'UO_2, $(U,Gd)O_2$ et $(U,Pu)O_2$-Méthode d'extraction par gaz inerte et méthode de mesurage de la conductivité
74	NF ISO 10980	1998年6月	Validation of the strength of reference solutions used for measuring concentrations
75	NF ISO 26062	2010年11月	Nuclear technology- Nuclear fuels- Procedures for the measurement of elemental impurities in uranium- and plutonium based materials by inductively coupled plasma mass spectrometry- Technologie nucléaire

续表

序号	标准号	发布时间	名称
76	NF ISO 16794	2003 年 4 月	Nuclear energy- Determination of carbon compounds and fluorides in uranium hexafluoride infrared spectrometry- Énergie nucléaire
77	FD M60-821	2010 年 8 月	Nuclear energy- General considerations about the sampling and the measurements of radioactive effluents- Énergie nucléaire
78	NF EN 60671	2011 年 11 月	Nuclear power plants- Instrumentation and control systems important to safety- Surveillance testing- Centrales nucléaires de puissance
79	NF ISO 27467	2009 年 5 月	Nuclear criticality safety- Analysis of a postulated criticality accident- Sûreté-criticité
80	NF ISO 21847-1	2007 年 11 月	Nuclear fuel technology- Alpha spectrometry- Part 1: determination of neptunium in uranium and its compounds- Technologie du combustible nucléaire
81	NF T30-900	1996 年 8 月	Paints and varnishes. Paints for nuclear industry. Behavioural test under controlled accident conditions and reparability of paints systems (pwr)- Peintures et vernis
82	NF M62-211	1984 年 7 月	Limiting enclosures. Method of control of the leak rate per hour. Enclosures of class 3
83	NF M60-780-7	1998 年 10 月	Nuclear energy. Measurement of radioactivity in the environment. Bioindicators. Part 7: general guide for the sampling of biological indicators from the marine environment- Énergie nucléaire
84	NF ISO 10648-1	1998 年 12 月	Containment enclosures. Part 1: design principles
85	NF ISO 11933-3	2000 年 3 月	Components for containment enclosures- Part 3: transfer systems such as plain doors, airlock chambers, double door transfer systems, leaktight connections for waste drums
86	NF M62-212	1984 年 7 月	Limiting enclosures. Method of control of the leak rate per hour. Enclosures of class 4
87	NF M60-322	2005 年 12 月	Nuclear energy- Nuclear fuel cycle technology- Waste- Determination of iron 55 activity in effluents and waste by liquid scintillation after prior chemical separation- Énergie nucléaire
88	NF ISO 17874-4	2006 年 7 月	Remote handling devices for radioactive materials- Part 4: power manipulators
89	NF M60-780-6	1999 年 9 月	Nuclear energy. Measurement of radioactivity in the environment- Bioindicators. Part 6: general guide for sampling fresh water biological indicators- Énergie nucléaire

续表

序号	标准号	发布时间	名称
90	NF ISO 16796	2006 年 6 月	Nuclear energy- Determination of Gd_2O_3 content in gadolinium fuel blends and gadolinium fuel pellets by atomic emission spectrometry using an inductively coupled plasma source (ICP-AES) -Énergie nucléaire
91	NF M60-812-1	2006 年 11 月	Nuclear Energy- Measurement of environmental radioactivity- Part 1: guide for the measurement of airborne ^{14}C volumetric activity from an atmospheric sample- Énergie nucléaire
92	NF M60-780-0	2001 年 3 月	Nuclear energy- Measurement of radioactivity in the environment- Bioindicators- Part 0: general principles- Énergie nucléaire
93	NF M60-780-1	2001 年 3 月	Nuclear energy- Measurement of radioactivity in the environment- Bioindicators- Part 1: guidance for the design of sampling programs- Énergie nucléaire
94	NF ISO 7097-1	2006 年 6 月	Nuclear fuel technology- Determination of uranium in solutions, uranium hexafluoride and solids- Part 1: iron (II) reduction/potassium dichromate oxidation/titrimetric method- Technologie du combustible nucléaire
95	NQSA NSQ-100	2011 年 12 月	NQ S 100- Nuclear safety and quality management system- Requirements- Model for quality management in design & developpment, manufacturing, erection, commissioning and related services- NSQ 100- Sûreté nucléaire et système de management de la qualité- Exigences- Modèle pour le management de la qualité en conceptin & développement, fabrication, montage, mise en service et services associés
96	NF ISO 13164-1	2014 年 1 月	Water quality- Radon-222- Part 1: general principles- Qualité de l'eau
97	NF ISO 13164-2	2013 年 11 月	Water quality- Radon-222- Part 2: test method using gamma-ray spectrometry- Qualité de l'eau
98	NF ISO 11665-4	2012 年 10 月	Measurement of radioactivity in the environment- Air: radon-222- Part 4: integrated measurement method for determining average activity concentration using passive sampling and delayed analysis- Mesurage de la radioactivité dans l'environnement
99	NF M60-822-3	2013 年 8 月	Nuclear energy- Radioactivity measurement in gaseous effluents- Determination of tritium and ^{14}C activity in gaseous effluents and gas discharge- Part 3: Determination of carbon 14 activity in trapping media for gaseous effluents or gaseous effluent discharge waste sampled by sparging or using a molecular sieve- Énergie nucléaire
100	NF EN 61772	2013 年 5 月	Nuclear power plants- Control rooms- Application of visual display units (VDUs) -Centrales nucléaires de puissance

续表

序号	标准号	发布时间	名称
101	NF EN 61513	2013年5月	Nuclear power plants- Instrumentation and control important to safety- General requirements for systems-Centrales nucléaires de puissance
102	NF ISO 13164-4	2015年8月	Water quality- Radon- 222- Part 4: test method using two- phase liquid scintillation counting-Qualité de l'eau
103	NF M60-822-0	2014年4月	Nuclear energy- Radioactivity measurement in gaseous effluents- Determination of tritium and ^{14}C activity in gaseous effluents and gas discharge- Part 0: calculation of tritium or carbon-14 activities- Énergie nucléaire
104	NF ISO 7195	2005年12月	Nuclear energy- Packaging of uranium hexafluoride (UF_6) for transport- Énergie nucléaire
105	NF ISO 18213-5	2008年5月	Nuclear fuel technology-Tank calibration and volume determination for nuclear materials accountancy-Part 5: accurate determination of liquid height in accountancy tanks equipped with dip tubes, fast bubbling rate- Technologie du combustible nucléaire
106	NF ISO 21847-2	2007年11月	Nuclear fuel technology-Alpha spectrometry-Part 2: determination of plutonium in uranium and its compounds-Technologie du combustible nucléaire
107	NF M60-822-1	2012年12月	Nuclear energy- Radioactivity measurement in gaseous effluents- Determination of tritium and ^{14}C activity in gaseous effluents and gas discharge- Part 1: sampling of tritium and ^{14}C in gaseous effluents- Énergie nucléaire
108	NF EN 61226	2010年7月	Nuclear power plants- Instrumentation and control important to safety- Classification of instrumentation and control functions- Centrales nucléaires de puissance
109	NF M62-233	1993年9月	Shielded enclosure bushing. Protection against gamma rayos. Requirements for cast iron screws used for ventilation
110	NF ISO 13168	2015年10月	Water quality- Simultaneous determination of tritium and carbon-14 activities-Test method using liquid scintillation counting-Qualité de l'eau
111	NF EN 61227	2016年6月	Nuclear power plants-Control rooms- Operator controls-Centrales nucléaires de puissance-Salles de commande-Commandes Opérateurs
112	NF EN ISO 13160	2016年2月	Water quality- Strontium 90 and strontium 89- Test methods using liquid scintillation counting or proportional counting-Qualité de l'eau-Strontium 90 et strontium 89- Méthodes d'essai par comptage des scintillations en milieu liquide ou par comptage proportionnel

续表

序号	标准号	发布时间	名称
113	NF EN ISO 19017	2017年10月	Guidance for gamma spectrometry measurement of radioactive waste-Lignes directrices pour le mesurage de déchets radioactifs par spectrométrie gamma
114	NF ISO 16647	2019年2月	Nuclear facilities-Criteria for design and operation of confinement systems for nuclear worksite and for nuclear installations under decommissioning-Installations nucléaires-Critères pour la conception et l'exploitation des systèmes de confinement des chantiers nucléaires et des installations nucléaires en démantèlement
115	NF ISO 22875	2017年12月	Nuclear energy-Determination of chlorine and fluorine in uranium dioxide powder and sintered pellets-Énergie nucléaire-Détermination du chlore et du fluor dans les poudres et les pastilles frittées de dioxyde d'uranium
116	NF EN ISO 15651	2018年2月	Nuclear energy-Determination of total hydrogen content in PuO_2 and UO_2 powders and UO_2, $(U,Gd)O_2$ and $(U,Pu)O_2$ sintered pellets-Inert gas extraction and conductivity detection method-Énergie nucléaire-Dosage de la teneur totale en hydrogène de poudres de PuO_2 et UO_2, et de pastilles frittées d'UO_2, $(U,Gd)O_2$ et $(U,Pu)O_2$-Méthode d'extraction par gaz inerte et méthode de mesure de la conductivité
117	NF EN IEC 62465	2019年6月	Nuclear power plants-Instrumentation and control important to safety-Management of ageing of electrical cabling systems-Centrales nucléaires de puissance-Instrumentation et contrôlecommande importants pour la sûreté-Gestion du vieillissement des systèmes de câbles électriques
118	NF EN IEC 60709	2019年6月	Nuclear power plants-Instrumentation, control and electrical power systems important to safety-Separation-Centrales nucléaires de puissance-Systèmes d'instrumentation, de contrôle-commande et d'alimentation électrique importants pour la sûreté-Séparation
119	NF EN ISO 18589-2	2018年3月	Measurement of radioactivity in the environment-Soil-Part 2: Guidance for the selection of the sampling strategy, sampling and pre-treatment of samples-Mesurage de la radioactivité dans l'environnement-Sol-Partie 2: Lignes directrices pour la sélection de la stratégie d'échantillonnage, l'échantillonnage et le prétraitement des échantillons
120	NF ISO 21391	2019年11月	Nuclear criticality safety-Geometrical dimensions for subcriticality control-Equipment and layout-Sûreté-criticité-Cotes de criticité-Vérification de la conformité entre les dimensions construites et les limites des cotes de criticité

续表

序号	标准号	发布时间	名称
121	NF ISO 18229	2019 年 2 月	Essential technical requirements for mechanical components and metallic structures foreseen for Generation Ⅳ nuclear reactors- Exigences techniques essentielles pour les composants mécaniques et les structures métalliques destinés aux réacteurs nucléaires de quatrième génération
122	NF EN IEC 62976	2019 年 6 月	Industrial non-destructive testing equipment- Electron linear accelerator- Appareils destinés aux essais non destructifs pour le secteur industriel- Accélérateur électronique linéaire
123	NF EN ISO 22765	2019 年 6 月	Nuclear fuel technology- Sintered (U, Pu) O_2 pellets- Guidance for ceramographic preparation for microstructure examination- Technologie du combustible nucléaire- Pastilles (U, Pu) O_2 frittées- Préconisations relativesàla préparation céramographique pour examen de la microstructure
124	NF T30-901	1995 年 8 月	Paints and varnishes. Paint for nuclear industry. Performance test for susceptibility to contaminaiton and fitness to decontamination- Peintures et vernis
125	NF ISO 11933-1	1997 年 12 月	Components for containment enclosures. Part 1：glove/bag ports, bungs for glove/bag ports, enclosure rings and interchangeable units
126	NF EN 60964	2010 年 7 月	Nuclear power plants- Control rooms- Design- Centrales nucléaires de puissance
127	NF ISO 18589-6	2009 年 5 月	Measurements of radioactivity in the environment- Soil- Part 6：measurements of gross alpha and gross beta activities- Mesurage de la radioactivité dans l'environnement
128	NF M62-104	1998 年 6 月	Nuclear energy. Protection against radiations. Shielding windows against gamma radiations for concrete shielded walls. -Énergie nucléaire
129	NF M60-812-2	2006 年 8 月	Nuclear energy- Measurement of environmental radioactivity- Part 2：measurement of carbon 14 activity by liquid scintillation in carbon matrices in the environment-Énergie nucléaire
130	NF M62-105	1998 年 12 月	Nuclear energy. Industrial accelerators：installations. -Énergie nucléaire
131	NF M60-780-2	2001 年 3 月	Nuclear energy- Measurement of radioactivity in the environment- Bioindicators-Part 2：guidance for sampling technicals-Énergie nucléaire
132	NF ISO 11933-2	1997 年 12 月	Components for containment enclosures. Part 2：gloves, welded bags, gaiters for remote-handling tongs and for manipulators
133	NF M60-790-4	1999 年 7 月	Nuclear energy. Measurement of radioactivity in the environment- Soil. Part 4：methodology for soil samples dissolution-Énergie nucléaire

续表

序号	标准号	发布时间	名称
134	NF ISO 17874-1	2010年10月	Remote handling devices for radioactive materials-Part 1: general requirements
135	NF ISO 21847-3	2007年11月	Nuclear fuel technology-Alpha spectrometry-Part 3: determination of uranium 232 in uranium and its compounds-Technologie du combustible nucléaire
136	NF ISO 10981	2006年4月	Nuclear fuel technology- Determination of uranium in reprocessing- plant dissolver solution- Liquid chromatography method-Technologie du combustible nucléaire
137	NF EN 60880	2010年1月	Nuclear power plants- Instrumentation and control systems important to safety-Software aspects for computer-based systems performing category A functions-Centrales nucléaires de puissance
138	NF ISO 17873	2006年4月	Nuclear facilities-Criteria for the design and operation of ventilation systems for nuclear installations other than nuclear reactors-Installations nucléaires
139	NF ISO 13465	2009年8月	Nuclear energy- Nuclear fuel technology-Determination of neptunium in nitric acid solutions by spectrophotometry-Énergie nucléaire
140	NF ISO 7097-2	2006年6月	Nuclear fuel technology- Determination of uranium in solutions, uranium hexafluoride and solids- Part 2: iron (Ⅱ) reduction/cerium (Ⅳ) oxidation/titrimetric method-Technologie du combustible nucléaire
141	NF ISO 18589-1	2005年12月	Measurements of radioactivity in the environment- Soil- Part 1: general guidelines and definitions-Mesurage de la radioactivité dans l'environnement
142	NF M60-822-2	2011年12月	Nuclear energy- Radioactivity measurement in gaseous effluents-Determination of tritium and ^{14}C activity in gaseous effluents and gas discharge-Part 2: determination of tritium activity in the trapping solution of gaseous effluents or gas discharge sampled by sparging-Énergie nucléaire-Mesure de la radioactivité dans les effluents gazeux
143	CWA 16519	2012年11月	Design and Construction Code for mechanical equipments of innovative nuclear installations
144	NF EN ISO 11665-5	2016年1月	Measurement of radioactivity in the environment- Air: radon-222-Part 5: continuous measurement method of the activity concentration-Mesurage de la radioactivité dans l'environnement- Air: radon 222- Partie 5: méthode de mesure en continu de l'activité volumique
145	NF EN ISO 13162	2015年10月	Water quality- Determination of carbon-14 activity-Liquid scintillation counting method-Qualité de l'eau- Détermination de l'activité volumique du carbone 14-Méthode par comptage des scintillations en milieu liquide

续表

序号	标准号	发布时间	名称
146	NF EN 62566	2014年11月	Nuclear power plants- Instrumentation and control important to safety- Development of HDL-programmed integrated circuits for systems performing category A functions- Centrales nucléaires de puissance- Instrumentation et contrôle-commande importants pour la sûreté- Développemnt des circuits intégrés programmés en HDL pour les systèmes réalisant des fonctions de catégorie A
147	NF EN ISO 2919	2015年2月	Radiological protection-Sealed radioactive sources-General requirements and classification- Radioprotection- Sources radioactives scellées- Exigences générales et classification
148	NF EN ISO 11665-7	2016年1月	Measurement of radioactivity in the environment- Air: radon-222- Part 7: accumulation method for estimating surface exhalation rate-Mesurage de la radioactivité dans l'environnement- Air: radon 222- Partie 7: méthode d'estimation du flux surfacique d'exhalation par la méthode d'accumulation
149	NQSA NSQ-100	2011年12月	NQ S 100- Nuclear safety and quality management system- Requirements-Model for quality management in design & developpment, manufacturing, erection, commissioning and related services-NSQ 100-Sûreté nucléaire et système de management de la qualité- Exigences- Modèle pour le management de la qualité en conceptin & développement, fabrication, montage, mise en service et services associés
150	NF EN ISO 15646	2016年10月	Re-sintering test for UO_2, $(U, Gd)O_2$ and $(U, Pu)O_2$ pellets- Test de refrittage pour pastilles UO_2, $(U,Gd)O_2$ et $(U,Pu)O_2$
151	NF EN 60965	2016年12月	Nuclear power plants-Control rooms-Supplementary control room for reactor shutdown without access to the main control room- Centrales nucléaires de puissance- Salles de commande- Salle de commande supplémentaire pour l'arrêt des réacteurs sans accès à la salle de commande principale
152	NF ISO 12807	2019年4月	Safe transport of radioactive materials- Leakage testing on packages- Sûreté des transports de matières radioactives-Contrôle de l'étanchéité des colis
153	NF EN ISO 15366-1	2016年7月	Nuclear fuel technology- Chemical separation and purification of uranium and plutonium in nitric acid solutions for isotopic and isotopic dilution analysis by solvent extraction chromatography- Part 1: samples containing plutonium in the microgram range and uranium in the milligram range- Technologie du combustible nucléaire- Séparation et purification chimiques de l'uranium et du plutonium dans les solutions d'acide nitrique par extraction chromatographique par solvant pour les mesures isotopiques et les analyses par dilution isotopique-Partie 1: échantillons ayant des

续表

序号	标准号	发布时间	名称
154	NF EN 60780-323	2017年10月	Nuclear facilities-Electrical equipment important to safety-Qualification-Installations nucléaires- Equipements électriques importants pour la sûreté-Qualification
155	NF EN ISO 18589-3	2018年3月	Measurement of radioactivity in the environment-Soil-Part 3：Test method of gamma-emitting radionuclides using gamma-ray spectrometry-Mesurage de la radioactivité dans l'environnement-Sol-Partie 3：Méthode d'essai des radionucléides émetteurs gamma par spectrométrie gamma
156	NF M60-333	2011年8月	Nuclear energy- Nuclear fuel cycle technology- Waste- Determination of iodine 129 activity in liquid or solid waste-Énergie nucléaire
157	NF T30-903	1988年5月	Paints and varnishes. Paints for the nuclear industry. Test of behaviour in ionising radiations (pwr) -Peintures et vernis
158	NF ISO 8300	2014年4月	Nuclear fuel technology- Determination of plutonium content in plutonium dioxide of nuclear grade quality- Gravimetric method- Technologie du combustible nucléaire
159	NF ISO 13463	2000年6月	Nuclear Energy-Nuclear-grade plutonium dioxide powder for fabrication of light water reactor MOX fuel- Guidelines to help in the definition of a product specification-Énergie nucléaire
160	NF M60-329	2008年1月	Nuclear energy- Nuclear fuel technology- Waste- Determination of the plutonium alpha activity in effluents or solid waste by alpha spectrometry-Énergie nucléaire
161	NF ISO 2889	2010年5月	Sampling airborne radioactive materials from the stacks and ducts of nuclear facilities
162	NF ISO 18213-6	2008年5月	Nuclear fuel technology- Tank calibration and volume determination for nuclear materials accountancy- Part 6：accurate in-tank determination of liquid density in accountancy tanks equipped with dip tubes-Technologie du combustible nucléaire
163	NF ISO 21614	2009年5月	Determination of carbon content of UO_2, $(U, Gd)O_2$ and $(U, Pu)O_2$ powders and sintered pellets- Combustion in a high-frequency induction furnace- Infrared absorption spectrometry- Détermination de la teneur en carbone des poudres et des pastilles frittées d'UO_2, $(U, Gd)O_2$ et $(U, Pu)O_2$
164	NF ISO 18589-4	2009年5月	Measurements of radioactivity in the environment-Soil-Part 4：measurement of plutonium isotopes (plutonium 238 and plutonium 239 + 240) by alpha spectrometry-Mesurage de la radioactivité dans l'environnement

续表

序号	标准号	发布时间	名称
165	NF EN 62138	2009年10月	Nuclear power plants- Instrumentation and control important for safety- Software aspects for computer- based systems performing category B or C functions-Centrales nucléaires
166	NF ISO 9005	2007年5月	Nuclear energy- Uranium dioxide powder and sintered pellets-Determination of oxygen/uranium atomic ratio by the amperometric method- Énergie nucléaire
167	NF ISO 8425	2014年2月	Nuclear fuel technology- Determination of plutonium in pure plutonium nitrate solutions-Gravimetric method
168	NF M60-323	2011年5月	Nuclear energy- Nuclear fuel cycle technology-Waste-Guide for pre-analysis dissolution of effluents, waste and embedding matrices-Énergie nucléaire
169	NF M60-325	2005年12月	Nuclear energy- Nuclear fuel cycle technology- Waste- Determination of tritium activity in waste by liquid scintillation-Energie nucléaire
170	NF ISO 11320	2011年12月	Nuclear criticality safety- Emergency preparedness and response- Sûreté-criticité
171	NF EN ISO10270	2008年7月	Corrosion of metals and alloys-Aqueous corrosion testing of zirconium alloys for use in nuclear power reactors-Corrosion des métaux et alliages
172	NF ISO 7476	2006年8月	Nuclear fuel technology-Determination of uranium in uranyl nitrate solutions of nuclear grade quality- Gravimetric method- Technologie du combustible nucléaire
173	NF EN 60709	2010年8月	Nuclear power plants- Instrumentation and control systems important to safety-Separation-Centrales nucléaires de puissance
174	NF ISO 9978	1992年5月	Radiation protection. Sealed radioactive sources. Leakage test methods. -Radioprotection
175	NF ISO 16117	2013年12月	Nuclear criticality safety-Estimation of the number of fissions of a postulated criticality accident-Sécurité de criticité nucléaire
176	NF ISO 16966	2014年2月	Nuclear energy- Nuclear fuel technology- Theoretical activation calculation method to evaluate the radioactivity of activated waste generated at nuclear reactors-Énergie nucléaire
177	NF EN ISO 13161	2016年2月	Water quality-Measurement of polonium 210 activity concentration in water by alpha spectrometry-Qualité de l'eau-Mesurage de l'activité du polonium 210 dans l'eau par spectrométrie alpha
178	NF EN ISO 11665-2	2016年1月	Measurement of radioactivity in the environment- Air: radon-222- Part 2: integrated measurement method for determining average potential alpha energy concentration of its short- lived decay products- Mesurage de la radioactivité dans l'environnement- Air: radon 222- Partie 2: méthode de mesure intégrée pour la détermination de l'énergie alpha potentielle volumique moyenne de ses descendants à vie courte

续表

序号	标准号	发布时间	名称
179	NF ISO 19226	2018 年 10 月	Nuclear energy-Determination of neutron fluence and displacement per atom (dpa) in reactor vessel and internals-Énergie nucléaire-Détermination de la fluence neutronique et des déplacements par atome (dpa) dans la cuve et les internes de réacteur
180	NF ISO 19443	2019 年 2 月	Quality management systems-Specific requirements for the application of ISO 9001: 2015 by organizations in the supply chain of the nuclear energy sector supplying products and services important to nuclear safety (ITNS)-Systèmes de management de la qualité-Exigences spécifiques pour l'application de l'ISO 9001 et des exigences GS-R de l'AIEA par les organisations de la chaîne d'approvisionnement du secteur de l'énergie nucléaire
181	NF M60-825	2012 年 12 月	Nuclear energy-Radioactivity measurement in gaseous and liquid effluents-Sampling of liquid effluents in a vessel or a discharge channel-Énergie nucléaire
182	NF EN 60987	2015 年 5 月	Nuclear power plants-Instrumentation and control important to safety-Hardware design requirements for computer-based systems-Centrales nucléaires de puissance-Instrumentation et contrôle-commande importants pour la sûreté-Exigences applicables à la conception du matériel des systèmes informatisés
183	NF EN 62765-1	2017 年 10 月	Nuclear powers plants-Instrumentation and control important to safety-Management of ageing of sensors and transmitters-Part 1: Pressure transmitters-Centrales nucléaires de puissance-Instrumentation et contrôle-commande importants pour la sûreté-Gestion du vieillissement des capteurs et des transmetteurs-Partie 1: Transmetteurs de pression
184	NF EN ISO 16424	2018 年 1 月	Nuclear energy-Evaluation of homogeneity of Gd distribution within gadolinium fuel blends and determination of Gd_2O_3 content in gadolinium fuel pellets by measurements of uranium and gadolinium elements-Énergie nucléaire-Évaluation de l'homogénéité de la distribution du Gd dans les mélanges de combustibles au gadolinium et détermination de la teneur en Gd_2O_3 dans les pastilles combustibles au gadolinium par mesurage des éléments uranium et gadolinium
185	NF EN ISO 21483	2018 年 1 月	Determination of solubility in nitric acid of plutonium in unirradiated mixed oxide fuel pellets $(U, Pu)O_2$-Détermination de la solubilité dans l'acide nitrique du plutonium des pastilles $(U, Pu)O_2$ de combustibles d'oxydes mixtes non irradiés
186	NF EN ISO 12800	2019 年 6 月	Nuclear fuel technology-Guidelines on the measurement of the specific surface area of uranium oxide powders by the BET method-Technologie du combustible nucléaire-Lignes directrices pour le mesurage de l'aire massique (surface spécifique) des poudres d'oxyde d'uranium par la méthode BET

续表

序号	标准号	发布时间	名称
187	NF EN ISO 21484	2019年6月	Nuclear Energy-Fuel technology-Determination of the O/M ratio in MOX pellets by the gravimetric method- Énergie nucléaire- Technologie du combustible-Détermination du rapport O/M dans les pastilles MOX par la méthode gravimétrique
188	NF ISO 9161	2019年6月	Uranium dioxide powder-Determination of apparent density and tap density- Poudre de dioxyde d'uranium- Détermination de la masse volumique apparente et de la masse volumique après tassement
189	NF EN IEC 61500	2019年6月	Nuclear power plants- Instrumentation and control systems important to safety- Data communication in systems performing category A functions- Centrales nucléaires de puissance-Systèmes d'instrumentation et de contrôle-commande importants pour la sûreté- Communications de données dans les systèmes réalisant des fonctions de catégorie A
190	NF ISO 15080/A1	2019年10月	Nuclear facilities- Ventilation penetrations for shielded enclosures- Amendment 1- Installations nucléaires- Traversées de ventilation pour enceintes blindées-Amendement 1
191	PR NF ISO 10276	2019年4月	Nuclear energy-Fuel technology-Trunnions for packages used to transport radioactive material- ? nergie nucléaire- Technologie du combustible- Tourillons pour colis de transport de matières radioactives
192	PR NF ISO 16795	2019年4月	Nuclear energy- Determination of Gd_2O_3 content of gadolinium fuel pellets by X-ray fluorescence spectrometry- ? nergie nucléaire- Dosage de Gd_2O_3 par spectrométrie à fluorescence X dans des pastilles combustibles contenant de l'oxyde d'uranium
193	PR NF M60-780-2	2019年9月	Nuclear energy- Measurement of radioactivity in the environment- Bioindicators- Part 2：sampling of biological bioindicators from dul? aquicole environment- Energie nucléaire- Mesure de la radioactivité dans l'environnement-Bioindicateurs-Partie 2：Guide général pour l'échantillonnage, le conditionnement et le prétraitement de bioindicateurs du milieu dul? aquicole
194	PR NF EN ISO 11665-2	2019年7月	Measurement of radioactivity in the environment- Air：radon-222-Part 2：Integrated measurement method for determining average potential alpha energy concentration of its short- lived decay products- Mesurage de la radioactivité dans l'environnement- Air：radon 222-Partie 2：Méthode de mesure intégrée pour la détermination de l'énergie alpha potentielle volumique moyenne de ses descendants à vie courte
195	PR NF EN ISO 13164-3	2019年8月	Water quality-Radon-222-Part 3：Test method using emanometry- Qualité de l'eau-Radon 222-Partie 3：Méthode d'essai par émanométrie

续表

序号	标准号	发布时间	名称
196	PR NF EN IEC 61225	2019年8月	Nuclear power plants- Instrumentation, control and electrical power systems-Requirements for static uninterruptible DC and AC power supply systems-Centrales nucléaire de puissance-Systèmes d'instrumentation, de contr? le-commande et d'alimentation électrique- Exigences pour les systèmes d'alimentation en courant alternatif et en courant continu statiques sans interruption
197	PR NF M60-780-3	2019年9月	Nuclear energy-Measurement of radioactivity in the environment-Bioindicators-Part 3: Sampling of biological indicators from marine environment.-Énergie nucléaire-Mesure de la radioactivité dans l'environnement-Bioindicateurs-Partie 3: Guide général pour l'échantillonnage, le conditionnement et le prétraitement de bioindicateurs du milieu marin Available languages
198	PR NF ISO 18589-6	2018年11月	Measurement of radioactivity in the environment-Soil-Part 6: Gross alpha and gross beta activities-Test method using gas-flow proportional counting-Mesurage de la radioactivité dans l'environnement-Sol-Partie 6: Mesurage des activités alpha globale et bêta globale- Méthode d'essai utilisant un compteur proportionnel à circulation gazeuse
199	PR NF EN IEC 62138	2019年11月	Nuclear power plants- Instrumentation and control systems important to safety-Software aspects for computer-based systems performing category B or C functions-Centrales nucléaires de puissance-Systèmes d'instrumentation et de contr? le- commande importants pour la s? reté- Aspects logiciels des systèmes informatisés réalisant des fonctions de catégorie B ou C
200	PR NF M60-824	2020年1月	Nuclear energy- Measurement of radioactivity in the environment- Test method for the analysis of tritium in free water and organically bound tritium in environmental matrices-? nergie nucléaire-Mesure de la radioactivité dans l'environnement-Méthode d'essai pour l'analyse du tritium de l'eau libre et du tritium organiquement lié dans les matrices environnementales
201	PR NF ISO 18589-5	2018年7月	Measurement of radioactivity in the environment-Soil-Part 5: strontium 90-Test method using proportional counting or liquid scintillation counting-Mesurage de la radioactivité dans l'environnement-Sol-Partie 5: strontium 90-Méthode d'essai par comptage proportionnel et scintillation liquide
202	PR NF ISO 2889	2019年4月	Sampling airborne radioactive materials from the stacks and ducts of nuclear facilities-? chantillonnage de substances radioactives en suspension dans l'air dans les émissaires de rejet et les conduits des installations nucléaires

续表

序号	标准号	发布时间	名称
203	PR NF ISO 9978	2019年4月	Radiation protection-Sealed sources-Leakage test methods-Radioprotection-Sources scellées-Méthodes d'essai d'étanchéité
204	PR NF EN ISO 13164-2	2019年8月	Water quality-Radon-222-Part 2：Test method using gamma-ray spectrometry-Qualité de l'eau- Radon 222- Partie 2：Méthode d'essai par spectrométrie gamma
205	PR NF EN ISO 13164-1	2019年8月	Water quality- Radon- 222- Part 1：General principles- Qualité de l'eau- Radon 222- Partie 1：Principes généraux
206	PR NF M60-780-0	2019年9月	Nuclear energy- Measurement of radioactivity in the environment- Bioindicators- Part 0：General guide for sampling of bioindicators in environment-Energie nucléaire-Mesure de la radioactivité dans l'environnement-Bioindicateurs-Partie 0：Guide général pour l'échantillonnage, le conditionnement et le prétraitement de bioindicateurs dans l'environnement
207	PR NF ISO 22946	2019年2月	Nuclear criticality safety- Solid waste（excluding irradiated and non-irradiated fuel）-Sreté-criticité-Déchets radioactifs solides（à l'exclusion du combustible nucléaire irradié et non irradié）
208	PR NF ISO 18589-4	2018年11月	Measurement of radioactivity in the environment- Soil- Part 4：Plutonium 238 and plutonium 239 + 240- Test method using alpha spectrometry-Mesurage de la radioactivité dans l'environnement-Sol-Partie 4：Mesurage des isotopes du plutonium（plutonium 238 et plutonium 239 + 240）par spectrométrie alpha
209	PR NF EN ISO 13161	2019年4月	Water quality-Polonium 210-Test method using alpha spectrometry-Qualité de l'eau-Polonium 210-Méthode d'essai par spectrométrie alpha
210	PR NF M60-780-1	2019年9月	Nuclear energy- Measurement of radioactivity in the environment-Bioindicators-Part 1：Sampling of bioindicators from the earth environment.-nergie nucléaire-Mesure de la radioactivité dans l'environnement-Bioindicateurs-Partie 1：Guide général pour l'é chantillonnage, le conditionnement et le prétraitement de bioindicateurs du milieu terrestre
211	PR NF EN ISO 22515	2019年11月	Water quality- Iron- 55- Test method using liquid scintillation counting-Qualité de l'eau-Fer-55-Méthode d'essai par comptage des scintillations en milieu liquide

2018年法国标准化协会发布的核相关标准如表4.5所示。

表4.5 法国标准化协会发布的标准列表①

序号	标准号	标准名称
1	NF P99-611	Accessibility of Public Toilets
2	AC Z90-002	Guide for the Prevention and Detection of Cyber-Threats
3	NF C132-200	High-Voltage Electrical Facilities
4	NF P96-105	Information and Directional Symbols in Buildings
5	NF EN 1069	Safety of Water Slides
6	ISO 45001	Occupational Health and Safety Management System
7	NF EN ISO 22000	Food Safety Management
8	NF ISO 31000	Risk Management-Guidelines
9	NF EN ISO 50001	Energy Management System
10	NF T97-001	Determination of Sludge Dryness
11	NF C15-160	Requirements for Radiation Protection
12	XP X30-901	Circular Economy Project Management
13	NF S31-200	Measurement of Noise in the Surrounding of Road Transport Supply Activity
14	NF EN 17124-2018	Hydrogen Refuelling Stations for Road Vehicles
15	XP C90-486	Telecom Risers

4.3.2.4 未来发展及预判

2018年，AFNOR共制定608项新标准，撤回402项标准，修订1328项标准，发布1863项标准征求意见稿②。

2018年，AFNOR协调与指导委员会发布《法国标准化战略（2016—2018）》，指导法国利益相关方进行自身定位，并明确了未来几年应采取的措施和实现的具体目标。《法国标准化战略（2016—2018）》概述了标准化利益相关方需要面对的两大社会挑战，明确了未来三年法国标准化工作应集中关注的八大重点议题、五大具体领域，并提出了落实战略的九大行动方案及提升法国国际标准化工作有效性的九项措施，具体内容如下③。

两大挑战：社会数字化和气候变化。

八大重点议题：可持续和智慧城市、数字经济、未来工厂、循环经济、能源转化、老年经济、合作经济与共享经济、服务等。

五大具体领域：纳米技术；技术纺织品和新型智慧材料；安全、健康与可持续食品；未来医药；无人机等。

---

① https://www.groupeafnor.org/en/wp-content/uploads/sites/2/2019/07/Afnor-activity-CSR-report-2018.pdf.
② https://www.groupeafnor.org/en/wp-content/uploads/sites/2/2019/07/Afnor-activity-CSR-report-2018.pdf.
③ 许甲坤，黄华．法国标准化发展现状及中法标准化合作建议．标准科学，2018，535（12）：22-25.

九大行动方案：响应社会、公民、用户和消费者的期望；帮助工业获得竞争优势，并为法国经济运行提供支撑；增强法国标准化体系的有效性；授权利益相关方与合作伙伴；利用技术满足标准化利益相关方的需求与期望；提升标准化与政府采购之间的潜在协同性；与制定标准化文件的机构建立合作伙伴关系；明确维护法语语言的重要性；强化法国利益相关方参与欧洲和国际标准化活动的有效性。

4.3.3 法国核岛设备设计、建造及在役检查规则协会

4.3.3.1 概况、职责与使命

法国为了建立自己的核电标准体系，在 1980 年底成立了专门的标准化组织——法国核岛设备设计、建造及在役检查规则协会（AFCEN）。该组织为非营利机构且不受参与各方利益的制约。AFCEN 主要成员是 EDF（法国电力集团）、FRAMATOME（法马通公司）和 NOVATOME（诺瓦通公司），后来长期由 EDF 和 AREVA（阿海珐集团，原 FRAMATOME）组成，并封闭地开展工作，法国核设施安全局（DSIN）也参与一定的活动。

AFCEN 的主要任务是：①为核电站核岛设备的设计、建造、安装和调试制定详细而实用的规则；②根据经验积累、技术进步和管制要求的变化对规则进行修订；③颁布 RCC 系列规则及其后续版本。

2010 年起，根据 AFCEN 和法国核电技术自身发展的需要，以及其他国际组织的一再要求下实行开放的政策，开始吸收法国的其他组织和其他国家的组织进入协会参与核电标准的编制工作。AFCEN 吸收其他组织参与旨在推广 RCC 系列标准和技术，以及吸取各个国家在标准使用过程中的经验和实践[1]。

4.3.3.2 组织结构

AFCEN 由董事会领导，负责起草协会的战略指导方针和临时预算，并确保在大会通过后立即予以执行。为了执行其工作计划，董事会下设立执行局，由协调总秘书处支持其工作。总秘书处确保 AFCEN 的运作功能，向董事会提出方向建议并执行其决定，负责组织和管理由编辑委员会和培训委员会部署的 AFCEN 的所有活动[2]。

AFCEN 设立了 7 个小组委员会开展 AFCEN 的技术活动，每个小组委员会负责不同技术领域的标准活动，具体如下：①RCC-M 负责压水堆机械设备的设计和施工规则；②RCC-E 负责压水堆核电站核岛电气设备设计和建造规则；③RCC-CW 负责压水堆土木工程设计和施工规则；④RCC-C 负责压水堆燃料组件的设计和施工规则；⑤RCC-F 负责压水堆消防系统设计和施工规则；⑥RSE-M 负责压水堆核岛机械部件在役检验规则；⑦RCC-MRx 负责高温结构核设施和 ITER 真空容器机械部件的设计和施工规则。

---

[1] 吴丹蕾，尚恒，陈智，等. 法国 AFCEN 运行机制及对我国核电标准化工作的启示. 核标准计量与质量，2011，(4)：51-55.

[2] https://www.chinadialogue.net/article/show/single/ch/4956-Nuclear-Europe-a-dream-unwinding.

4.3.3.3 标准化工作

法国核电迅速发展与标准化有很大的关系。法国在20世纪70年代初期引进了美国西屋公司的90万千瓦级核电机组技术，启动了压水堆核电发展计划，按照美国ASME III等标准陆续建成一批90万千瓦级的核电机组。法国适时地成立了RCC编写工作组和编委会（AFCEN），编制了核电站设计和建造技术系列标准RCC。RCC系列规范标准的原始基础仍是美国轻水堆核电标准。法国引进、吸取了美国核电的许多经验，但不机械照搬，而是结合本国国情有所创造和发展[1]。

AFCEN目前发布7种规范，包括6种RCC规范和1种RSE规范[2]。表4.6是RCC系列规范标准的版本变化情况[3]。

表4.6 RCC系列规范标准的版本变化情况

编号	标准名称	版本
RCC-M	Construction of PWR mechanical components	2000 and 2007 editions, with addenda； 2012 edition, with addenda in 2013, 2014 and 2015 2016, 2017 and 2018 editions； Next edition：2020
RSE-M	In-service inspection for PWR mechanical components	2010 edition, with addenda in 2012, 2013, 2014 and 2015. 2016, 2017 and 2018 editions； Next edition：2020
RCC-E	Electrical and I&C systems and equipment	2012 edition； 2016 edition； 2019 edition
RCC-CW	Civil engineering	ETC-C editions 2010 and 2012； RCC-CW editions 2015, 2016, 2017, 2018 and 2019
RCC-C	Fuel	2005 edition, with addenda in 2011； 2015, 2017, 2018 and 2019 editions
RCC-F	Fire	2010 edition, then 2013（ETC-F）； RCC-F 2017 edition； Next edition：2020
RCC-MRx	Mechanical components in fast neutron, experimental and fusion reactors	2012 edition, with addenda in 2013； 2015 edition； 2018 edition； Next edition：2021

(1)《压水堆核岛机械设备的设计和施工规则》（RCC-M）

RCC-M是法国《压水堆核岛机械设备设计和施工规则》由法国核岛设备设计和建造

---

[1] 王泽平，周涛，付涛. 中、美、法核电标准比较研究. 华北电力大学学报（社会科学版），2009，(4)：1-5.
[2] http://afcen.com/e-library/media/afcen_ra_en_2018.pdf.
[3] http://afcen.com/e-library/media/afcen_ra_en_2018.pdf.

规则协会（AFCEN）为规范法国压水堆核电站机械设备设计和建造而编制，于1980年首次发布，是在借鉴 ASME《锅炉及压力容器规范》第三卷《核动力装置设备》内容的基础上，吸收了法国在核电工业发展实践中积累的经验和成果而制定出来的。

自1980年10月出版第一版以来，应法国国内及国外项目建设的需要，AFCEN 不断对 RCC-M 进行升级或补遗，截至当前最新版本为 RCC-M 2018 版。2008年，中科华核电技术研究院有限公司与 AFCEN 签订了翻译、出版 RCC-M 中文版的授权协议。

2018 版 RCC-M 规范共有六卷。第Ⅰ卷划分为9篇，第Ⅱ卷到第Ⅴ卷汇集了不同技术领域的相应规则。第Ⅰ卷的各篇在需要之处明确引用第Ⅱ卷到第Ⅴ卷所包含的规则和技术条文，是 RCC-M 的索引和指南；第Ⅱ卷材料篇，汇集了零件和制品的供货技术规范；第Ⅲ卷检验方法篇，规定了各种破坏性试验和无损检验的方法和实施规则；第Ⅳ卷焊接篇，规定了焊接操作及其实施的各种评定规则；第Ⅴ卷制造篇，规定了焊接之外的制造操作规则；第Ⅵ卷使用规则篇[1]。

(2)《压水堆核电站核岛电气设备设计和建造规则》（RCC-E）

《压水堆核电站核岛电气设备设计和建造规则》（RCC-E）由法国核岛设备设计建造规则协会出版，适用于电气设备及软件。这些设备及软件发生故障，都可能影响人员的安全或核电站的安全。该规则用在用户和供应商之间的合同框架中。

(3)《压水堆土木工程设计和施工规则》（RCC-CW）

RCC-CW 规则描述了设计、建造和测试压水堆反应堆。RCC-CW 规则基于欧洲规范设计原则（欧洲结构标准建筑工程设计）及安全等级建筑的具体规范，解释了混凝土的安全性、适用性和耐久性的原则和要求，以及金属框架结构。

2018 版 RCC-CW 的内容包括4部分：G 部通用篇；D 部设计篇；C 部设计篇；M 部维护和监测篇[2]。

(4)《压水堆燃料组件的设计和施工规则》（RCC-C）

RCC-C 规则包含设计、制造和检验核燃料组件与不同类型的核心组件（如棒束控制组件、可燃毒物棒组件、一次和二次源组件及套管塞组件）的要求。RCC-C 规则包括：燃料系统设计，特别是组件、燃料棒和相关元件（核心部件）的设计，产品和零件的检验特性，制造方法和检验方法。

2018 版 RCC-C 分为5章[3]：第1章通用篇；第2章符合 RCC-C 的设备说明；第3章设计篇；第4章制造篇；第5章核蒸汽供应系统以外的情况。

(5)《压水堆消防系统设计和施工规则》（RCC-F）

RCC-F 规则根据涉及的核危害，规定了压水堆核电站设计、建造和安装系统的规则，用于管理设施内的火灾爆发风险。规则还定义了分析和证明用于创建安全演示的方法。

2017 版 RCC-F 分为5卷：第Ⅰ卷通用篇；第Ⅱ卷核安全消防系统安全设计准则；第

---

[1] 李双燕. 法国核电设备标准 RCC-M 规范Ⅳ卷焊接篇的应用体会. 压力容器，2011，(4)：45-50.
[2] http://afcen.com/e-library/media/2018/fiche-rcc-cw.pdf.
[3] http://afcen.com/e-library/media/2018/fiche-rcc-c.pdf.

Ⅲ卷消防设计准则；第Ⅳ卷施工规则；第Ⅴ卷消防施工规则①。

（6）《压水堆核岛机械部件在役检验规则》（RSE-M）

RSE-M规则规定了服役前及在役检查的相关无损检验内容。为保障核设备在服役中的可靠性，必须根据设计规范或标准规定的周期和方法及制造部门提交的具体部件的检验细则对指定设备进行可靠的无损检验。

2018版RSE-M规范分为三卷：第Ⅰ卷是总则；第Ⅱ、第Ⅲ卷是附件②。

（7）《高温结构核设施和ITER真空容器机械部件的设计和施工规则》（RCC-MRx）

RCC-MRx规则是为钠冷快堆（SFR）、研究堆（RR）和聚变反应堆（FR）设计。它提供了设计和构建显著蠕变和/或显著辐照相关机械部件的规则。特别是，它包含了多种材料、薄壳和箱形结构的尺寸规则，以及新型焊接工艺：电子束、激光束、扩散和钎焊。

2019版RCC-MRx分为三部分：第一部分通用篇；第二部分附加要求和特别规定；第三部分设计和建造规则，分为6卷，分别是设计和建造卷、材料卷、检验方法卷、焊接卷、制造卷、试用规则卷③。

4.3.3.4 未来发展及预判

截至2018年底，RCC系列规则已经被用于全球128个核电站，其中运营中的核电站有95个，建造中的核电站有18个，规划中的核电站有15个④。此外，RCC系列规则还被用于许多其他核电装置和设备的设计中。2018年，AFCEN修订了RCC-M、RSE-M、RCC-MRx；2019年，AFCEN发布新版RCC-C和RCC-CW。

未来，AFCEN的重点工作将集中在以下五个方面⑤：①继续开发核电规范已应用地区（主要是英国和中国）的工作平台。②通过支持法国核工业项目，推动AFCEN的全球化发展，包括亚洲（中国、印度）、欧盟（英国、波兰、捷克等）、南非和中东。③建立国际用户（特别是英国和中国）的工业实践，以及以AFCEN规范作为参考的认证项目的技术说明。④听取CEN WS 64提出的规则修改建议。⑤继续将AFCEN规则与MDEP核电规范（多国设计评估项目）、CORDEL（反应堆设计、评估和许可合作）进行比较。

4.4 英国核电材料标准化发展

4.4.1 英国国家层面对核电的认识、定位与发展

英国作为欧盟中最早建立核电体系的国家，在核能利用发面积累了许多经验。最早的镁诺克斯型反应堆（Magnox reactor）建在坎布里亚郡的考尔德霍尔（Calder Hall in

---

① http://afcen.com/e-library/media/2018/fiche-rcc-f.pdf.
② http://afcen.com/e-library/media/2018/fiche-rse-m.pdf.
③ http://afcen.com/e-library/media/2018/fiche-rcc-mrx.pdf.
④ http://afcen.com/e-library/media/afcen_ra_en_2018.pdf.
⑤ https://afcen.com/en/about/activities-around-the-world.

Cumbria），已经为英国国家高压输电线网供电三十年，它的建造主要是为军事目的而生产钚。

对于英国未来的能源系统，英国政府倾向于支持核电，重新审核了核电在能源体系中的地位和作用。政府各部门，特别是主要的部长们表现出对建设新核电站极大的兴趣[1]。

2011 年，英国上议院科学技术委员会发布报告——《英国的核未来》，将发展"小型模块化反应堆"技术列为英国核电产业的一项重要目标[2]。2014 年，英国政府发布有关"小型模块化反应堆"在英国发展潜能的报告，开始深入探索该项技术的发展可行性。2015 年 11 月，英国宣布实施一个极具雄心的核研究和发展计划，即在未来五年内投资 2.5 亿英镑支持新一代核科技研发。其中"小型模块化反应堆"，特别是反应堆部件实现工厂流水线生产方面占据整个投资金额的 40% 以上。英国政府试图将本国打造为全球"小型模块化反应堆"技术的领导者。

4.4.2 英国标准协会

4.4.2.1 概况、职责与使命

英国标准协会（British Standards Institution，BSI）是英国的国家标准机构，同时也是世界上首个国家标准机构。BSI 的前身是英国工程标准委员会（BESC），创建于 1901 年，是一个英国政府承认并支持的非营利性民间团体（1929 年获英国"皇家宪章"的认可），并于 1931 年更名为英国标准协会。BSI 为英国本土、欧洲及国际标准机构制定商业信息解决方案，代表英国国家的经济利益和社会利益。BSI 通过与英国政府签订谅解备忘录（MoU），被英国政府确认为国家标准机构地位。MoU 确认了 BSI 作为国际标准化机构——国际标准化组织（ISO）、国际电工委员会（IEC）、欧洲标准组织（CEN）、欧洲电工委员会（CENELEC）的英国国家成员地位，并确认了其作为国家标准机构代表英国参加欧洲电信标准化协会（ETSI)[3]。

4.4.2.2 组织架构

BSI 是一家皇家特许机构，受皇家宪章和细则管理。BSI 的核心领导机构为董事会。董事会主要由非执行董事组成，其丰富的业务知识和独立性帮助确保公司保持最高标准的领导能力和管理。董事会得到正式审计、报酬和提名委员会的支持，其中非执行董事是主要参与者，同时还得到标准政策和战略委员会及社会责任委员会的支持。董事会对多项事项负有最终责任，包括确保符合公司皇家宪章和细则、其战略和管理、组织和结构、财务报告和控制、内部控制、风险管理、批准重要合同、确定企业政策、考虑与筹集资金、收购和处理相关的重要事项及公司管理事项。董事会成立了董事委员会以帮助确保 BSI 满足

---

[1] 李宝强. 欧盟核电发展及其核环境政策的演化以瑞典和芬兰为例. 长沙：湖南科技大学硕士学位论文，2012.
[2] https://www.birmingham.ac.uk/Documents/news/Nuclear-Energy-summary-pdf.pdf.
[3] http://www.dqzyxy.net/bzh/info/1024/2378.htm.

公司管理的最佳实践，董事委员会包括审计委员会、报酬委员会、提名委员会、社会责任委员会、标准政策和战略委员会。首席执行官建立执行委员会，包括集团执行委员会、银行的通用委员会、NSB 行为准则监督委员会、信息安全指导委员会①。

独立董事会顾问提供其他专业知识和经验。

BSI 设有技术委员会及分技术委员会，共计 820 余个。BSI 下设的分管核能领域的技术委员会代号为 NCE，它又分设 3 个分技术委员会（NCE002、NCE008 和 NCE009）和若干工作组。这 3 个分技术委员会代表 BSI 参与国际标准化机构中涉及核能、核技术、仪器仪表及辐射防护等领域的标准化制修订活动。

4.4.2.3 标准化工作

BSI 共发布核相关标准 404 项，其中，由 NCE 技术委员负责制定、管理的与核电领域相关的标准共计 287 项。其中，由 NCE002、NCE008 和 NCE009 制定的标准数量分别为 118 项、123 项和 46 项（图 4.6）。在 NCE 标准中，依据英国标准制定流程不同阶段统计得到的标准数量分布如表 4.7 所示。

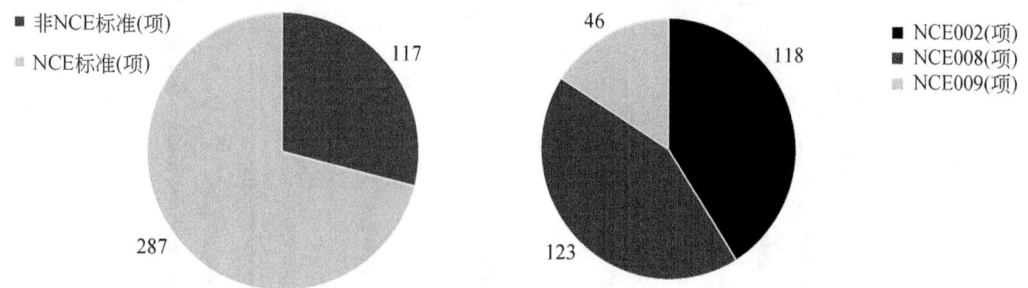

图 4.6 英国核领域标准在 BSI 技术委员会中所属关系分布

表 4.7 BSI 下 NCE 技术委员会下辖核能领域标准各阶段数量分布

标准状态	技术委员会			
	NCE002	NCE008	NCE009	总计
标准发布（Current）	37	35	20	92
征求意见（Current, Draft for public comment）	22	21	4	47
撤销（Withdrawn）	13	8	2	23
批准（Confirmed, Current）	8	30	14	52
被替代（Superseded, Withdrawn）	11	15	2	28
送审（Under review）	11	1	2	14
修订（Revised）	7	9	2	18

---

① https://www.bsigroup.com/contentassets/f9e58244099346b995db9856458cbf10/bsi-annual-report-and-financial-statements-2017.pdf.

续表

标准状态	技术委员会			
	NCE002	NCE008	NCE009	总计
草案编写（Work in hand）	8	4	—	12
标准提案（Project Underway）	1	—	—	1
总计	118	123	46	287

在 NCE 技术委员会框架内核电领域现行标准的发布年份分布情况如图 4.7 所示。英国绝大部分核电标准来自 ISO、IEC 和 EN 的等效采用；少部分 ISO、IEC 标准暂时未获得英国标准的地位，以临时标准/公示文件（PD）的形式发布。在现行的 92 项核电标准中，自 2008 年英国政府发布《核能白皮书》后，标准每年的发布数量较之前的 10 年有明显上浮，直至现今，依然保持高产出态势。

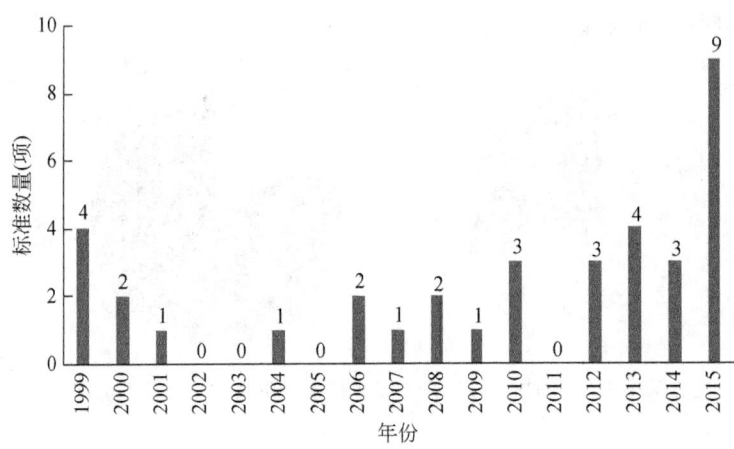

图 4.7　BSI 下 NCE 技术委员会下辖核能领域现行标准（共 92 项）发布年份分布

英国的标准制修订，秉承协商一致的基本原则，其模式与国际先进的标准化机构及其他主流国家的标准制修订流程基本一致。有所不同的是，BSI 属于非政府性质的非营利机构，逐渐形成了一种公共事业和商务活动相互促进，以标准和与标准相关的其他业务相互推动发展的自我循环良性发展模式。然而，英国至今没有成立专门的制定核电标准或核工业标准的机构或部门。绝大部分标准来自 BSI 对于国际标准、欧盟标准的采标。英国本土制定的现行核电领域标准数量非常有限。早期英国为适应国内气冷堆核电站的建设制定了一些标准，且近 10 年来逐渐加大了对核电标准的重视程度，但由于近 30 年来没有新的项目建设，因此相关标准（尤其压水堆标准）并没有进一步配套完善和跟进。

4.5 德国核电材料标准化发展

4.5.1 德国国家层面对核电的认识、定位与发展规划

德国政府在 2010 年 9 月 28 日颁布的《能源方案》中提出将核能作为可再生能源技术发展成熟之前的过渡技术，并将当时尚在运营的 17 座核电站的运营年数平均延长 12 年。《能源方案》的基本原则和最终目标是建设环保的、可靠的和可负担的能源供应系统[1][2]。

2011 日本福岛核电站事故之后，德国总理默克尔公布了有效期三个月的《核暂停决议》，宣布在决议期间暂时关闭德国 7 座运营年数最长的核电站，其他核电站即时进行严格的安全检查。2011 年 5 月 29 日，德国总理默克尔做出了一个历史性决定——2022 年前关闭境内所有 17 座核电站，德国将成为第一个明确去核化国家，并宣布了一项雄心勃勃的新能源计划：2022 年前，将太阳能、风能等可再生能源的占能源总比例提高到 35% 左右。德国"能源转型"战略正式启动[3]。

4.5.2 德国国家标准协会

4.5.2.1 概况、职责与使命

德国标准化协会（Deutsches Institut für Normung e. V.，DIN）是德国政府承认的国家标准化主管机构，它是一个民间组织。DIN 以学会、协会、标准委员会、工作委员会等形式，交织配合，相互补充，吸收各方面的力量，形成一个标准化工作系统。DIN 的标准化活动是条块结合：标准的制定以条为主，即标准委员会和工作委员会；标准的实施（情报的反馈）以块为主，即标准实践委员会与按地区成立的工作委员会，明确分工，充分发挥各自的作用，而不是某一部门一统天下。DIN 标准委员会的建立，依靠学会、协会、商会等团体的力量，同他们密切结合，充分发挥各自的特长、优势和作用，来组织参加标准化活动[4]。

4.5.2.2 组织架构

DIN 组织机构包括会员全体大会；主席团及委员会；总办事处；标准委员会；德国技术规则信息中心。会员全体大会是 DIN 最高层也是最重要的管理机构，但在实际工作

---

[1] 刘世俊，尹玉霞. 全球主要国家家电节能政策概览 德国节能政策（上）. 电器，2014，(6)：72-74.
[2] 刘世俊，尹玉霞. 全球主要国家家电节能政策概览 德国节能政策（下）. 电器，2014，(7)：76-77.
[3] 岳蕾. 德国标准化战略对我国标准化改革的启示. 电器工业，2016，(9)：73-74.
[4] 宋明顺，王玉珏. 德国标准化及其对我国标准化改革的启示. 中国标准化，2016，(2)：96-100.

中，该大会的管理作用并不明显。会员大会两年一届，届时选出 DIN 的执行董事会，负责管理 DIN 的日常事务。执行董事会选举产生董事会主席，各业务领域主任，并决定设立或取消某一标准委员会。执行董事会的另一重要权力是可以投票决定修改 DIN 的成立章程。

DIN 组织中全面负责标准制/修订工作的技术组织是标准委员会（NA），标准委员会相当于国际标准化组织（ISO）的技术委员会（TC），但工作范围比 ISO、IEC 技术委员会的工作范围大，而且不轻易建立和撤销，数量上相对固定。标准委员会下设工作委员会（AA），工作委员会相当于 ISO 的工作组，这是 DIN 与 ISO 区别最大的方面，即没有分技术委员会（SC），而是直接设立等同于 ISO 工作组的工作委员会。工作委员会的范围过大时，可设立分委员会（UA），两者性质相同，区别是分委员会的范围是工作委员会的分领域。工作委员会和分委员会都可以设立工作组（AK），该工作组不同于 ISO 的工作组概念，而是任务组（Task Force，TF）或者国际电工委员会（IEC）中的项目组（Project Team，PT），只负责某一项标准的制/修订。此外还有直属于 DIN 的独立委员会，独立委员会仅由一个工作委员会组成，根据情况还可下设分委员会或工作组①。DIN 的组织架构如图 4.8 所示。

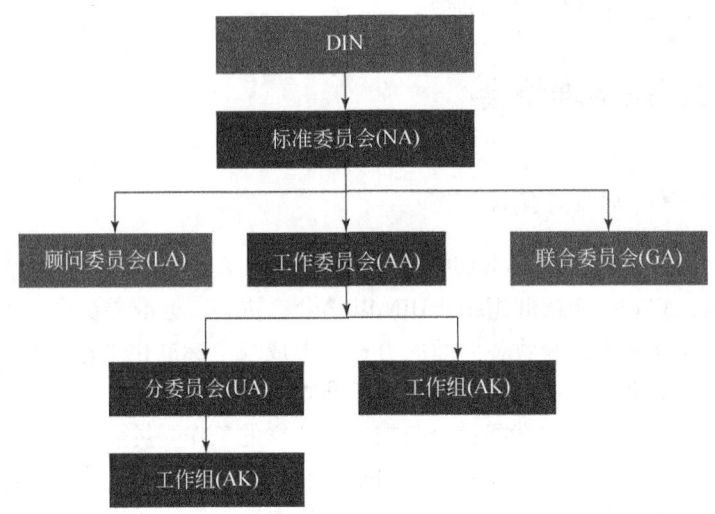

图 4.8　DIN 组织体系

4.5.2.3　标准化工作

DIN 核技术与放射防护标准委员会（NA 062-07 FBR）专门负责核技术标准的制修订。NA 062-07 FBR 下设了 16 个工作委员会（AA）②，如表 4.8 所示。

---

① 王益谊，逄征虎，白殿一. DIN 技术组织体系研究. 标准科学，2007，(3)：55-57.
② https://www.din.de/en/getting-involved/standards-committees/nmp/national-committees/wdc-grem：din21：54776622.

表 4.8　NA 062-07 FBR 委员会下设的工作委员会列表

序号	编号	委员会名称
1	NA 062-07-49 AA	Nuclear technology-Quality management
2	NA 062-07-20 AA-dormant	Radiation protection; Advisory group for the subject aereas 72 and 73
3	NA 062-07-40 AA	Committee for the coordination of mirroring of ISO/TC 85 and CEN/TC 430
4	NA 062-07-41 AA	Safety of packages for transport of radioactive material
5	NA 062-07-42 AA-dormant	Dekontamination
6	NA 062-07-43 AA	Components made of reinforced and pre-stressed concrete and steel in nuclear plants
7	NA 062-07-46 AA	Questions concerning residues
8	NA 062-07-47 AA	Non destructive testing in nuclear technology
9	NA 062-07-48 AA-dormant	Operational monitoring-Nuclear technology
10	NA 062-07-51 AA-dormant	Cleanliness
11	NA 062-07-52 AA-dormant	Ventilation components for nuclear facilities
12	NA 062-07-53 AA	Materials and components in nuclear technology-Requirements and testing
13	NA 062-07-54 AA	Criticality safety and decay power
14	NA 062-07-61 AA	Terminology and fundamentals
15	NA 062-07-62 AA	Radiation protection devices
16	NA 062-07-63 AA	Radionuclide laboratories

此外，有4个与核相关的标准委员会：核医药标准委员会（NA 080-00-03 AA，NA 080-00-13 GA），核电磁脉冲（NEMP）和防雷标准委员会（NA 140-00-19 AA），原子和核物理学标准委员会（NA 152-01-10 AA），核电站结构防火设计标准委员会（NA 005-52-33 AA-dormant）。

DIN核技术与放射防护标准委员会及其下设的工作委员会共制定标准274项。其中，核技术与放射防护标准委员会制定63项（表4.9），下属各工作委员会制定标准211项，具体分布如图4.9所示。

表 4.9　NA 062-07 FBR 标准制定情况（共63项）

序号	标准号	发布时间	标准题名
1	DIN 25494	1991年4月	Determination of density and open and closed porosity of uranium dioxide pellets; boiling water and immersion method
2	DIN EN ISO 12183	2019年12月	Nuclear fuel technology-Controlled-potential coulometric assay of plutonium (ISO12183: 2016); German version ENISO12183: 2019
3	DIN EN ISO 12799	2019年11月	Nuclear energy-Determination of nitrogen content in UO_2, (U, Gd) O and (U, Pu) O sintered pellets-Inert gas extraction and conductivity detection method (ISO12799: 2015); German version ENISO12799: 2019
4	DIN EN ISO 12800	2019年9月	Nuclear fuel technology-Guidelines on the measurement of the specific surface area of uranium oxide powders by the BET method (ISO12800: 2017); German version ENISO12800: 2019

续表

序号	标准号	发布时间	标准题名
5	DIN EN ISO 15366-1	2016年7月	Nuclear fuel technology-Chemical separation and purification of uranium and plutonium in nitric acid solutions for isotopic and isotopic dilution analysis by solvent extraction chromatography-Part 1: Samples containing plutonium in the microgram range and uranium in the milligramrange (ISO15366-1: 2014); German version ENISO15366-1: 2016
6	DIN EN ISO 15366-2	2016年7月	Nuclear fuel technology-Chemical separation and purification of uranium and plutonium in nitric acid solutions for isotopic and isotopic dilution analysis by solvent extraction chromatography-Part 2: Samples containing plutonium and uranium in the nanogram range and below (ISO15366-2: 2014); German version ENISO15366-2: 2016
7	DIN EN ISO 15646	2016年7月	Re-sintering test for UO_2, $(U, Gd)O_2$ and $(U, Pu)O_2$ pellets (ISO15646: 2014); German version ENISO15646: 2016
8	DIN EN ISO 15651	2017年12月	Nuclear energy-Determination of total hydrogen content in PuO_2 and UO_2 powders and UO_2, $(U, Gd)O_2$ and $(U, Pu)O_2$ sintered pellets-Inert gas extraction and conductivity detection method (ISO15651: 2015); German version ENISO15651: 2017
9	DIN EN ISO 16424	2018年1月	Nuclear energy-Evaluation of homogeneity of Gd distribution within gadolinium fuel blends and determination of GdO_2 content in gadolinium fuel pellets by measurements of uranium and gadolinium elements (ISO16424: 2012); German version ENISO16424: 2017
10	DIN EN ISO 21483	2017年12月	Determination of solubility in nitric acid of plutonium in unirradiated mixed oxide fuel pellets $(U, Pu)O_2$ (ISO21483: 2013); German version ENISO21483: 2017
11	DIN EN ISO 21484	2019年11月	Nuclear Energy-Fuel technology-Determination of the O/M ratio in MOX pellets by the gravimetric method (ISO21484: 2017); German version EN-ISO21484: 2019
12	DIN EN ISO 21613	2018年1月	$(U, Pu)O_2$ Powders and sintered pellets-Determination of chlorine and fluorine (ISO21613: 2015); German version ENISO21613: 2017
13	DIN EN ISO 22765	2019年11月	Nuclear fuel technology-Sintered $(U, Pu)O_2$ pellets-Guidance for ceramographic preparation for microstructure examination (ISO22765: 2016); German Version ENISO22765: 2019
14	ISO 7097-1	2004年7月	Nuclear fuel technology-Determination of uranium in solutions, uranium hexafluoride and solids-Part 1: Iron (II) reduction/potassium dichromate oxidation titrimetric method
15	ISO 7097-2	2004年7月	Nuclear fuel technology-Determination of uranium in solutions, uranium hexafluoride and solids-Part 2: Iron (II) reduction/cerium (IV) oxidation titrimetric method
16	ISO 7476	2003年11月	Nuclear fuel technology-Determination of uranium in uranyl nitrate solutions of nuclear grade quality-Gravimetric method

续表

序号	标准号	发布时间	标准题名
17	ISO 8298	2000年3月	Nuclear fuel technology-Determination of milligram amounts of plutonium in nitric acid solutions-Potentiometric titration with potassium dichromate after oxidation by CE (IV) and reduction by FE (II)
18	ISO 8299	2019年1月	Nuclear fuel technology-Determination of the isotopic and elemental uranium and plutonium concentrations of nuclear materials in nitric acid solutions by thermal-ionization mass spectrometry
19	ISO 9006	1994年10月	Uranium metal and uranium dioxide powder and pellets-Determination of nitrogen content-Method using ammonia-sensing electrode
20	ISO 9161	2019年2月	Uranium dioxide powder-Determination of apparent density and tap density
21	ISO 9279	1992年3月	Uranium dioxide pellets; determination of density and total porosity; mercury displacement method
22	ISO 9463	2019年1月	Nuclear energy-Nuclear fuel technology-Determination of plutonium in nitric acid solutions by spectrophotometry
23	ISO 9889	1994年12月	Determination of carbon content in uranium dioxide powder and sintered pellets-Resistance furnace combustion-Titrimetric/coulometric/infrared absorption method
24	ISO 9891	1994年12月	Determination of carbon content in uranium dioxide powder and sintered pellets-High-frequency induction furnace combustion-Titrimetric/coulometric/infrared absorption methods
25	ISO 9892	1992年4月	Uranium metal, uranium dioxide powder and pellets, and uranyl nitrate solutions; determination of fluorine content; fluoride ion selective electrode method
26	ISO 9894	1996年6月	Subsampling of uranium hexafluoride in the liquid phase
27	ISO 10980	1995年8月	Validation of the strength of reference solutions used for measuring concentrations
28	ISO 12183	2016年8月	Nuclear fuel technology-Controlled-potential coulometric assay of plutonium
29	ISO 12799	2015年3月	Nuclear energy-Determination of nitrogen content in UO_2, $(U, Gd)O_2$ and $(U, Pu)O_2$ sintered pellets-Inert gas extraction and conductivity detection method
30	ISO 12800	2017年6月	Nuclear fuel technology-Guidelines on the measurement of the specific surface area of uranium oxide powders by the BET method
31	ISO 13463	1999年9月	Nuclear-grade plutonium dioxide powder for fabrication of light water reactor MOX fuel-Guidelines to help in the definition of a product specification
32	ISO 15366-1	2014年7月	Nuclear fuel technology-Chemical separation and purification of uranium and plutonium in nitric acid solutions for isotopic and isotopic dilution analysis by solvent extraction chromatography-Part 1: Samples containing plutonium in the microgram range and uranium in the milligram range

续表

序号	标准号	发布时间	标准题名
33	ISO 15366-2	2014年7月	Nuclear fuel technology-Chemical separation and purification of uranium and plutonium in nitric acid solutions for isotopic and isotopic dilution analysis by solvent extraction chromatography-Part 2: Samples containing plutonium and uranium in the nanogram range and below
34	ISO 15646	2014年6月	Re-sintering test for UO_2, $(U, Gd)O_2$ and $(U, Pu)O_2$ pellets
35	ISO 15651	2015年2月	Nuclear energy-Determination of total hydrogen content in PuO_2 and UO_2 powders and UO_2, $(U, Gd)O_2$ and $(U, Pu)O_2$ sintered pellets-Inert gas extraction and conductivity detection method
36	ISO 16424	2012年12月	Nuclear energy-Evaluation of homogeneity of Gd distribution within gadolinium fuel blends and determination of GdO_2 content in gadolinium fuel pellets by measurements of uranium and gadolinium elements
37	ISO 16793	2018年8月	Nuclear fuel technology-Guidelines for ceramographic preparation of UO_2 sintered pellets for microstructure examination
38	ISO 16794	2003年2月	Nuclear energy-Determination of carbon compounds and fluorides in uranium hexafluoride infrared spectrometry
39	ISO 16796	2004年8月	Nuclear energy-Determination of GdO_2 content in gadolinium fuel blends and gadolinium fuel pellets by atomic emission spectrometry using an inductively coupled plasma source (ICP-AES)
40	ISO 18213-1	2007年11月	Nuclear fuel technology-Tank calibration and volume determination for nuclear materials accountancy-Part 1: Procedural overview
41	ISO 18213-2	2007年11月	Nuclear fuel technology-Tank calibration and volume determination for nuclear materials accountancy-Part 2: Data standardization for tank calibration
42	ISO 18213-3	2009年3月	Nuclear fuel technology-Tank calibration and volume determination for nuclear materials accountancy-Part 3: Statistical methods
43	ISO 18213-4	2008年3月	Nuclear fuel technology-Tank calibration and volume determination for nuclear materials accountancy-Part 4: Accurate determination of liquid height in accountancy tanks equipped with dip tubes, slow bubbling rate
44	ISO 18213-5	2008年3月	Nuclear fuel technology-Tank calibration and volume determination for nuclear materials accountancy-Part 5: Accurate determination of liquid height in accountancy tanks equipped with dip tubes, fast bubbling rate
45	ISO 18213-6	2008年3月	Nuclear fuel technology-Tank calibration and volume determination for nuclear materials accountancy-Part 6: Accurate in-tank determination of liquid density in accountancy tanks equipped with dip tubes
46	ISO 18256-1	2019年1月	Nuclear fuel technology-Dissolution of plutonium dioxide-containing materials-Part 1: Dissolution of plutonium dioxide powders
47	ISO 18256-2	2019年1月	Nuclear fuel technology-Dissolution of plutonium dioxide-containing materials-Part 2: Dissolution of MOX pellets and powders
48	ISO 18315	2018年11月	Nuclear energy-Guidance to the evaluation of measurement uncertainties of impurity in uranium solution by linear regression analysis

续表

序号	标准号	发布时间	标准题名
49	ISO 21483	2013年11月	Determination of solubility in nitric acid of plutonium in unirradiated mixed oxide fuel pellets(U,Pu)O
50	ISO 21484	2017年1月	Nuclear Energy-Fuel technology-Determination of the O/M ratio in MOX pellets by the gravimetric method
51	ISO 21613	2015年6月	(U,Pu)O Powders and sintered pellets-Determination of chlorine and fluorine
52	ISO 22765	2016年12月	Nuclear fuel technology-Sintered (U,Pu)O pellets-Guidance for ceramographic preparation for microstructure examination
53	ISO 22875	2017年8月	Nuclear energy-Determination of chlorine and fluorine in uranium dioxide powder and sintered pellets
54	ISO/ASTM 51205	2017年5月	Practice for use of a ceric-cerous sulfate dosimetry system
55	ISO/ASTM 51401	2013年11月	Practice for use of a dichromate dosimetry system
56	ISO/ASTM 51538	2017年9月	Practice for use of the ethanol-chlorobenzene dosimetry system
57	ISO/ASTM 51631	2013年4月	Practice for use of calorimetric dosimetry systems for electron beam dose measurements and dosimetery system calibrations
58	ISO/ASTM 51702	2013年4月	Practice for dosimetry in a gamma facility for radiation processing
59	ISO/ASTM 51818	2013年6月	Practice for dosimetry in an electron beam facility for radiation processing at energies between 80 and 300 keV
60	ISO/ASTM 51939	2017年2月	Practice for blood irradiation dosimetry
61	ISO/ASTM 51940	2013年4月	Guide for dosimetry for sterile insects release programs
62	ISO/ASTM 52116	2013年4月	Practice for dosimetry for a self-contained dry-storage gamma irradiator
63	ISO/ASTM 52701	2013年11月	Guide for performance characterization of dosimeters and dosimetry systems for use in radiation processinge

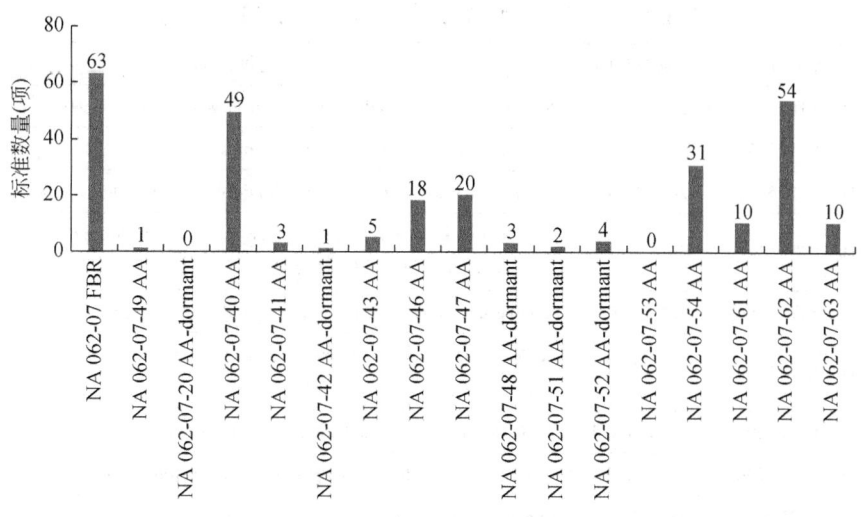

图4.9 德国核电标准制定机构分布

图 4.10 显示了 DIN 发布核电标准的时间分布情况，可以看出，DIN 在 2011 年后核电制修订标准数量增长较快。

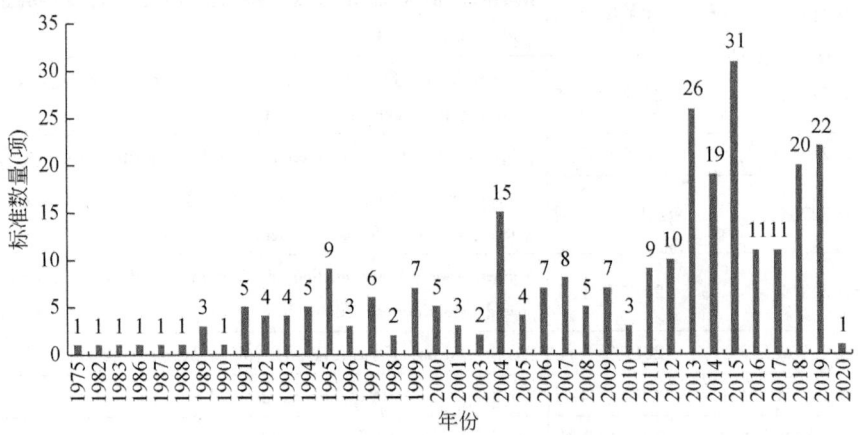

图 4.10　德国核电标准发布时间分布

NA 062-07-49 AA 只制定了 1 项标准，如表 4.10 所示。

表 4.10　NA 062-07-49 AA 标准制定情况（共 1 项）

序号	标准号	发布时间	标准名称
1	ISO 19443	2018 年 5 月	Quality management systems-Specific requirements for the application of ISO9001：2015 by organizations in the supply chain of the nuclear energy sector supplying products and services important to nuclear safety（ITNS）

NA 062-07-40 AA 制定了 49 项标准，如表 4.11 所示。

表 4.11　NA 062-07-40 AA 标准制定情况（共 49 项）

序号	标准号	发布时间	标准名称
1	ISO/ASTM 51310	2004 年 6 月	Practice for use of a radiochromic optical waveguide dosimetry system
2	ISO/ASTM 51539	2013 年 10 月	Guide for use of radiation-sensitive indicators
3	ISO/ASTM 51540	2004 年 6 月	Practice for use of a radiochromic liquid dosimetry system
4	ISO/ASTM 51649	2015 年 3 月	Practice for dosimetry in an electron beam facility for radiation processing at energies between 300keV and 25MeV
5	ISO/ASTM 51650	2013 年 6 月	Practice for use of a cellulose triacetate dosimetry system
6	ISO/ASTM 51707	2015 年 3 月	Guide for estimation of measurement uncertainty in dosimetry for radiation processing
7	ISO/ASTM 51900	2009 年 6 月	Guide for dosimetry in radiation research on food and agricultural products
8	ISO/ASTM 52303	2015 年 7 月	Guide for absorbed-dose mapping in radiation processing facilities
9	ISO/ASTM 52628	2013 年 11 月	Standard practice for dosimetry in radiation processing
10	DIN 25456-1	1999 年 10 月	Neutron fluence measurement-Part 1：Fast-neutron fluence determination with activation and fission detectors

续表

序号	标准号	发布时间	标准名称
11	DIN 25456-2	1999年10月	Neutron fluence measurement-Part 2: Fast-neutron fluence determination with iron activation detectors
12	DIN 25456-3	1999年10月	Neutron fluence measurement-Part 3: Fast-neutron fluence determination with nickel activation detectors
13	DIN 25456-4	1999年10月	Neutron fluence measurement-Part 4: Fast-neutron fluence determination with niob activation detectors
14	DIN 25456-5	1999年10月	Neutron fluence measurement-Part 5: Fast-neutron fluence determination with copper activation detectors
15	DIN 25456-6	1999年10月	Neutron fluence measurement-Part 6: Fast-neutron fluence determination with thorium fission detectors
16	DIN 25489	1989年5月	Determination of uranium and plutonium content and isotopic composition; mass spectrometric method
17	DIN 25490	1989年4月	Determination of the uranium content in nuclear grade uranium hexafluoride, uranyl fluoride solutions, uranyl nitrate solutions, uranium oxide, uranium dioxide, powder and pellets; gravimetric method
18	DIN 25491	1989年4月	Determination of apparent density and vibrated density of nuclear fuel powder
19	DIN 25701	1991年9月	Determination of the solubility of plutonium from unirradiated mixed oxide nuclear fuels in nitric acid
20	DIN 25703	1993年6月	Determination of the uranium and plutonium content in nitric acid solutions by wavelength dispersive X-ray fluorescence analysis
21	DIN 25705	1993年4月	Ceramography of sintered nuclear fuel tablets
22	DIN 25707	1994年7月	Determination of the oxygen/uranium ratio in uranium dioxide nuclear fuels
23	DIN 25708	1995年10月	Determination of metallic impurities in nuclear fuels by optical emission spectrometry with inductively coupled plasma excitation
24	DIN 25709	1995年10月	Post-sintering test for UO and UO/GdO nuclear fuel pellets
25	DIN 25710	1995年10月	Determination of the hydrogen content and the equivalent humidity in uranium dioxide powders and pellets of UO, (U, Gd)O and (U, Pu)O with the carrier gas method
26	DIN 25711	1996年6月	Determination of the Uisotopic content in uranium containing nuclear fuel solutions by α spectrometry
27	ISO 361	1975年10月	Basic ionizing radiation symbol
28	ISO 6527	1982年10月	Nuclear power plants; Reliability data exchange; General guidelines
29	ISO 7385	1983年8月	Nuclear power plants; Guidelines to ensure quality of collected data on reliability
30	ISO 8107	1993年6月	Nuclear power plants; maintainability; terminology
31	ISO 8300	2013年12月	Nuclear fuel technology-Determination of plutonium content in plutonium dioxide of nuclear grade quality-Gravimetric method

续表

序号	标准号	发布时间	标准名称
32	ISO 8425	2013 年 12 月	Nuclear fuel technology-Determination of plutonium in pure plutonium nitrate solutions-Gravimetric method
33	ISO 9005	2007 年 3 月	Nuclear energy-Uranium dioxide powder and sintered pellets-Determination of oxygen/uranium atomic ratio by the amperometric method
34	ISO 9278	2008 年 12 月	Nuclear energy-Uranium dioxide pellets-Determination of density and volume fraction of open and closed porosity
35	ISO 10981	2004 年 6 月	Nuclear fuel technology-Determination of uranium in reprocessing-plant dissolver solution-Liquid chromatography method
36	ISO 11482	1993 年 12 月	Guidelines for plutonium dioxide (PuO) sampling in a nuclear reprocessing plant
37	ISO 11483	2005 年 1 月	Nuclear fuel technology-Preparation of plutonium sources and determination of Pu/Pu isotope ratio by alpha spectrometry
38	ISO 12795	2004 年 8 月	Nuclear fuel technology-Uranium dioxide powder and pellets-Determination of uranium and oxygen/uranium ratio by gravimetric method with impurity correction
39	ISO 12803	1997 年 9 月	Representative sampling of plutonium nitrate solutions for determination of plutonium concentration
40	ISO 13464	1998 年 4 月	Simultaneous determination of uranium and plutonium in dissolver solutions from reprocessing plants-Combined method using K-absorption edge and X-ray fluorescence spectrometry
41	ISO 13465	2009 年 5 月	Nuclear energy-Nuclear fuel technology-Determination of neptunium in nitric acid solutions by spectrophotometry
42	ISO 15647	2004 年 9 月	Nuclear energy-Isotopic analysis of uranium hexafluoride-Double-standard gas-source mass spectrometric method
43	ISO 16795	2004 年 7 月	Nuclear energy-Determination of GdO content of gadolinium fuel pellets by X-ray fluorescence spectrometry
44	ISO 21614	2008 年 12 月	Determination of carbon content of UO, (U,Gd)O and (U,Pu)O powders and sintered pellets-Combustion in a high-frequency induction furnace-Infrared absorption spectrometry
45	ISO 21847-1	2007 年 9 月	Nuclear fuel technology-Alpha spectrometry-Part 1: Determination of neptunium in uranium and its compounds
46	ISO 21847-2	2007 年 9 月	Nuclear fuel technology-Alpha spectrometry-Part 2: Determination of plutonium in uranium and its compounds
47	ISO 21847-3	2007 年 9 月	Nuclear fuel technology-Alpha spectrometry-Part 3: Determination of uranium 232 in uranium and its compounds
48	ISO 26062	2010 年 9 月	Nuclear technology-Nuclear fuels-Procedures for the measurement of elemental impurities in uranium-and plutonium-based materials by inductively coupled plasma mass spectrometry
49	ISO/ASTM 51026	2015 年 7 月	Practice for using the Fricke dosimetry system

NA 062-07-41 AA 制定了 3 项标准，如表 4.12 所示。

表 4.12　NA 062-07-41 AA 标准制定情况（共 3 项）

序号	标准号	发布时间	标准名称
1	ISO 7195	2005 年 9 月	Nuclear energy-Packaging of uranium hexafluoride (UF6) for transport
2	ISO 10276	2019 年 12 月	Nuclear energy-Fuel technology-Trunnion systems for packages used to transport radioactive material
3	ISO 12807	2018 年 9 月	Safe transport of radioactive materials-Leakage testing on packages

NA 062-07-42 AA-dormant 制定了 1 项标准，如表 4.13 所示。

表 4.13　NA 062-07-42 AA-dormant 标准制定情况（共 1 项）

序号	标准号	发布时间	标准名称
1	DIN 25476	2012 年 11 月	Primary-coolant clean-up system in nuclear power plants with light water reactors

NA 062-07-43 AA 制定了 5 项标准，如表 4.14 所示。

表 4.14　NA 062-07-43 AA 标准制定情况（共 5 项）

序号	标准号	发布时间	标准名称
1	DIN 25449	2016 年 4 月	Reinforced and prestressed concrete components in nuclear facilities-Safety concept, actions, design and construction
2	DIN 25459	2014 年 11 月	Reinforced and prestressed concrete containment for nuclear power plants
3	DIN 25459 Beiblatt 1	2018 年 3 月	Reinforced and prestressed concrete containment for nuclear power plants; Supplement 1: Explanations
4	ISO 18195	2019 年 2 月	Method for the justification of fire partitioning in water cooled nuclear power plants (NPP)
5	ISO 18229	2018 年 2 月	Essential technical requirements for mechanical components and metallic structures foreseen for Generation IV nuclear reactors

NA 062-07-46 AA 制定了 18 项标准，如表 4.15 所示。

表 4.15　NA 062-07-46 AA 标准制定情况（共 18 项）

序号	标准号	发布时间	标准名称
1	DIN 25457-1	2014 年 12 月	Activity measurement methods for the clearance of radioactive substances and nuclear facility components-Part 1: Fundamentals
2	DIN 25457-1 Beiblatt 1	2013 年 1 月	Activity measurement methods for the clearance of radioactive substances and nuclear facility components-Part 1: Fundamentals; Supplement 1: Explanations

续表

序号	标准号	发布时间	标准名称
3	DIN 25457-4	2013 年 4 月	Activity measurement methods in the clearance of radioactive substances and components of nuclear facilities-Part 4: Contaminated and activated metal scrap
4	DIN 25457-6	2018 年 7 月	Activity measurement methods for the clearance of radioactive substances and nuclear facility components-Part 6: Rubble and buildings
5	DIN 25457-7	2017 年 8 月	Activity measurement methods for the clearance of radioactive substances and nuclear facility components-Part 7: Ground surfaces and excavated soil
6	DIN 25700	1995 年 10 月	Measurements of surface contamination on vehicles and their loadings in exceptional situations requiring radiation protection measures
7	DIN EN ISO 18557	2019 年 9 月	Characterisation principles for soils, buildings and infrastructures contaminated by radionuclides for remediation purposes (ISO18557: 2017); German and English version prENISO18557: 2019
8	DIN EN ISO 19017	2018 年 1 月	Guidance for gamma spectrometry measurement of radioactive waste (ISO19017: 2015); German version ENISO19017: 2017
9	DIN ISO 9271	1995 年 10 月	Decontamination of radioactively contaminated surfaces-Testing of decontamination agents for textiles; identical with ISO9271: 1992
10	ISO 6962	2004 年 7 月	Nuclear energy-Standard method for testing the long-term alpha irradiation stability of matrices for solidification of high-level radioactive waste
11	ISO 9271	1992 年 2 月	Decontamination of radioactively contaminated surfaces; testing of decontamination agents for textiles
12	ISO 11599	1997 年 12 月	Determination of gas porosity and gas permeability of hydraulic binders containing embedded radioactive waste
13	ISO 11932	1996 年 12 月	Activity measurements of solid materials considered for recycling, reuse, or disposal as non-radioactive waste
14	ISO 16797	2004 年 4 月	Nuclear energy-Soxhlet-mode chemical durability test-Application to vitrified matrixes for high-level radioactive waste
15	ISO 16966	2013 年 12 月	Nuclear energy-Nuclear fuel technology-Theoretical activation calculation method to evaluate the radioactivity of activated waste generated at nuclear reactors
16	ISO 18557	2017 年 9 月	Characterisation principles for soils, buildings and infrastructures contaminated by radionuclides for remediation purposes
17	ISO 19017	2015 年 12 月	Guidance for gamma spectrometry measurement of radioactive waste
18	ISO 21238	2007 年 4 月	Nuclear energy-Nuclear fuel technology-Scaling factor method to determine the radioactivity of low-and intermediate-level radioactive waste packages generated at nuclear power plants

NA 062-07-47 AA 制定了 20 项标准，如表 4.16 所示。

表 4.16　NA 062-07-47 AA 标准制定情况（共 20 项）

序号	标准号	发布时间	标准名称
1	DIN 25435-1	2014 年 1 月	In-service inspections for primary coolant circuit components of light water reactors-Part 1：Automated ultrasonic testing
2	DIN 25435-2	2014 年 1 月	In-service inspections for primary coolant circuit components of light water reactors-Part 2：Magnetic particle and penetrant testing
3	DIN 25435-3	2006 年 12 月	In-service inspections for primary coolant circuit components of light water reactors-Part 3：Hydrotest
4	DIN 25435-4	2014 年 1 月	In-service inspections for primary collant circuit components of light water reactors-Part 4：Visual testing
5	DIN 25435-6	2014 年 1 月	In-service inspections for primary coolant circuit components of light water reactors-Part 6：Eddy current testing of steam generator heating tubes
6	DIN 25435-7	2014 年 1 月	In-service inspections for primary coolant circuit components of light water reactors-Part 7：Radiographic testing
7	DIN 25450	1990 年 9 月	Ultrasonic equipment for manual testing
8	DIN 54113-1	2018 年 1 月	Non-destructive testing-Radiation protection rules for the technical application of X-ray equipment up to 1MV-Part 1：Technical safety requirements and testing for the manufacture, installation and operation
9	DIN 54113-3	2005 年 4 月	Non-destructive testing-Radiation protection rules for the technical application of X-ray equipment up to 1MV-Part 3：Formulas and diagrams for the calculation of radiation protection for X-ray equipment up to 450kV
10	DIN 54113-3	2019 年 12 月	Non-destructive testing-Radiation protection rules for the technical application of X-ray equipment up to 1MV-Part 3：Formulas and diagrams for the calculation of radiation protection for X-ray equipment up to 600kV
11	DIN 54113-3 Beiblatt 1	2005 年 4 月	Non-destructive testing-Radiation protection rules for the technical application of X-ray equipment up to 1MV-Part 3：Formulas and diagrams for the calculation of radiation protection；Estimating of control regions
12	DIN 54115-1	2006 年 1 月	Non-destructive testing-Radiation protection rules for the technical application of sealed radioactive sources-Part 1：Stationary and mobile handling for gamma-radiography
13	DIN 54115-1	2019 年 12 月	Non-destructive testing-Radiation protection rules for the technical application of sealed radioactive sources for gamma-radiography-Part 1：Handling, organization and transport
14	DIN 54115-1 Beiblatt 1	2006 年 1 月	Non-destructive testing-Radiation protection rules for the technical application of sealed radioactive sources-Part 1：Stationary and mobile handling for gamma-radiography；Estimating of control regions

续表

序号	标准号	发布时间	标准名称
15	DIN 54115-3	2006年1月	Non-destructive testing-Radiation protection rules for the technical application of sealed radioactive sources-Part 3: Organisation of radiation protection during handling and transport for gamma-radiography
16	DIN 54115-4	2006年1月	Non-destructive testing-Radiation protection rules for the technical application of sealed radioactive sources-Part 4: Construction and testing of mobile apparatus for gamma-radiography
17	DIN 54115-5	2009年1月	Non-destructive testing-Radiation protection rules for the technical application of sealed radioactive sources-Part 5: Building precautionary measures of radiation protection for the gammaradiography
18	DIN 54115-6	2006年1月	Non-destructive testing-Radiation protection rules for the technical application of sealed radioactive sources-Part 6: Inspection, service and functional test of mobile apparatus for gamma-radiography
19	DIN 54115-7	2011年6月	Non-destructive testing-Radiation protection rules for the technical application of sealed radioactive sources-Part 7: Storage of radioactive sources-Requirements on protection against radiation, fire and theft to be met by storage facilities
20	ISO 3999	2004年12月	Radiation protection-Apparatus for industrial gamma radiography-Specifications for performance, design and tests

NA 062-07-48 AA-dormant 制定了3项标准，如表4.17所示。

表4.17 NA 062-07-48 AA-dormant 标准制定情况（共3项）

序号	标准号	发布时间	标准名称
1	DIN 25475-1	2013年1月	Nuclear facilities-Operational monitoring-Part 1: Monitoring of structure-borne sound for loose parts detection
2	DIN 25475-2	2009年5月	Nuclear facilities-Operational monitoring-Part 2: Vibration monitoring for early detection of changes in the vibrational behavior of the primary coolant circuit in pressurized water reactors
3	DIN 25475-3	2015年4月	Nuclear facilities-Operational monitoring-Part 3: Determination of thermal loadings

NA 062-07-51 AA-dormant 制定了2项标准，如表4.18所示。

表4.18 NA 062-07-51 AA-dormant 标准制定情况（共2项）

序号	标准号	发布时间	标准名称
1	DIN 25410	2012年7月	Nuclear facilities-Surface cleanliness of components
2	DIN 25493	2018年2月	Nuclear facilities-Protection of metallic surfaces of structural parts from damage from assembly aids, gaskets, packings, packaging material and thermal insulating materials

NA 062-07-52 AA-dormant 制定了 4 项标准，如表 4.19 所示。

表 4.19　NA 062-07-52 AA-dormant 标准制定情况（共 4 项）

序号	标准号	发布时间	标准名称
1	DIN 25496	2013 年 4 月	Ventilating components in nuclear facilities
2	ISO 16647	2018 年 9 月	Nuclear facilities-Criteria for design and operation of confinement systems for nuclear worksite and for nuclear installations under decommissioning
3	ISO 17873	2004 年 10 月	Nuclear facilities-Criteria for the design and operation of ventilation systems for nuclear installations other than nuclear reactors
4	ISO 26802	2010 年 8 月	Nuclear facilities-Criteria for the design and the operation of containment and ventilation systems for nuclear reactors

NA 062-07-54 AA 制定了 31 项标准，如表 4.20 所示。

表 4.20　NA 062-07-54 AA 标准制定情况（共 31 项）

序号	标准号	发布时间	标准名称
1	DIN 25403 Beiblatt 1	1997 年 10 月	Criticality safety in processing and handling fissile materials-Comments
2	DIN 25403-1	2013 年 12 月	Criticality safety in processing and handling of fissile materials-Part 1：Principles
3	DIN 25403-2	1995 年 10 月	Criticality safety in processing and handling fissile materials-Part 2：Criticality data for uranium 235 metal light-water mixtures
4	DIN 25403-3	2000 年 9 月	Criticality safety in processing and handling fissile materials-Part 3：Criticality data for plutonium 239 metal light-water-mixtures
5	DIN 25403-4	1995 年 10 月	Criticality safety in processing and handling fissile materials-Part 4：Criticality data for uranium dioxide light-water mixtures
6	DIN 25403-5	2000 年 9 月	Criticality safety in processing and handling fissile materials-Part 5：Criticality data for plutonium 239 dioxide light-water-mixtures
7	DIN 25403-6	2000 年 9 月	Criticality safety in processing and handling fissile materials-Part 6：Criticality data for plutonium 239 nitrate light-water-mixtures
8	DIN 25403-8	1995 年 10 月	Criticality safety in processing and handling of fissile materials-Part 8：Criticality data of uranyl nitrate (100% uranium 235) light-water mixture
9	DIN 25463-1	2014 年 2 月	Calculation of the decay power in nuclear fuels of light water reactors-Part 1：Uranium oxide nuclear fuel for pressurized water reactors
10	DIN 25463-2	2014 年 2 月	Calculation of the decay power in nuclear fuels of light water reactors-Part 2：Mixed-uranium-plutonium oxide (MOX) nuclear fuel for pressurized water reactors

续表

序号	标准号	发布时间	标准名称
11	DIN 25471	2009 年 5 月	Criticality safety taking into account the burnup of fuel elements when handling and storing nuclear fuel elements in fuel pools of nuclear power plants with lightwater reactors
12	DIN 25472	2012 年 8 月	Criticality safety for final disposal of nuclear fuels to be discarded
13	DIN 25474	2014 年 6 月	Measures of administrative character for conservation of criticality safety in nuclear facilities excluding reactors
14	DIN 25478	2014 年 6 月	Application of computer codes for the assessment of criticality safety
15	DIN 25478 Beiblatt 1	2012 年 9 月	Application of computer codes for the assessment of criticality safety-Supplement 1: Explanations
16	DIN 25712	2015 年 4 月	Criticality safety taking into account the burnup of fuel for transport and storage of irradiated light water reactor fuel assemblies in casks
17	DIN EN ISO 19226	2019 年 9 月	Nuclear energy-Determination of neutron fluence and displacement per atom (dpa) in reactor vessel and internals (ISO19226:2017); German and English version prENISO19226:2019
18	DIN ISO 7753	1991 年 12 月	Nuclear energy; performance and testing requirements for criticality detection and alarm systems; identical with ISO7753:1987
19	ISO 1709	2018 年 2 月	Nuclear energy-Fissile materials-Principles of criticality safety in storing, handling and processing
20	ISO 7753	1987 年 8 月	Nuclear energy; Performance and testing requirements for criticality detection and alarm systems
21	ISO 10645	1992 年 3 月	Nuclear energy; light water reactors; calculation of the decay heat power in nuclear fuels
22	ISO 11311	2011 年 7 月	Nuclear criticality safety-Critical values for homogeneous plutonium-uranium oxide fuel mixtures outside of reactors
23	ISO 11320	2011 年 10 月	Nuclear criticality safety-Emergency preparedness and response
24	ISO 14943	2004 年 10 月	Nuclear fuel technology-Administrative criteria related to nuclear criticality safety
25	ISO 16117	2013 年 10 月	Nuclear criticality safety-Estimation of the number of fissions of a postulated criticality accident
26	ISO 18075	2018 年 3 月	Steady-state neutronics methods for power-reactor analysis
27	ISO 18077	2018 年 3 月	Reload startup physics tests for pressurized water reactors
28	ISO 19226	2017 年 11 月	Nuclear energy-Determination of neutron fluence and displacement per atom (dpa) in reactor vessel and internals

续表

序号	标准号	发布时间	标准名称
29	ISO 21391	2019年8月	Nuclear criticality safety-Geometrical dimensions for subcriticality control-Equipment and layout
30	ISO 27467	2009年2月	Nuclear criticality safety-Analysis of a postulated criticality accident
31	ISO 27468	2011年7月	Nuclear criticality safety-Evaluation of systems containing PWRUOX fuels-Bounding burnup credit approach

NA 062-07-61 AA 制定了 10 项标准，如表 4.21 所示。

表 4.21 NA 062-07-61 AA 标准制定情况（共 10 项）

序号	标准号	发布时间	标准名称
1	DIN 25401	2015年4月	Terms and definitions of nuclear technology, only on CD-ROM
2	DIN 25404	1991年1月	Nuclear technology; symbols
3	DIN 25430	2016年10月	Safety marking in radiation protection
4	DIN 25433	2016年10月	Fuel assembly identification for nuclear power reactors
5	DIN EN ISO 361	2015年12月	Basic ionizing radiation symbol（ISO 361：1975）；German version ENISO 361：2015
6	ISO 10979	2019年1月	Identification of fuel assemblies for nuclear power reactors
7	ISO 12749-2	2013年9月	Nuclear energy, nuclear technologies, and radiological protection-Vocabulary-Part 2：Radiological protection
8	ISO 12749-3	2015年8月	Nuclear energy, nuclear technologies, and radiological protection-Vocabulary-Part 3：Nuclear fuel cycle
9	ISO 12749-4	2015年8月	Nuclear energy, nuclear technologies, and radiological protection-Vocabulary-Part 4：Dosimetry for radiation processing
10	ISO 12749-5	2018年2月	Nuclear energy, nuclear technologies, and radiological protection-Vocabulary-Part 5：Nuclear reactors

NA 062-07-62 AA 制定了 54 项标准，如表 4.22 所示。

表 4.22 NA 062-07-62 AA 标准制定情况（共 54 项）

序号	标准号	发布时间	标准名称
1	DIN 25407 Beiblatt 1	2012年11月	Shielding walls against ionizing radiation-Supplement 1：Recommendations for the construction of walls made of bricks
2	DIN 25407-1	2011年6月	Shielding walls against ionizing radiation-Part 1：Bricks
3	DIN 25407-2	2011年7月	Shielding walls against ionizing radiation-Part 2：Special construction elements for lead shielding walls
4	DIN 25407-3	2012年11月	Shielding walls against ionizing radiation-Part 3：Construction of lead hot cells

续表

序号	标准号	发布时间	标准名称
5	DIN 25409 Beiblatt 1	2015年12月	Remote handling devices for use behind shielding walls; Supplement 1: Recommendations for use
6	DIN 25409-1	2015年12月	Remote handling devices for use behind shielding walls-Part 1: Remote handling tongs-Dimensions
7	DIN 25409-2	2015年12月	Remote handling devices for use behind shielding walls-Part 2: Master-slave manipulators with three pivots-Dimensions
8	DIN 25409-3	2015年12月	Remote handling devices for use behind shielding walls-Part 3: Telescopic master slave manipulators-Dimensions
9	DIN 25409-4	2015年12月	Remote handling devices for use behind shielding walls-Part 4: Telescopic master slave manipulators-Requirements and tests
10	DIN 25409-5	2015年12月	Remote handling devices for use behind shielding walls-Part 5: Master slave manipulators with three pivots-Requirements and tests
11	DIN 25409-6	2015年12月	Remote handling devices for use behind shielding walls-Part 6: Remote handling tongs-Requirements
12	DIN 25409-7	2016年1月	Remote handling devices for use behind shielding walls-Part 7: Power manipulators with electric drives-Requirements and testing
13	DIN 25409-8	2015年12月	Remote handling devices for use behind shielding walls-Part 8: Power manipulators-Operating devices-Arrangement and marking
14	DIN 25412-1	2015年12月	Laboratory equipment-Glove boxes-Part 1: Dimensions and requirements
15	DIN 25412-1 Beiblatt 1	2015年12月	Laboratory equipment-Glove boxes-Part 1: Dimensions and requirements; Supplement 1: Examples for accessoires
16	DIN 25412-2	2015年12月	Laboratory equipment-Glove boxes-Part 2: Leakage test
17	DIN 25413-1	2013年4月	Classification of shielding concretes by proportion of elements-Part 1: Neutron shielding
18	DIN 25413-2	2013年4月	Classification of shielding concretes by proportion of elements-Part 2: Gamma shielding
19	DIN 25420-1	2014年12月	Construction of concrete hot cells-Part 1: Requirements for remotely operated cells
20	DIN 25420-1 Beiblatt 1	2014年12月	Construction of concrete hot cells-Part 1: Requirements for remotely operated cells; Supplement 1: Design examples
21	DIN 25420-1 Beiblatt 2	2014年12月	Construction of concrete hot cells-Part 1: Requirements for remotely operated cells; Supplement 2: Shieldingcalculation
22	DIN 25420-1 Beiblatt 3	2015年3月	Construction of concrete hot cells-Part 1: Requirements for remotely operated cells; Supplement 3: Design examples of performance

续表

序号	标准号	发布时间	标准名称
23	DIN 25420-1 Beiblatt 4	2018年3月	Construction of concrete hot cells-Part 1: Requirements for remotely operated cells; Supplement 4: Design of Gas-filled Double-bend Ducts in Concrete Shields against Gamma Radiation
24	DIN 25420-1 Beiblatt 4 Berichtigung 1	2018年9月	Construction of concrete hot cells-Part 1: Requirements for remotely operated cells; Supplement 4: Design of Gas-filled Double-bend Ducts in Concrete Shields against Gamma Radiation, Corrigendumto DIN25420-1 Supplement 4
25	DIN 25420-2	2014年12月	Construction of concrete hot cells-Part 2: Requirements for processing and storage cells
26	DIN 25420-2	2020年1月	Construction of concrete hot cells-Part 2: Requirements for hot cells for automated operation
27	DIN 25420-3	2015年3月	Construction of concrete hot cells-Part 3: Requirements of shielding windows for concrete walls with different densities
28	DIN 25420-3 Beiblatt 1	2014年12月	Construction of concrete hot cells-Part 3: Requirements for shielding windows for concrete walls with different densities; Supplement 1: Installation guidelines
29	DIN 25420-4	2015年3月	Construction of concrete hot cells-Part 4: Requirements of shielding windows for concrete walls density 2,3 g/cm^3 with different thicknesses
30	DIN 25422	2013年6月	Storage and keeping of radioactive materials-Requirements on protection against radiation, fire and theft to be met by storage facilities
31	DIN 25429	2012年12月	Test method for hot cell shielding with gamma point sources
32	DIN 25440	2011年3月	Classification of rooms in the controlled area of nuclear facilities and facilities according to local dose rates
33	DIN 25453	2013年1月	Test procedure for shielding in nuclear power plants
34	DIN 25460	2015年11月	Hot cells, preventive fire protection
35	DIN 25480	2015年12月	Components for contamination protection boxes-Nozzles, rings for remote handling tongs, windows and posting systems
36	DIN 25481	2015年12月	Requirements for process cells for the handling of radioactive materials
37	DIN 25481	2019年12月	Requirements for process cells for the handling of radioactive materials
38	DIN 25488	2018年3月	Components for hot cells-Requirements on design for remote handling
39	ISO 7212	1986年6月	Enclosures for protection against ionizing radiation; Lead shielding units for 50 mm and 100 mm thick walls

续表

序号	标准号	发布时间	标准名称
40	ISO 9404-1	1991年9月	Enclosures for protection against ionizing radiation: lead shielding units for 150mm, 200mm and 250mm thick walls; part1: chevron units of 150mm and 200mm thickness
41	ISO 10648-1	1997年5月	Containment enclosures-Part 1: Design principles
42	ISO 10648-2	1994年12月	Containment enclosures-Part 2: Classification according to leak tightness and associated checking methods
43	ISO 11933-1	1997年8月	Components for containment enclosures-Part 1: Glove/bag ports, bungs for glove/bag ports, enclosure rings and interchang-eable units
44	ISO 11933-2	1997年8月	Components for containment enclosures-Part 2: Gloves, welded bags, gaiters for remote-handling tongs and for manipulators
45	ISO 11933-3	1998年11月	Components for containment enclosures-Part 3: Transfer systems such as plain doors, airlock chambers, double door transfer systems, leaktight connections for waste drums
46	ISO 11933-4	2001年5月	Components for containment enclosures-Part 4: Ventilation and gas-cleaning systems such as filters, traps, safety and regulation valves, control and protection devices
47	ISO 11933-5	2001年9月	Components for containment enclosures-Part 5: Penetrations for electrical and fluid circuits
48	ISO 15080	2001年9月	Nuclear facilities-Ventilation penetrations for shielded enclosures
49	ISO 15080 AMD 1	2019年5月	Nuclear facilities-Ventilation penetrations for shielded enclosures; Amendment 1
50	ISO 17874-1	2010年1月	Remote handling devices for radioactive materials-Part 1: General requirements
51	ISO 17874-2	2004年12月	Remote-handling devices for radioactive materials-Part 2: Mechanical master-slave manipulators
52	ISO 17874-3	2011年11月	Remote handling devices for radioactive materials-Part 3: Electrical master-slave manipulators
53	ISO 17874-4	2006年1月	Remote handling devices for radioactive materials-Part 4: Power manipulators
54	ISO 17874-5	2007年2月	Remote handling devices for radioactive materials-Part 5: Remote handling tongs

NA 062-07-63 AA 制定了 10 项标准，如表 4.23 所示。

表 4.23 NA 062-07-63 AA 标准制定情况（共 10 项）

序号	标准号	发布时间	标准名称
1	DIN 25415	2012年11月	Radioactively contaminated surfaces-Method for testing and assessing the ease of decontamination

续表

序号	标准号	发布时间	标准名称
2	DIN 25425-1	2016年10月	Radioisotope laboratories-Part 1: Rules for design
3	DIN 25425-1 Beiblatt 1	2016年10月	Radioisotope laboratories-Part 1: Rules for design; Supplement 1: Examples for application
4	DIN 25425-3	2019年12月	Radionuclide laboratories-Part 3: Rules for preventive fire protection
5	DIN 25425-4	2019年12月	Radioisotope laboratories-Part 4: Rules for the protection of persons
6	DIN 25425-4 Beiblatt 2	2013年2月	Radioisotope laboratories-Part 4: Rules for the protection of persons; Guidance notes on shielding of gamma-and beta-radiation
7	DIN 25425-5	2011年4月	Radioisotope laboratories-Part 5: Rules for the decontamination of surfaces
8	DIN 25466	2012年8月	Fume hoods for radioactive materials-Rules for construction and tests
9	DIN 25483	2000年9月	Methods of environmental monitoring using integrating solid-state dosimeters
10	ISO 8690	1988年8月	Decontamination of radioactively contaminated surfaces; method for testing and assessing the ease of decontamination

5 | 我国核电材料标准化发展

核电材料是核电安全运行的基础和保障。为了保障能源安全，我国一直在探索安全运行的核电技术应用方法和途径，其中标准化成为实现核电安全运行的有力保障之一。为了保障核电的安全运行，我国分别从国家标准、能源行业标准和电力行业标准、团体标准等方面制定相关核电标准，共同形成我国核电材料标准体系，以保障核电技术的安全发展。

5.1 我国核电材料标准总体情况

我国从三个层级对核电标准进行管理，分别是国家标准、行业标准和团体标准，其中行业标准分为能源行业标准和电力行业标准两大类。图5.1显示了我国核电标准化分层及标准数量总体情况。可看出，截至2021年底我国在核电领域的国家标准多达257项（含235项推荐标准和22项强制性标准）；在行业标准中，我国能源领域的核电标准有180项，电力行业标准有132项；因我国团体标准刚刚起步，目前团体标准数量较少，仅有8项。

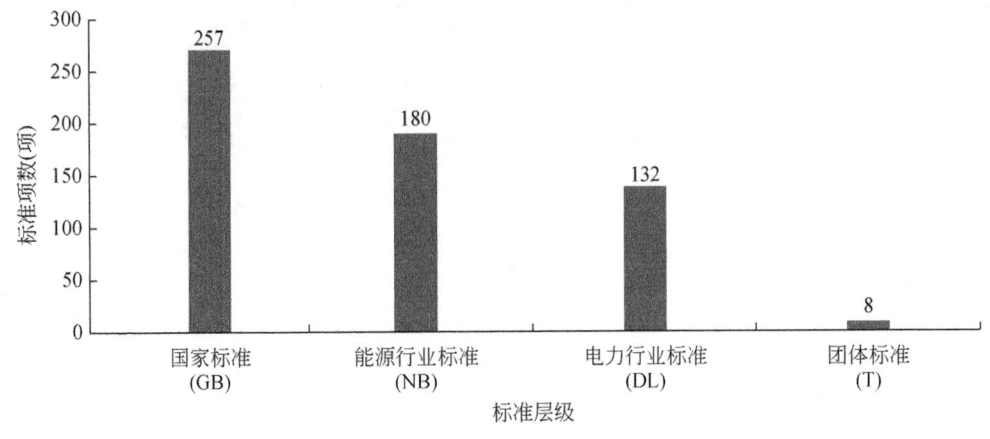

图5.1 中国核电标准分级情况

按照应用类型来分，我国标准可以分为基础标准、产品标准和方法标准，其中方法标准又可分为测试、试验、设计、环境、验收等类别，在本报告中，不再细分。我国核电主要标准的分类见图5.2。核电材料国家标准类别最为齐全，共有基础标准、方法标准和产品标准；电力行业标准和能源行业标准主要包括产品标准和方法标准；团体标准主要为方法标准。

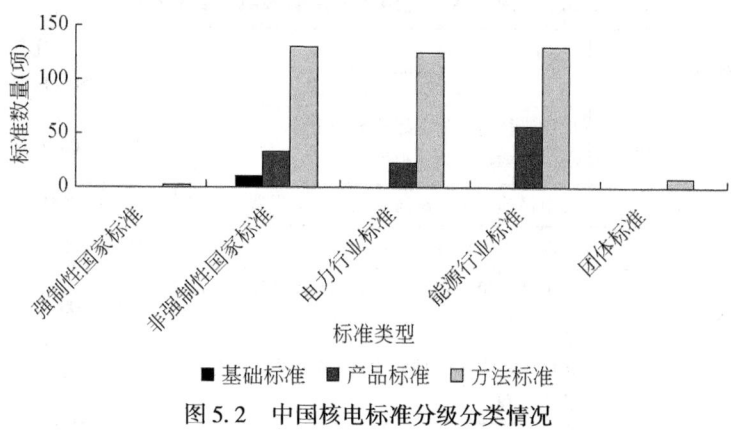

图 5.2　中国核电标准分级分类情况

5.2　我国主要的核电材料标准化机构

5.2.1　国家能源局

国家能源局是能源领域（电力行业）标准化行政主管单位，主要职责之一是组织制定煤炭、石油、天然气、电力、新能源和可再生能源等能源及炼油、煤制燃料和燃料乙醇的产业政策及相关标准。

国家能源局组织的能源领域行业标准化工作涵盖下列范围[①]：石油、天然气、煤炭、煤层气（煤炭瓦斯）、电力（常规电力）、燃料（炼油、煤制燃料和生物质燃料）、核电、新能源和可再生能源、能源节约与资源综合利用、能源装备。其中具体负责核电标准化工作的机构如表5.1所示。

表 5.1　国家能源局下属的核电能源行业标准化技术委员会[②]

序号	编号	名称	对口国际组织	业务领域	秘书处承担单位	业务指导单位
1	NEA/TC2	核电行业标准化技术委员会	—	负责核电标准化工作	国家能源局科技司	国家能源局科技司
2	DL/TC35	电力行业电力规划设计标准化技术委员会	—	火（核）力发电、电网规划设计、安装方面的标准化工作	中国电力规划设计协会	中国电力企业联合会

截至2018年底，国家能源局下属的核电标准化技术委员会已经制定了181项能源行业核电标准，如表5.2所示。

---

① http://www.nea.gov.cn/2011-10/08/c_131178865.htm.
② http://www.nea.gov.cn/2011-10/28/c_131218040.htm.

表 5.2 国家能源局组织制定的核电行业标准[①]

序号	标准编号	标准名称	备注（替代标准）	类别
1	NB/T 20037.11—2018RK	应用于核电站的一级概率安全评价 第11部分：功率运行内部事件	NB/T 20037.1—2011	方法
2	NB/T 20355—2018	核电站建设工程核岛建筑安装工程费用定额	NB/T 20355—2015	方法
3	NB/T 20357—2018	核电站施工机械台班费用定额	NB/T 20357—2015	方法
4	NB/T 20358.1—2018	核电站建设工程预算定额 第1部分：核岛建筑工程	NB/T 20358.1—2015	方法
5	NB/T 20358.2—2018	核电站建设工程预算定额 第2部分：核岛装饰工程	NB/T 20358.2—2015	方法
6	NB/T 20358.3—2018	核电站建设工程预算定额 第3部分：核岛钢结构工程	NB/T 20358.3—2015	方法
7	NB/T 20358.4—2018	核电站建设工程预算定额 第4部分：核岛工艺设备安装工程	NB/T 20358.4—2015	方法
8	NB/T 20358.5—2018	核电站建设工程预算定额 第5部分：核岛工艺管道安装工程	NB/T 20358.5—2015	方法
9	NB/T 20358.6—2018	核电站建设工程预算定额 第6部分：核岛通风空调安装工程	NB/T 20358.6—2015	方法
10	NB/T 20358.7—2018	核电站建设工程预算定额 第7部分：核岛电气设备安装工程	NB/T 20358.7—2015	方法
11	NB/T 20358.8—2018	核电站建设工程预算定额 第8部分：核岛自动化控制仪表安装工程	NB/T 20358.8—2015	方法
12	NB/T 20358.9—2018	核电站建设工程预算定额 第9部分：核岛通信设备安装工程	NB/T 20358.9—2015	方法
13	NB/T 20358.10—2018	核电站建设工程预算定额 第10部分：核岛防腐、保温工程	NB/T 20358.10—2015	方法
14	NB/T 20037.9—2018	应用于核电站的一级概率安全评价 第9部分：功率运行其他外部灾害	—	方法
15	NB/T 20005.18—2018	压水堆核电站用碳钢和低合金钢 第18部分：主蒸汽隔离阀阀体用铸件	—	产品
16	NB/T 20005.39—2018	压水堆核电站用碳钢和低合金钢 第39部分：安全壳机械贯穿件用15Mn锻件	—	产品
17	NB/T 20005.40—2018	压水堆核电站用碳钢和低合金钢 第40部分：安全级设备用低合金钢板	—	产品
18	NB/T 20005.41—2018	压水堆核电站用碳钢和低合金钢 第41部分：安全级设备用低合金钢管	—	产品

[①] http://www.nea.gov.cn/2011-10/31/c_131221431.htm.

续表

序号	标准编号	标准名称	备注（替代标准）	类别
19	NB/T 20006.40—2018	压水堆核电站用合金钢 第40部分：一体化堆顶组件用锻件	—	产品
20	NB/T 20006.41—2018	压水堆核电站用合金钢 第41部分：反应堆压力容器螺栓、螺母和垫圈用钢棒	—	产品
21	NB/T 20006.42—2018	压水堆核电站用合金钢 第42部分：安全级设备用合金钢锻件	—	产品
22	NB/T 20006.43—2018	压水堆核电站用合金钢 第43部分：安全级设备用合金钢板	—	产品
23	NB/T 20007.49—2018	压水堆核电站用不锈钢 第49部分：安全级设备用冷作硬化不锈钢棒	—	产品
24	NB/T 20325.4—2018	压水堆核电站安全壳预应力技术规程 第4部分：监测	—	方法
25	NB/T 20476.5—2018	核电站运行许可证延续 第5部分：环境影响评价	—	方法
26	NB/T 20477.1—2018	核电站用爆破阀 第1部分：阀门设计	—	方法
27	NB/T 20477.2—2018	核电站用爆破阀 第2部分：阀门鉴定	—	方法
28	NB/T 20477.3—2018	核电站用爆破阀 第3部分：驱动装置设计	—	方法
29	NB/T 20477.4—2018	核电站用爆破阀 第4部分：驱动装置鉴定	—	方法
30	NB/T 20478.1—2018	压水堆核电站反应堆压力容器密封环技术规范 第1部分：O型密封环	—	产品
31	NB/T 20478.2—2018	压水堆核电站反应堆压力容器密封环技术规范 第2部分：C型密封环	—	产品
32	NB/T 20479.1—2018	核电站结构模块和机械模块焊缝无损检测 第1部分：超声检测	—	方法
33	NB/T 20479.2—2018	核电站结构模块和机械模块焊缝无损检测 第2部分：射线检测	—	方法
34	NB/T 20479.3—2018	核电站结构模块和机械模块焊缝无损检测 第3部分：渗透检测	—	方法
35	NB/T 20479.4—2018	核电站结构模块和机械模块焊缝无损检测 第4部分：磁粉检测	—	方法
36	NB/T 20479.5—2018	核电站结构模块和机械模块焊缝无损检测 第5部分：目视检测	—	方法
37	NB/T 20480—2018	压水堆核电站核回路冲洗技术要求	—	方法
38	NB/T 20481—2018	压水堆核电站反应堆冷却剂主管道设计制造规范	—	方法
39	NB/T 20482—2018	压水堆核电站钢制安全壳设计建造规范	—	方法
40	NB/T 20483—2018	核电站工程物探技术规范	—	产品

续表

序号	标准编号	标准名称	备注（替代标准）	类别
41	NB/T 20484—2018	压水堆核电站核蒸汽供应系统热平衡试验	—	方法
42	NB/T 20485—2018RK	核电站应急柴油发电机组设计和试验要求	—	方法
43	NB/T 20486—2018	核电站用水过滤器滤芯通用技术条件	—	产品
44	NB/T 20487—2018	核电站内部火灾概率安全评价开发方法	—	方法
45	NB/T 20488—2018	核设施结构基于性能抗震设计方法	—	方法
46	NB/T 20489—2018	核电站事件根本原因分析方法	—	方法
47	NB/T 20490—2018	压水堆核电站停堆检修期间活化腐蚀产物沉积源项监测要求	—	方法
48	NB/T 20491—2018	压水堆核电站辅助管道和设备保温	—	方法
49	NB/T 20492—2018	核电用焊接材料储存、烘干及使用管理	—	方法
50	NB/T 20493—2018	核电站安全重要热电偶温度计鉴定	—	方法
51	NB/T 20494—2018	核电站建构筑物变形监测技术规程	—	方法
52	NB/T 20495—2018	核电站建筑设计规程	—	方法
53	NB/T 20496—2018	核电站现场大型起重运输机械管理规定	—	方法
54	NB/T 20497—2018	核电站雨水排水设计技术规程	—	方法
55	NB/T 20498—2018	核电工程现场大型生产设施管理规定	—	方法
56	NB/T 20499—2018	核电站窗式泄爆装置设计技术规程	—	方法
57	NB/T 20500—2018	压水堆核电站管道保温安装及验收技术规程	—	方法
58	NB/T 20501—2018	核电站结构模块制造及验收技术规程	—	产品
59	NB/T 20502—2018	压水堆核电站人员闸门、设备闸门安装及验收技术规程	—	产品
60	NB/T 20503—2018	核电站混凝土用建筑骨料调查技术规程	—	方法
61	NB/T 20504—2018	核电站核岛工程微网测量技术规程	—	方法
62	NB/T 20505—2018	核电站预应力混凝土安全壳结构在役检查要求	—	方法
63	NB/T 20506—2018	核电站核岛机械设备螺纹衬套技术要求	—	产品
64	NB/T 20507—2018	压水堆核电站启动给水系统设计准则	—	方法
65	NB/T 20508—2018	蒸汽发生器传热管胀管轮廓涡流检测	—	方法
66	NB/T 20509—2018	压水堆核电站机组负荷扰动试验	—	方法
67	NB/T 20510—2018	压水堆核电站核燃料组件管理数据元	—	方法
68	NB/T 20511—2018	核电技术成熟度评价规范	—	方法
69	NB/T 25078—2018	压水堆核电站常规岛金属材料选用导则	—	方法
70	NB/T 25079—2018	核电站常规岛设备和管道防腐蚀工程质量验收规范	—	产品
71	NB/T 25080—2018	核电站水泵定期试验规范	DL/T 1072—2007	方法

续表

序号	标准编号	标准名称	备注（替代标准）	类别
72	NB/T 25081—2018	核电站管道系统振动测试与评估	DL/T 1103—2009	方法
73	NB/T 25082—2018	核电站设备构件超音速火焰喷涂修复技术规范	—	方法
74	NB/T 25083—2018	核电站汽轮发电机组隔振基础测试技术导则	—	方法
75	NB/T 20004—2014	核电站核岛机械设备材料理化检验方法	—	方法
76	NB/T 20006.1—2011	压水堆核电站用合金钢 第1部分：承受强辐照的反应堆压力容器筒体用锰-镍-钼钢锻件	—	产品
77	NB/T 20006.2—2011	压水堆核电站用合金钢 第2部分：不承受强辐照的反应堆压力容器筒体用锰-镍-钼钢锻件	—	产品
78	NB/T 20006.3—2011	压水堆核电站用合金钢 第3部分：反应堆压力容器过渡段和法兰用锰-镍-钼钢锻件	—	产品
79	NB/T 20006.4—2011	压水堆核电站用合金钢 第4部分：反应堆压力容器接管嘴用锰-镍-钼钢锻件	—	产品
80	NB/T 20006.6—2011	压水堆核电站用合金钢 第6部分：蒸汽发生器管板用锰-镍-钼钢锻件	—	产品
81	NB/T 20006.12—2011	压水堆核电站用合金钢 第12部分：反应堆冷却剂泵主法兰用锰-镍-钼钢锻件	—	产品
82	NB/T 20007.9—2011	压水堆核电站用不锈钢 第9部分：1、2、3级奥氏体不锈钢对焊无缝管件	—	产品
83	NB/T 20035—2011	压水堆核电站工况分类	—	方法
84	NB/T 20036.1—2011	核电站能动机械设备鉴定 第1部分：通用要求	—	产品
85	NB/T 20036.2—2011	核电站能动机械设备鉴定 第2部分：抗震鉴定	—	方法
86	NB/T 20036.3—2011	核电站能动机械设备鉴定 第3部分：非金属物项鉴定	—	方法
87	NB/T 20036.4—2011	核电站能动机械设备鉴定 第4部分：动态约束器鉴定	—	方法
88	NB/T 20036.5—2011	核电站能动机械设备鉴定 第5部分：泵组件鉴定	—	方法
89	NB/T 20036.6—2011	核电站能动机械设备鉴定 第6部分：阀门组件鉴定	—	方法
90	NB/T 20037.1—2011	应用于核电站的概率安全评价 第1部分：功率运行内部事件一级PSA	—	方法

续表

序号	标准编号	标准名称	备注（替代标准）	类别
91	NB/T 20038—2011	核空气和气体处理规范 设计和制造通用要求	—	方法
92	NB/T 20039.11—2011	核空气和气体处理规范 通风、空调与空气净化 第11部分：碘吸附器（Ⅰ型）	—	产品
93	NB/T 20039.12—2011	核空气和气体处理规范 通风、空调与空气净化 第12部分：碘吸附器（Ⅱ型）	—	产品
94	NB/T 20040—2011	核电站安全级电气设备抗震鉴定试验规则	—	方法
95	NB/T 20041—2011	核电文档管理系统功能要求	—	方法
96	NB/T 20042—2011	核电档案分类准则及编码规则	—	方法
97	NB/T 20043—2011	核电工程施工计划管理规定	—	方法
98	NB/T 20044—2011	压水堆核电站堆内构件安装及验收技术规程	—	方法
99	NB/T 20045—2011	压水堆核电站反应堆压力容器安装及验收技术规程	—	方法
100	NB/T 20046—2011	压水堆核电站蒸汽发生器安装及验收技术规程	—	方法
101	NB/T 20047—2011	压水堆核电站主管道、波动管及其支撑的安装及验收规范	—	方法
102	NB/T 20048—2011	核电站建设项目经济评价方法	—	方法
103	NB/T 20050—2011	核电站电气设备水危害防护实用方法	—	方法
104	NB/T 20051—2011	核电站厂用电系统设计准则	—	方法
105	NB/T 20052—2011	核电站安全级电路电缆系统的设计和安装	—	方法
106	NB/T 20053—2011	核电站安全重要电气、仪表和控制设备安装要求	—	方法
107	NB/T 20054—2011	核电站安全重要仪表和控制系统执行A类功能的计算机软件	—	方法
108	NB/T 20055—2011	核电站安全重要仪表和控制系统执行B类和C类功能的计算机软件	—	方法
109	NB/T 20056—2011	轻水堆核燃料衰变热功率的计算	—	方法
110	NB/T 25001—2011	核电站选址质量保证要求	—	方法
111	NB/T 25002—2011	核电站海工构筑物设计规范	—	方法
112	NB/T 25003—2011	核电站选址阶段环境影响评价报告编制规定	—	方法
113	NB/T 25005—2011	核电站汽轮机气缸焊接修复技术规程	—	方法
114	NB/T 25006—2011	核电站汽轮机叶片焊接修复技术规程	—	方法
115	NB/T 25007—2011	核电站调试文件体系编制要求	—	方法
116	NB/T 25008—2011	核电站海水冷却系统腐蚀控制与电解海水防污	—	方法

续表

序号	标准编号	标准名称	备注（替代标准）	类别
117	NB/T 20009.1—2010	压水堆核电站用焊接材料 第1部分：1、2、3级设备用碳钢焊条	—	产品
118	NB/T 20009.2—2010	压水堆核电站用焊接材料 第2部分：1、2、3级设备用低合金钢焊条	—	产品
119	NB/T 20009.3—2010	压水堆核电站用焊接材料 第3部分：1、2、3级设备用不锈钢焊条	—	产品
120	NB/T 20010.1—2010	压水堆核电站阀门 第1部分：设计制造通则	—	方法
121	NB/T 20010.2—2010	压水堆核电站阀门 第2部分：碳素钢铸件技术条件	—	产品
122	NB/T 20010.3—2010	压水堆核电站阀门 第3部分：不锈钢铸件技术条件	—	产品
123	NB/T 20010.4—2010	压水堆核电站阀门 第4部分：碳素钢锻件技术条件	—	产品
124	NB/T 20010.5—2010	压水堆核电站阀门 第5部分：奥氏体不锈钢锻件技术条件	—	产品
125	NB/T 20010.6—2010	压水堆核电站阀门 第6部分：紧固件技术条件	—	产品
126	NB/T 20010.7—2010	压水堆核电站阀门 第7部分：包装、运输和贮存	—	方法
127	NB/T 20010.8—2010	压水堆核电站阀门 第8部分：安装和维修技术条件	—	方法
128	NB/T 20010.9—2010	压水堆核电站阀门 第9部分：产品出厂检查与试验	—	方法
129	NB/T 20010.10—2010	压水堆核电站阀门 第10部分：应力分析和抗震分析	—	方法
130	NB/T 20010.11—2010	压水堆核电站阀门 第11部分：电动装置	—	产品
131	NB/T 20010.12—2010	压水堆核电站阀门 第12部分：气动装置	—	产品
132	NB/T 20010.13—2010	压水堆核电站阀门 第13部分：核用非核级阀门技术条件	—	产品
133	NB/T 20010.14—2010	压水堆核电站阀门 第14部分：柔性石墨填料技术条件	—	产品
134	NB/T 20010.15—2010	压水堆核电站阀门 第15部分：柔性石墨金属缠绕垫片技术条件	—	产品
135	NB/T 20011—2010	压水堆核电站安全有关的钢结构设计要求	—	方法
136	NB/T 20012—2010	压水堆核电站安全有关的混凝土结构设计要求	—	方法

续表

序号	标准编号	标准名称	备注（替代标准）	类别
137	NB/T 20013—2010	含缺陷核承压设备完整性评定	—	方法
138	NB/T 20014—2010	核电站放射工作人员健康监护	—	方法
139	NB/T 20015—2010	核电站操纵人员培训及考试用模拟机	—	产品
140	NB/T 20016—2010	人因工程在核电站基于计算机的监测和控制显示设计中的应用	—	方法
141	NB/T 20017—2010	压水堆核电站安全壳结构整体性试验	—	方法
142	NB/T 20018—2010	核电站安全壳密封性试验	—	方法
143	NB/T 20019—2010	核电站安全级仪表和控制设备电子元器件老化筛选和降额使用规定	—	方法
144	NB/T 20020—2010	核电站事件编码	—	方法
145	NB/T 20021—2010	压水堆核电站核岛混凝土筏形基础施工技术规程	—	方法
146	NB/T 20022—2010	压水堆核电站反应堆厂房钢衬里穹顶吊装施工技术规程	—	方法
147	NB/T 20023—2010	核电站建设项目费用性质及项目划分导则	—	方法
148	NB/T 20024—2010	核电站工程建设预算编制方法	—	方法
149	NB/T 20025—2010	核电站建设项目工程其他费用编制规定	—	方法
150	NB/T 20026—2010	核电站安全重要仪表和控制系统总要求	—	产品
151	NB/T 20027—2010	核电站主控制室报警功能与显示	—	方法
152	NB/T 20028.1—2010	核电站用蓄电池 第1部分：容量确定	—	方法
153	NB/T 20028.2—2010	核电站用蓄电池 第2部分：安装设计和安装准则	—	方法
154	NB/T 20028.4—2010	核电站用蓄电池 第4部分：维护、试验和更换方法	—	方法
155	NB/T 20029—2010	核电站安全重要仪表和控制系统厂房辐射监测	—	方法
156	NB/T 20030—2010	压水堆核电站设备管道惯用颜色和管道标识方法	—	方法
157	NB/T 20031—2010	压水堆核电站事故后安全壳内氢气浓度的控制	—	方法
158	NB/T 20032—2010	压水堆核电站反应堆压力容器承压热冲击评定准则	—	方法
159	NB/T 20033—2010	核电站初步可行性研究报告内容深度规定	—	方法
160	NB/T 20034—2010	核电站可行性研究报告内容深度规定	—	方法
161	NB/T 20003.1—2010	核电站核岛机械设备无损检测 第1部分：通用要求	—	方法

续表

序号	标准编号	标准名称	备注（替代标准）	类别
162	NB/T 20003.2—2010	核电站核岛机械设备无损检测 第2部分：超声检测	—	方法
163	NB/T 20003.3—2010	核电站核岛机械设备无损检测 第3部分：射线检测	—	方法
164	NB/T 20003.4—2010	核电站核岛机械设备无损检测 第4部分：渗透检测	—	方法
165	NB/T 20003.5—2010	核电站核岛机械设备无损检测 第5部分：磁粉检测	—	方法
166	NB/T 20003.6—2010	核电站核岛机械设备无损检测 第6部分：管材制品检测	—	方法
167	NB/T 20003.7—2010	核电站核岛机械设备无损检测 第7部分：目视检测	—	方法
168	NB/T 20003.8—2010	核电站核岛机械设备无损检测 第8部分：泄漏检测	—	方法
169	NB/T 20005.1—2010	压水堆核电站用碳钢和低合金钢 第1部分：1、2、3级锻件	—	产品
170	NB/T 20005.12—2010	压水堆核电站用碳钢和低合金钢 第12部分：主蒸汽系统、主给水流量控制系统、辅助给水系统和汽轮机旁路系统用无缝钢管	—	产品
171	NB/T 20005.7—2010	压水堆核电站用碳钢和低合金钢 第7部分：1、2、3级锻件	—	产品
172	NB/T 20005.9—2010	压水堆核电站用碳钢和低合金钢 第9部分：2、3级无缝钢管	—	产品
173	NB/T 20006.10—2010	压水堆核电站用合金钢 第10部分：稳压器和蒸汽发生器接管嘴及壶板用锰-镍-钼钢锻件	—	产品
174	NB/T 20006.11—2010	压水堆核电站用合金钢 第11部分：稳压器筒体、封头用锰-镍-钼钢锻件	—	产品
175	NB/T 20006.14—2010	压水堆核电站用合金钢 第14部分：1级设备螺栓紧固件用含钒或不含钒的镍-铬-钼钢锻棒	—	产品
176	NB/T 20007.1—2010	压水堆核电站用不锈钢 第1部分：1、2、3级奥氏体不锈钢锻件	—	产品
177	NB/T 20007.5—2010	压水堆核电站用不锈钢 第5部分：1、2、3级奥氏体不锈钢板	—	产品
178	NB/T 20007.8—2010	压水堆核电站用不锈钢 第8部分：1、2、3级奥氏体不锈钢无缝钢管	—	产品

续表

序号	标准编号	标准名称	备注（替代标准）	类别
179	NB/T 20007.14—2010	压水堆核电站用不锈钢 第14部分：1、2、3级奥氏体不锈钢锻、轧棒	—	产品
180	NB/T 20008.2—2010	压水堆核电站用其他材料 第2部分：蒸汽发生器、反应堆冷却剂泵和主蒸汽管路支承件用锰-钼-钒合金钢铸件	—	产品
181	NB/T 20008.12—2010	压水堆核电站用其他材料 第12部分：1、2、3级设备螺栓、螺母用锻、轧棒	—	产品

为了进一步加强核电标准化管理工作，2019年国家能源局综合司拟成立能源行业核电常规岛及辅助配套设施标准化技术委员会并公开征求公众意见①，该分技术委员会秘书处承担单位为中国电力企业联合会，主要负责核电站常规岛及辅助配套设施领域的工程设计、设备、建造、调试、运行、退役等方面的标准化工作。

2019年，国家能源局拟对下述核电方面的标准进行修订②，如表5.3所示。

表5.3 国家能源局拟修订的核电标准③

序号	标准名称	类别	适用范围和技术内容	单位	备注
1	NB/T 25018—2014 核电站常规岛与辅助配套设施可靠性数据管理导则	方法	适用范围：国内核电站设备可靠性数据采集、处理与应用 主要内容：设备可靠性数据采集方法规范；规定设备类组、设备类边界；设备失效形式、设备失效判断标准和统计准则；可靠性数据统计和参数评估方法；设备可靠性评估模型建立方法	苏州热工研究院有限公司	修订
2	DL 5190.1—2012 电力建设施工技术规范 第1部分：土建结构工程	工程建设	适用范围：本标准适用于新建、扩建、改建的火力发电工程、核电常规岛工程、新能源工程、输变电工程等土建结构工程施工 主要技术内容：总则、术语、基本规定、现浇混凝土结构、装配式混凝土结构、钢结构、动力设备基础、地下结构、烟囱工程、其他工程、施工测量及变形缝观测、季节性施工等	中国能源建设集团西北电力建设工程有限公司第四工程公司	修订

---

① http://www.nea.gov.cn/2019-09/04/c_138364880.htm.
② http://www.nea.gov.cn/2019-04/18/c_137987850.htm.
③ http://www.nea.gov.cn/2011-10/31/c_131221431.htm.

续表

序号	标准名称	类别	适用范围和技术内容	单位	备注
3	DL 5190.9—2012 电力建设施工技术规范 第9部分：水工结构工程	工程建设	适用范围：适用于新建、扩建、改建的火力发电工程、核电常规岛工程、新能源工程、输变电工程等水工结构工程施工 主要技术内容：总则、术语、基本规定、土石方及基础工程、水工混凝土、冷却塔、地表水取水建（构）筑物、地下水取水建（构）筑物、输水管排水管沟和渠道、水处理建（构）筑物、水力除灰管沟和灰水回收管、储灰场等	中国能源建设集团西北电力建设工程有限公司第四工程公司	修订
4	DL 5277—2012 火电工程达标投产验收规程	工程建设	适用范围：新、扩建火电工程、核电常规岛工程达标投产验收 主要技术内容：达标投产检查验收内容（包括：职业健康安全与环境管理，土建工程质量，锅炉机组工程质量，汽轮机发电机组工程质量，电气、热工仪表及控制装置质量，调整试验，性能试验和主要技术指标，工程综合管理与档案）、达标投产初验、达标投产复验、达标投产验收结论	中国电力建设企业协会	修订
5	DL/T 2203—2020 发电厂监控系统信息安全管理导则	方法	适用范围：本标准适用于火力发电厂监控系统信息安全技术监督，核电、水电、新能源发电可参照实施 主要技术内容：监督体系与职责、监督内容和要求、技术监督管理	浙江浙能技术研究院有限公司、国网浙江电力有限公司电力科学研究院、浙江省能源集团有限公司	制定
6	GB/T 36572—2018 电力监控系统网络安全防护导则	方法	适用范围：本标准适用于发电、变电、配电、调度等各电力生产环节的电力监控系统网络安全防护系统建设，是规划、设计、运行等领域的依据 技术内容：本标准规定电力监控系统网络安全防护体系架构，及各环节节点的信息分区、防护软硬件配置、接口标准等，至少包括但不限于电网调控中心、发电厂（含火电、水电、核电）、变电站（含换流站）、新能源厂站（含风电、光伏）、配电自动化系统的电力监控系统网络安全防护设计规范	国网经济技术研究院有限公司	制定

5.2.2 核工业标准化研究所

核工业标准化研究所成立于1983年5月，是从事核领域标准化研究、管理和咨询服务的机构，也是我国核工业技术标准的研究中心和情报分析检索中心，又是核工业技术标准贯彻实施和质量监督的技术归口单位。核工业标准化研究所的研究、管理和服务范围涉及铀矿地质、铀矿冶、核燃料循环、核动力厂、核仪器仪表与设备、同位素生产及应用、辐射防护等核工业各专业标准化工作，内容包括建立和完善核工业标准体系，组织编审核领域的导则、准则、标准和标准化科研项目、核安全法规、核安全监督手册、有关技术文件等。

核工业标准化研究所的主要任务是：贯彻执行国务院关于标准化工作的方针政策；研究、分析和评价国内外有关核工业标准体系及其动态；组织和承担有关核工业国家标准和核行业标准的制订与修订及审查、复审、验证工作；协助国家国防科技工业局和中国核工业集团有限公司监督检查核工业技术标准的贯彻实施；归口管理核工业标准的情报资料分析、检索、出版发行和咨询服务工作；编辑出版《核标准计量与质量》杂志；受国家国防科技工业局委托承担国家国防科技工业局军工行业核动力标准化技术委员会、国家国防科技工业局核材料标准化技术委员会秘书处工作；受国家标准化管理委员会委托承担全国核能标准化技术委员会（下设反应堆、技术、辐射防护同位素、核燃料四个分技术委员会）、全国核仪器仪表标准化技术委员会（下设通用核仪器、反应堆仪表、辐射防护仪表三个分技术委员会）的秘书处工作，并代表中国负责与国际标准化组织和国际电工委员会的技术联系工作。

5.2.2.1 全国核能标准化技术委员会（TC 58）

全国核能标准化技术委员会（TC 58）主要负责全国核能标准化技术的归口工作，主要包括核能名词术语、辐射防护、反应堆技术、放射性同位素和核燃料技术等专业领域标准化工作[1][2]，并承担国际标准化组织核能、核技术和辐射防护技术委员会（ISO/TC 85）的国内对口工作。全国核能标准化技术委员会及其四个分委会的秘书处设在核工业标准化研究所。

TC 58 下设 4 个分技术委员会，分别为：

1）TC 58/SC 2——辐射防护分技术委员会，主要负责全国辐射安全与相关核安全等专业领域国家标准化工作；协助全国核能标准化技术委员会承担国际标准化组织核能技术委员会辐射防护分委会（ISO/TC 86/SC 2）的国内对口工作。

2）TC 58/SC 3——反应堆技术分技术委员会，主要负责全国反应堆安全法规、安全导则、管理导则、通用基础标准、核反应堆系统设计与建造标准、核反应堆系统调试/运行/维修标准、设备在役检查和退役规范等专业领域标准化工作；协助全国核能标准化技术委员会承担国际标准化组织核能技术委员会反应堆分委会（ISO/TC 85/SC 6）的国内对口工作。

3）TC 58/SC 4——放射性同位素分技术委员会，主要负责全国放射性同位素的一般通用基础标准，质量管理标准，安全标准，包装、运输、储存标准及放射性安全检验、分析测量标准等专业领域的标准化工作。

---

① http://org.sacinfo.org.cn/manage-commitee-readonly/public-commitee-info.do?tcCodeS=&scCodeS=&swgCodeS=&containSC=true&commiteeName=&professionalScope=&pageRows=30&currentPage=9.

② http://www.isni.cn/class/22.

4) TC 58/SC 5——核燃料技术分委员会，主要负责全国核燃料技术包括核燃料循环设施的核安全法规、导则制定工作；核燃料产品及配套标准、热核材料及配套标准、放射性废物处理的有关工艺规定及标准、与核燃料有关的其他材料标准、核燃料系统的民品产品及配套标准、核燃料产品的主要设备标准等专业领域标准化工作；协助全国核能标准化技术委员会承担国际标准化组织核能技术委员会核燃料技术分委会（ISO/TC 85/SC 5）的国内对口工作。

截至2019年底，TC 58共制修订国家标准257项，计划制定国家标准9项，分别如表5.4和表5.5所示。从表5.4可以看出，我国核电国家标准主要侧重于核能材料方面，包括各类核材料产品、各种测试技术方法标准及名词术语类的基础标准等。

表5.4 TC 58制修订国家标准汇总表[①]

序号	标准号及名称	制修订类别	备注
1	GB/T 17568—2019 γ辐照装置设计建造和使用规范	修订	方法
2	GB/T 37865—2019 生物样品中^{14}C的分析方法 氧弹燃烧法	制定	方法
3	GB/T 37867—2019 运行核电站安全生产标准化考核评级规范	制定	方法
4	GB/T 13375—2017 天然六氟化铀技术条件	修订	产品
5	GB/T 15146.12—2017 反应堆外易裂变材料的核临界安全 第12部分：轻水堆燃料燃耗信用制	制定	安全方法
6	GB/T 35730—2017 非能动安全系统压水堆核电站总设计要求	制定	方法
7	GB/T 11844—2015 二氧化铀粉末和芯块中氟、氯的测定 高温水解-离子选择性电极法	修订	测定方法
8	GB/T 11846—2015 二氧化铀粉末和芯块中硅的测定 分光光度法	修订	测定方法
9	GB/T 13696—2015 ^{235}U丰度低于5%的浓缩六氟化铀技术条件	修订	产品
10	GB/T 13698—2015 二氧化铀芯块中总氢的测定	修订	方法
11	GB/T 17939—2015 核级高效空气过滤器	修订	产品

---

① http://zxd.sacinfo.org.cn:7001/default/com.sac.tpms.core.outservice.queryStdProjectByOrgCode.flow?orgCode=TC58.

续表

序号	标准号及名称	制修订类别	备注
12	GB/T 31995—2015 医疗保健产品灭菌 辐射 证实选定的灭菌剂量 VD_{max} 方法	制定	方法
13	GB/T 7465—2015 高活度钴60密封放射源	制定	产品
14	GB/T 12164.3—2013 β参考辐射 第3部分：场所和个人剂量仪的校准及其能量响应和角响应的确定	制定	方法
15	GB/T 17569—2013 压水堆核电站物项分级	修订	方法
16	GB/T 30371—2013 无损检测用电子直线加速器工程通用规范	制定	产品
17	GB/T 4960.9—2013 核科学技术术语 第9部分：磁约束核聚变	修订	基础
18	GB/T 14055.2—2012 中子参考辐射 第2部分：与表征辐射场基本量相关的辐射防护仪表校准基础	修订	方法
19	GB/T 28540—2012 铀尾矿（渣）氡-222析出率估算方法	制定	方法
20	GB 11929—2011 高水平放射性废液贮存厂房设计规定	修订	强制—设计
21	GB/T 14056.2—2011 表面污染测定 第2部分：氚表面污染	修订	方法
22	GB/T 14057.2—2011 放射性污染表面去污 第2部分：纺织品去污剂的试验方法	修订	方法
23	GB/T 27752—2011 铀、钚和重铬酸钾标准溶液浓度的确认	制定	方法
24	GB/T 28178—2011 极低水平放射性废物的填埋处置	制定	方法
25	GB/T 7023—2011 低、中水平放射性废物固化体标准浸出试验方法	制定	方法
26	GB/T 12162.4—2010 用于校准剂量仪和剂量率仪及确定其能量响应的X和γ参考辐射 第4部分：低能X射线参考辐射场中场所和个人剂量仪的校准	制定	测定方法
27	GB/T 25288—2010 ^{188}W-^{188}Re色层发生器	制定	产品
28	GB/T 25306—2010 辐射加工用电子加速器工程通用规范	制定	产品

续表

序号	标准号及名称	制修订类别	备注
29	GB/T 25439—2010 使用三醋酸纤维素剂量测量系统测量吸收剂量的标准方法	制定	方法
30	GB/T 25448—2010 重水堆核电站燃料棒束氦质谱泄漏检测	制定	方法
31	GB/T 25449—2010 重水堆核电站燃料棒束技术条件	制定	产品
32	GB/T 25450—2010 重水堆核电站燃料元件端塞焊缝涡流检测	制定	方法
33	GB/T 25451—2010 重水堆核电站燃料元件涂层厚度测量 β 射线背散射法	制定	方法
34	GB/T 25452—2010 重水堆核电站燃料元件用烧结天然二氧化铀芯块技术条件	制定	产品
35	GB/T 25453—2010 重水堆核电站燃料元件用天然二氧化铀粉末技术条件	制定	产品
36	GB/T 4960.1—2010 核科学技术术语 第1部分：核物理与核化学	修订	基础
37	GB/T 4960.3—2010 核科学技术术语 第3部分：核燃料与核燃料循环	修订	基础
38	GB/T 4960.7—2010 核科学技术术语 第7部分：核材料管制与核保障	修订	基础
39	GB/T 12714—2009 镅铍中子源	修订	产品
40	GB/T 12951—2009 离子感烟火灾探测器用镅 241α 放射源	修订	产品
41	GB/T 13172—2009 裂变钼99-锝99m 色层发生器	修订	产品
42	GB/T 13366—2009 工业仪表用铯 137γ 辐射源	修订	产品
43	GB/T 14588—2009 反应堆退役环境管理技术规定	修订	环境管理方法
44	GB/T 15146.6—2009 反应堆外易裂变材料的核临界安全 第6部分：硼硅酸盐玻璃拉希环及其应用准则	修订	安全方法
45	GB/T 15219—2009 放射性物质运输包装质量保证	修订	方法
46	GB/T 17567—2009 核设施的钢铁、铝、镍和铜再循环、再利用的清洁解控水平	制定	方法

续表

序号	标准号及名称	制修订类别	备注
47	GB/T 23728—2009 铀矿冶辐射环境影响评价规定	制定	方法
48	GB/T 11848.1—2008 铀矿石浓缩物分析方法 第1部分：硫酸亚铁还原-重铬酸钾滴定法测定铀	修订	测定方法
49	GB/T 15447—2008 X、γ射线和电子束辐照不同材料吸收剂量的换算方法	修订	计算方法
50	GB/T 16640—2008 辐射加工剂量测量系统的选择和校准导则	修订	方法
51	GB/T 16698—2008 α粒子发射率的测量 大面积正比计数管法	修订	方法
52	GB/T 16639—2008 使用丙氨酸-EPR剂量测量系统的标准方法	修订	方法
53	GB/T 16817—2008 放射治疗水平剂量监测用热释光测量系统	修订	测量方法
54	GB/T 16509—2008 辐射加工剂量测量不确定度评定导则	修订	评定方法
55	GB/T 139—2008 使用硫酸亚铁剂量计测量水中吸收剂量的标准方法	修订	方法
56	GB/T 10265—2008 核级可烧结二氧化铀粉末技术条件	修订	产品
57	GB/T 10266—2008 烧结二氧化铀芯块技术条件	修订	产品
58	GB/T 10267.3—2008 金属钙分析方法 第3部分：原子吸收分光光度法直接测定铁、镍、铜、锰、镁	修订	测试方法
59	GB/T 10268—2008 铀矿石浓缩物	修订	产品
60	GB/T 11809—2008 压水堆燃料棒焊缝检验方法 金相检验和X射线照相检验	修订	检验方法
61	GB/T 11810—2008 锡113-铟113m发生器	修订	产品
62	GB/T 11813—2008 压水堆燃料棒氦质谱检漏	修订	产品
63	GB/T 11839—2008 二氧化铀芯块中硼的测定 姜黄素萃取光度法	修订	测定方法
64	GB/T 11847—2008 二氧化铀粉末比表面积测定 BET容量法	修订	测定方法

续表

序号	标准号及名称	制修订类别	备注
65	GB/T 11849—2008 重水罐	制定	产品
66	GB/T 12164.1—2008 β参考辐射 第1部分：产生方法	修订	方法标准
67	GB/T 13368—2008 微型中子源反应堆核燃料棒技术条件	修订	产品
68	GB/T 13694—2008 α、β和γ平面标准源通用技术条件	修订	产品
69	GB/T 13976—2008 压水堆核电站运行状态下的放射性源项	修订	产品
70	GB/T 14055.1—2008 中子参考辐射 第1部分：辐射特性和产生方法	修订	方法
71	GB/T 14056.1—2008 表面污染测定 第1部分：β发射体（$E_{\beta max}$>0.15 MeV）和α发射体	修订	方法
72	GB/T 14057.1—2008 放射性污染表面去污 第1部分：试验与评价去污难易程度的方法	修订	方法
73	GB/T 14501.6—2008 六氟化铀分析方法 第6部分：铀的测定	修订	方法
74	GB/T 14503—2008 放射性同位素产品的分类和命名原则	修订	基础标准
75	GB/T 15053—2008 使用辐射显色薄膜和聚甲基丙烯酸甲酯剂量测量系统测量吸收剂量的标准方法	修订	方法
76	GB/T 15446—2008 辐射加工剂量学术语	修订	基础
77	GB/T 16510—2008 辐射加工剂量学校准实验室的能力要求	制定	方法
78	GB/T 16841—2008 能量为300 keV～25 MeV电子束辐射加工装置剂量学导则	制定	方法
79	GB/T 17680.1—2008 核电站应急计划与准备准则 第1部分：应急计划区的划分	制定	方法
80	GB/T 17680.11—2008 核电站应急计划与准备准则 第11部分：应急响应时的场外放射评价准则	制定	方法
81	GB/T 17680.12—2008 核电站应急计划与准备准则 第12部分：核应急练习与演习的计划、准备、实施与评估	制定	方法

续表

序号	标准号及名称	制修订类别	备注
82	GB/T 17680.5—2008 核电站应急计划与准备准则 第5部分：场外应急响应能力的保持	制定	方法
83	GB/T 17863—2008 钍矿石中钍的测定	制定	方法
84	GB/T 17947—2008 拟再循环、再利用或作非放射性废物处置的固体物质的放射性活度测量	修订	方法
85	GB/T 22158—2008 核电站防火设计规范	修订	方法
86	GB/T 4864—2008 金属钙及其制品	制定	产品
87	GB/T 4960.8—2008 核科学技术术语 第8部分：放射性废物管理	修订	基础
88	GB/T 8997—2008 α、β表面污染测量仪与监测仪的校准	修订	方法
89	GB/T 12162.2—2004 用于校准剂量仪和剂量率仪及确定其能量响应的 X 和 γ 参考辐射 第2部分：辐射防护用的能量范围为 8 keV~1.3 MeV 和 4 MeV~9 MeV 的参考辐射的剂量测定	修订	测定方法
90	GB/T 12162.3—2004 用于校准剂量仪和剂量率仪及确定其能量响应的 X 和 γ 参考辐射 第3部分：场所剂量仪和个人剂量计的校准及其能量响应和角响应的测定	修订	测定方法
91	GB/T 15146.11—2004 反应堆外易裂变材料的核临界安全 基于限制和控制慢化剂的核临界安全	制定	安全方法
92	GB/T 17680.10—2003 核电站应急计划与准备准则 核电站营运单位应急野外辐射监测、取样与分析准则	修订	方法
93	GB/T 17680.6—2003 核电站应急计划与准备准则 场内应急响应职能与组织机构	修订	方法
94	GB/T 17680.7—2003 核电站应急计划与准备准则 场内应急设施功能与特性	制定	产品
95	GB/T 17680.8—2003 核电站应急计划与准备准则 场内应急计划与执行程序	制定	方法
96	GB/T 17680.9—2003 核电站应急计划与准备准则 场内应急响应能力的保持	制定	方法

续表

序号	标准号及名称	制修订类别	备注
97	GB/T 12162.1—2000 用于校准剂量仪和剂量率仪及确定其能量响应的 X 和 γ 参考辐射 第1部分：辐射特性及产生方法	修订	方法
98	GB/T 11848.10—1999 铀矿石浓缩物中硫的测定 燃烧-碘量法	修订	测定方法
99	GB/T 11848.12—1999 铀矿石浓缩物中硼的测定 分光光度法	修订	测定方法
100	GB/T 11848.3—1999 铀矿石浓缩物中可萃有机物的测定	修订	测定方法
101	GB/T 12128.2—1999 用于校准表面污染监测仪的参考源 第2部分：能量低于 0.15 MeV 的电子和能量低于 1.5 MeV 的光子	制定	产品
102	GB/T 17672—1999 岩石中铅、锶、钕同位素测定方法	修订	方法
103	GB/T 17680.2—1999 核电站应急计划与准备准则 场外应急职能与组织	制定	方法
104	GB/T 17680.3—1999 核电站应急计划与准备准则 场外应急设施功能与特性	制定	产品
105	GB/T 17680.4—1999 核电站应急计划与准备准则 场外应急计划与执行程序	制定	方法
106	GB/T 11848.5—1999 铀矿石浓缩物中碳酸根的测定 非水滴定法	修订	测定方法
107	GB/T 17230—1998 放射性物质安全运输 货包的泄漏检验	制定	方法
108	GB/T 17508—1998 六氟化铀中钐、铕、钆、镝、镉、钽的测定 化学光谱法	制定	方法
109	GB/T 17036—1997 铀矿地质样品中锗的测定 水杨基荧光酮分光光度法	修订	方法
110	GB/T 16699—1996 放射免疫分析试剂盒的基本要求	修订	产品
111	GB/T 16702—1996 压水堆核电站核岛机械设备设计规范	制定	设计方法
112	GB/T 4960.2—1996 核科学技术术语 裂变反应堆	修订	基础
113	GB/T 4960.4—1996 核科学技术术语 放射性核素	修订	基础
114	GB/T 4960.5—1996 核科学技术术语 辐射防护与辐射源安全	修订	基础

续表

序号	标准号及名称	制修订类别	备注
115	GB/T 15444—1995 铀加工及核燃料制造设施流出物的放射性活度监测规定	制定	方法
116	GB/T 15477—1995 三碘甲腺原氨酸、甲状腺素放射免疫分析试剂盒	制定	产品
117	GB/T 15761—1995 2×600 MW 压水堆核电站核岛系统设计建造规范	制定	方法
118	GB/T 15847—1995 核临界事故剂量测定	制定	方法
119	GB/T 15849—1995 密封放射源的泄漏检验方法	制定	方法
120	GB/T 15146.9—1994 反应堆外易裂变材料的核临界安全 核临界事故探测与报警系统的性能及检验要求	制定	安全方法
121	GB/T 15147—1994 核燃料组件零部件的渗透检验方法	制定	安全方法
122	GB/T 15220—1994 水中铁-59 的分析方法	制定	方法
123	GB/T 15221—1994 水中钴-60 的分析方法	制定	方法
124	GB/T 14501.1—1993 六氟化铀中硼的测定 化学光谱法	制定	方法
125	GB/T 14501.3—1993 六氟化铀中钨、钼、铌、钛、锆的测定 化学光谱法	制定	方法
126	GB/T 14501.4—1993 六氟化铀中硅的测定 分光光度法	制定	方法
127	GB/T 14501.5—1993 六氟化铀中钛的测定 分光光度法	制定	方法
128	GB/T 14502—1993 水中镍-63 的分析方法	制定	方法
129	GB/T 13370 1992 二氧化铀粉末和芯块中锂、钠、钾、铯的测定 原子吸收分光光度法/火焰发射光谱法	制定	测定方法
130	GB/T 13371—1992 二氧化铀粉末和芯块中铜、铁、镍、镁、锰、锌、银的测定 原子吸收分光光度法	制定	测定方法
131	GB/T 13372—1992 二氧化铀粉末和芯块中杂质元素的测定 ICP-AES 法	制定	测定方法

续表

序号	标准号及名称	制修订类别	备注
132	GB/T 13373—1992 二氧化铀粉末和芯块中钆、钐、镝和铕的测定 水平式 ICP-AES 法	制定	测定方法
133	GB/T 13695—1992 核燃料循环放射性流出物归一化排放量管理限值	制定	方法
134	GB/T 13697—1992 二氧化铀芯块中碳的测定	制定	方法
135	GB/T 13699—1992 六氟化铀中钒的分光光度法测定	制定	方法
136	GB/T 13700—1992 六氟化铀中钼的分光光度法测定	制定	方法
137	GB/T 13701—1992 单标准气体质谱法铀同位素分析	制定	方法
138	GB/T 13070—1991 铀矿石中铀的测定 电位滴定法	制定	方法
139	GB/T 11848.13—1991 铀矿石浓缩物中锆的测定 二甲酚橙分光光度法	制定	测定方法
140	GB/T 11848.14—1991 铀矿石浓缩物中钾、钠的测定 原子吸收光谱法	制定	测定方法
141	GB/T 11848.15—1991 铀矿石浓缩物中铁、钙、镁、钼、钛、钒的测定 原子吸收光谱法	制定	测定方法
142	GB/T 11848.16—1991 铀矿石浓缩物中磷的测定 分光光度法	制定	测定方法
143	GB/T 13160—1991 轻水堆核电站辐射屏蔽检测大纲	制定	方法
144	GB/T 12163—1990 用于防护电离辐射的 50 mm 和 100 mm 厚墙的铅屏蔽构件	制定	产品
145	GB/T 11840—1989 二氧化铀芯块水分含量测定方法	制定	测定方法
146	GB/T 11841—1989 二氧化铀粉末和芯块中铀的测定 硫酸亚铁还原-重铬酸钾氧化滴定法	制定	测定方法
147	GB/T 11842—1989 二氧化铀粉末和芯块的氧铀原子比测定 热重法	制定	测定方法
148	GB/T 11843—1989 二氧化铀粉末和芯块中氮的测定 分光光度法	制定	测定方法
149	GB/T 11845—1989 二氧化铀粉末和芯块中钨的测定 分光光度法	制定	测定方法

续表

序号	标准号及名称	制修订类别	备注
150	GB/T 11848.11—1989 铀矿石浓缩物中钍的测定　钍试剂光度法	制定	测定方法
151	GB/T 11848.2—1989 铀矿石浓缩物中硝酸不溶铀的测定	制定	测定方法
152	GB/T 11848.4—1989 铀矿石浓缩物中砷的测定　二乙基二硫代氨基甲酸盐光度法	制定	测定方法
153	GB/T 11848.6—1989 铀矿石浓缩物中氟的测定　离子选择性电极法	制定	测定方法
154	GB/T 11848.7—1989 铀矿石浓缩物中卤素的测定　伏尔哈德法	制定	测定方法
155	GB/T 11848.8—1989 铀矿石浓缩物中水分的测定　110℃下失重法	制定	测定方法
156	GB/T 11848.9—1989 铀矿石浓缩物中硅的测定　重量法测定硅	制定	测定方法
157	GB/T 11926—1989 二氧化铀粉末和芯块中磷的测定　钼蓝分光光度法	制定	测定方法
158	GB/T 11927—1989 二氧化铀芯块密度和开口孔隙度的测定　液体浸渍法	制定	测定方法
159	GB/T 12128—1989 用于校准表面污染监测仪的参考源 β 发射体和 α 发射体	制定	产品
160	GB/T 10267.1—1988 金属钙分析方法　氯离子选择性电极法测定氯	制定	测试方法
161	GB/T 10267.2—1988 金属钙分析方法　微量硅的光度法测定	制定	测试方法
162	GB/T 10267.4—1988 金属钙分析方法　8-羟基喹啉-三氯甲烷萃取分光光度法测定铝	制定	测试方法
163	GB/T 10267.5—1988 金属钙分析方法　蒸馏-奈斯勒试剂光度法测定氮	制定	测试方法
164	GB/T 9226—1988 标准放射源的检验证书	修订	方法
165	GB/T 9229—1988 放射性物质包装的内容物和辐射的泄漏检验	制定	方法
166	GB/T 7161—1987 非密封放射性物质　识别和证书	修订	方法

TC 58 近年制修订计划情况如表 5.5 所示，主要包含制定核电站应急管理、核聚变装置、职业防护、铀矿地质分析测试等。

表 5.5　TC58 制定的国家标准制修订计划（部分）

序号	计划号	项目名称	制修订类别
1	20184428-T-469	核聚变托卡马克部件遥操作兼容性　第1部分：设计	制定
2	20184430-T-469	核聚变托卡马克部件遥操作兼容性　第2部分：评估	制定
3	20184429-T-469	核聚变大功率变流系统集成测试要求	制定
4	20151385-T-517	核电站应急计划与准备准则　第1部分：应急计划区的划分	修订
5	20151384-T-517	核电站应急计划与准备准则　第8部分：场内应急计划与执行程序	修订
6	20150443-T-517	核与辐射应急监测通用程序	制定
7	20111051-T-517	用于校准剂量（率）仪及确定其能量响应的β粒子参考辐射　第二部分：基于表征辐射场基本量的校准基础	制定
8	20077376-T-517	职业辐射防护	制定
9	20070326-Z-517	铀矿地质分析测试规程	制定

5.2.2.2　全国核仪器仪表标准化技术委员会（SAC/TC 30）

全国核仪器仪表标准化技术委员会（SAC/TC 30），主要负责全国核仪器仪表领域，包括通用核仪器，核探测器，核反应堆及核电站的核测量系统、控制系统、安全系统、安全及电力系统、事故监测系统，环境噪声监测等，其对口的国际组织是 IEC/TC 45[①]。

SAC/TC30 下设有 3 个分技术委员会，分别是：通用核仪器和辐射探测器分技术委员会（SAC/TC 30/SC 1）、反应堆仪表分技术委员会（SAC/TC 30/SC 2）、辐射防护仪器分技术委员会（SAC/TC 30/SC 3）。其中，SAC/TC 30/SC 1 负责全国通用核仪器、核探测器、勘探采矿用核仪器、放射性同位素应用仪器等专业领域标准化工作；SAC/TC 30/SC 2 负责全国核反应堆及核电站的核测量系统、控制系统、安全系统、安全及电力系统、事故监测系统和破损元件探测定位系统等专业领域标准化工作；SAC/TC 30/SC 3 负责全国环境辐射监测、核设施厂区内外监测、人员监测和核设施排出物监测等所用设备和系统等专业领域标准化工作。

5.2.2.3　能源行业核电标准化技术委员会（NEA/TC 2）

能源行业核电标准化技术委员会（NEA/TC 2）是在核电专业领域内由专家组成的标准化技术组织，它成立于 2010 年，由国家能源局根据《能源领域行业标准化技术委员会管理实施细则（试行）》的有关规定而组建。按照核电建设工作涉及的专业类别，NEA/TC 2 共设"工程经济""前期工作""辐射防护与核应急""工程总体设计与核安全""核燃料组件""核岛仪控电系统和设备""核岛机械系统和设备""建安""调试""运行"10 个专业工作组。第一届委员会委员共 118 位，分别来自国家能源局，国家核安全局，国家标准化管理委员会，核电设计、建造、制造、运营单位，行业协会，科研院所及高等院校等。

NEA/TC 2 的主要职责包括：承担核电行业领域内标准送审稿的审查，对标准的技术

---

① http://www.nea.gov.cn/2011-10/28/c_131218031.htm.

内容负责,并提出审查结论,确保标准的质量;协助对行业标准项目任务书进行审查或提供咨询意见;开展核电领域内标准化工作发展方向、标准体系、标准化长远规划的研究;提出核电行业领域内标准的宣传贯彻等方面的建议;参与核电行业领域内现行标准的复审工作;开展核电行业领域内标准化工作的学术和经验交流活动等。

5.2.3 中国核学会

中国核学会(Chinese Nuclear Society,CNS)是负责批准、制定、发布核材料相关团体标准的机构。中国核学会成立于1980年,同年加入中国科学技术协会,是具有法人资格的全国性、学术性、非营利性的社会团体,是党和政府联系核科学技术工作者的桥梁纽带,是发展我国核科学技术事业的重要社会力量。中国核学会总会挂靠在中国核工业集团有限公司,接受中国科学技术协会和中国核工业集团有限公司的业务指导,并接受民政部的监督管理[1]。

中国核学会理事会下设8个工作委员会,定期召开会议,指导开展学会各项工作,这8个工作委员会包括[2]:学术工作委员会、组织工作委员会、科普咨询教育工作委员会、编辑工作委员会、财务工作委员会、妇女工作委员会、青年工作委员会、标准工作委员会。

截至2019年9月,中国核学会设立了30个专业分会[3]:核化学与放射化学分会、核电子学与核探测技术分会、辐射防护分会、铀矿冶分会、粒子加速器分会、辐射研究与应用分会、核材料分会、计算物理分会、核技术经济与管理现代化分会、核技术工业应用分会、脉冲功率技术及其应用分会、核测试与分析分会、核工程力学分会、放射性药物分会、核安保分会、核物理分会、原子能农学分会、核化工分会、核能动力分会、铀矿地质分会、同位素分离分会、核聚变与等离子体物理分会、同位素分会、核科技情报研究分会、核医学分会、辐射物理分会、核安全分会、锕系物理与化学分会、辐照效应分会、船用核动力分会。

表5.6为中国核学会主持制定并发布的核材料团体标准,主要为各种核金属材料测试方法技术标准。

表5.6 中国核学会批准发布的核电标准[4]

序号	标准编号	标准名称	类别
1	T/CNS 12—2019	压水堆核电站金属材料环境疲劳影响模型	方法
2	T/CNS 13—2019	核电站金属材料高温高压水中模拟辐照促进应力腐蚀开裂敏感性试验方法	方法

---

[1] http://www.ns.org.cn/site/term/246.html.
[2] http://www.ns.org.cn/site/content/6626.html.
[3] http://www.ns.org.cn/site/term/251.html.
[4] http://www.ns.org.cn/site/content/7080.html.

续表

序号	标准编号	标准名称	类别
3	T/CNS 14—2019	核电站金属材料高温高压水中缝隙腐蚀试验方法	方法
4	T/CNS 15—2019	核电站金属材料高温高压水中切向微动磨损试验方法	方法
5	T/CNS 3—2018	核电站金属材料高温高压水中划伤再钝化试验方法	方法
6	T/CNS 4—2018	核电站金属材料高温高压水中腐蚀疲劳试验方法	方法
7	T/CNS 5—2018	核电站金属材料高温高压水中应力腐蚀裂纹扩展试验方法	方法
8	T/CNS 6—2018	核电站金属材料高温高压水中电化学试验方法	方法

5.2.4 中国电力企业联合会

中国电力企业联合会（标准化管理中心）[①]是受有关政府部门委托的、电力行业标准化归口管理机构。内设综合计划处、发电标准处、电网标准处三个处。

其主要职责是：①组织编制电力标准体系；②组织编制电力国家标准制定/修订计划项目建议，组织编制电力行业标准的制定/修订计划；③审核全国电力专业标准化技术委员会和电力行业专业标准化技术委员会及其电力有关单位拟订的电力国家标准和行业标准；④负责组建电力全国专业标准化技术委员会和能源领域电力行业专业标准化技术委员会，负责专业标准化技术委员会的换届工作，指导电力行业标准化技术委员会的工作；⑤负责国际电工委员会（IEC）相关技术委员会中国业务电力行业技术的归口工作，组织参加有关电力技术的国际标准化活动，推动电力行业参与国际标准化活动；⑥管理电力标准化经费；⑦组织电力行业标准化服务工作，组织电力行业标准出版工作，归口管理标准成果，负责标准成果申报；⑧受有关政府部门委托，具体负责电力行业标准的编号；⑨指导电力企业标准化工作，办理中国电力企业联合会理事长单位、副理事长单位的企业技术标准的备案；⑩承办有关政府主管部门委托的其他标准化工作。

截至 2021 年 1 月底，中国电力企业联合会共制定并发布了 132 项核电方面的标准，具体如表 5.7 所示。

表 5.7 中国电力企业联合会制定并发布的核电标准列表

编号	标准号	标准名称	标准分类
1	DL/T 25078—2018	压水堆核电站常规岛金属材料选用导则	产品
2	DL/T 25079—2018	核电站常规岛设备和管道防腐蚀工程质量验收规范	方法
3	DL/T 25080—2018	核电站水泵定期试验规范（代替 DL/T1072—2007）	试验方法
4	DL/T 25081—2018	核电站管道系统振动测试与评估（代替 DL/T1103—2009）	测试方法
5	DL/T 25082—2018	核电站设备构件超音速火焰喷涂修复技术规范	修复方法

---

① http://dls.cec.org.cn/guanlijigou/2010-11-18/375.html.

续表

编号	标准号	标准名称	标准分类
6	DL/T 25083—2018	核电站汽轮发电机组隔振基础测试技术导则	测试方法
7	DL/T 25084—2018	核电站常规岛焊接工艺评定规程（代替 DL/T 1117—2009）	测试方法
8	DL/T 25085—2018	核电站常规岛焊接技术规程（代替 DL/T1118—2009）	焊接方法
9	DL/T 25086—2018	核电站常规岛焊接工程质量验收规程	验收方法
10	DL/T 25087—2018	核电站水处理用离子交换树脂动力学性能试验方法	试验方法
11	DL/T 25088—2018	压水堆核电站凝汽器真空系统调试导则	调试方法
12	DL/T 25089—2018	核电站常规岛闭式冷却水换热器技术条件	产品
13	DL/T 25090—2018	核电站常规岛闭式循环冷却水泵技术条件	产品
14	DL/T 25091—2018	核电站常规岛水压试验规范	试验方法
15	DL/T 25092—2018	核电站实物保护系统调试技术导则	方法
16	DL/T 25093—2018	核电站汽轮机数字电液控制系统调试导则	方法
17	DL/T 25094—2018	核电站汽水管道与支吊架维修调整导则（代替 DL/T982—2005）	方法
18	DL/T 25095—2018	核电站海工构筑物防腐蚀施工及验收规范	方法
19	DL/T 25096—2018	核电站用离子交换树脂有机溶出物的测定方法	方法
20	DL/T 25097—2018	核电站用离子交换树脂中金属杂质含量的测定方法	方法
21	DL/T 25098—2018	压水堆核电站二回路水汽化学监督导则	方法
22	DL/T 42158—2018	核电站用UPS设备技术要求	产品
23	DL/T 25066—2017	核电站非核级设备维修管理要求（代替 DL/T1026—2006）	方法
24	DL/T 25067—2017	核电站汽轮发电机仪表和控制技术条件	产品
25	DL/T 25068—2017	核电站发电机氢油水系统技术条件	产品
26	DL/T 25069—2017	压水堆核电站常规岛及辅助配套设施逆变器技术要求	产品
27	DL/T 25070—2017	核电汽轮机叶片用钢	产品
28	DL/T 25071—2017	核电站常规岛及BOP机械设备工程建设阶段腐蚀管理导则	方法
29	DL/T 25072—2017	核电站常规岛和BOP涂装技术规范	方法
30	DL/T 25074—2017	核电站混凝土蜗壳循环水泵叶轮技术要求	产品
31	DL/T 25075—2017	核电站电力变压器、油浸电抗器、互感器施工及验收规范	方法
32	DL/T 25076—2017	压水堆核电站常规岛用全绝缘中压浇注母线技术要求	产品
33	DL/T 25077—2017	核电站真空泵选型技术要求	产品
34	DL/T 25044.8—2016	核电站常规岛及辅助配套设施建设施工质量验收规程 第8部分：保温及油漆	验收方法
35	DL/T 25056—2016	核电站常规压力容器焊接修复技术规程	方法
36	DL/T 25057—2016	核电站常规岛有色金属焊接工艺规程	方法
37	DL/T 25058—2016	核电站常规岛阀门焊接修复技术规程	方法
38	DL/T 25059—2016	核电站常规岛焊接热处理技术规程	方法
39	DL/T 25060—2016	压水堆核电站冷机修厂房技术要求	产品

续表

编号	标准号	标准名称	标准分类
40	DL/T 25061—2016	压水堆核电站汽轮机技术条件	产品
41	DL/T 25062—2016	核电站除氧器技术条件	产品
42	DL/T 25016.13—2016	核电站常规岛设备监造技术导则 第13部分：高压电动机	方法
43	DL/T 25043.4—2016	核电站常规岛及辅助配套设施建设施工技术规范 第4部分：热工仪表及控制装置	方法
44	DL/T 25043.5—2016	核电站常规岛及辅助配套设施建设施工技术规范 第5部分：水处理及制氢系统	方法
45	DL/T 25043.6—2016	核电站常规岛及辅助配套设施建设施工技术规范 第6部分：管道	方法
46	DL/T 25043.7—2016	核电站常规岛及辅助配套设施建设施工技术规范 第7部分：采暖通风与空气调节	方法
47	DL/T 25043.8—2016	核电站常规岛及辅助配套设施建设施工技术规范 第8部分：保温及油漆	方法
48	DL/T 25044.4—2016	核电站常规岛及辅助配套设施建设施工质量验收规程 第4部分：热工仪表及控制装置	方法
49	DL/T 25044.5—2016	核电站常规岛及辅助配套设施建设施工质量验收规程 第5部分：水处理及制氢系统	方法
50	DL/T 25044.6—2016	核电站常规岛及辅助配套设施建设施工质量验收规程 第6部分：管道	方法
51	DL/T 25044.7—2016	核电站常规岛及辅助配套设施建设施工质量验收规程 第7部分：采暖通风与空气调节	方法
52	DL/T 25044.8—2016	核电站常规岛及辅助配套设施建设施工质量验收规程 第8部分：保温及油漆	方法
53	DL/T 25047—2016	核电站发电机运行维护导则	方法
54	DL/T 25048—2016	核电站汽轮机仿真调试技术导则	方法
55	DL/T 25085—2016	压水堆核电站凝结水泵选型技术条件	方法
56	DL/T 25050—2016	压水堆核电站给水泵选型技术条件	方法
57	DL/T 25051—2016	压水堆核电站常规岛疏水泵选型技术条件	产品
58	DL/T 25052—2016	核电站常规岛热力性能试验导则	方法
59	DL/T 25053—2016	核电站发电机出口断路器技术条件	产品
60	DL/T 25054—2016	压水堆核电站高压电动机技术条件	产品
61	DL/T 25055—2016	核电站汽轮机焊接转子检验规程	方法
62	DL/T 25056—2016	核电站常规压力容器焊接修复技术规程	方法
63	DL/T 25057—2016	核电站常规岛有色金属焊接工艺规程	方法
64	DL/T 25058—2016	核电站常规岛阀门焊接修复技术规程	方法
65	DL/T 25059—2016	核电站常规岛焊接热处理技术规程	方法
66	DL/T 25060—2016	压水堆核电站冷机修厂房技术要求	方法
67	DL/T 25061—2016	压水堆核电站汽轮机技术条件	产品

续表

编号	标准号	标准名称	标准分类
68	DL/T 25062—2016	核电站除氧器技术条件	产品
69	DL/T 25063—2016	核电站安全防范工程安装技术规范	方法
70	DL/T 25064—2016	核电站常规岛及辅助配套设施建设施工质量评价导则	方法
71	DL/T 25065—2016	核电站地质钻探岩芯保管技术规程	方法
72	DL/T 25045—2015	核电站消防设施性能评价与监督导则	方法
73	DL/T 25018—2014	核电站常规岛与辅助配套设施可靠性数据管理导则	方法
74	DL/T 25019—2014	核电站汽轮机仪表和控制技术条件	产品
75	DL/T 25020—2014	核电站混凝土蜗壳式循环水泵设计制造规范	方法
76	DL/T 25021—2014	核电站凝结水精处理设备技术条件	产品
77	DL/T 25022—2014	核电站全厂电气设备机械联锁技术规范	产品
78	DL/T 25023—2014	核电站常规岛焊接材料评定与验收规程	方法
79	DL/T 25024—2014	核电站常规岛及辅助配套设施承压设备安全性能检验规程	安全方法
80	DL/T 25025—2014	核电站汽轮发电机漏水、漏氢的检验导则	方法
81	DL/T 25026—2014	核电站在线化学仪表调试导则	方法
82	DL/T 25027—2014	核电站常规岛非能动机械设备老化状态和寿命评估技术导则	方法
83	DL/T 25028—2014	核电站汽轮机转子焊接修复技术导则	方法
84	DL/T 25029—2014	核电站汽轮机运行维护导则	方法
85	DL/T 25030—2014	核电站汽轮机转子寿命评估导则	方法
86	DL/T 25031—2014	核电站汽水分离再热器运行及维护指南	方法
87	DL/T 25032—2014	核电站二回路压力容器停用保养导则	方法
88	DL/T 25033—2014	压水堆核电站常规岛流体加速腐蚀敏感管线筛选导则	方法
89	DL/T 25034—2014	核电站除氧器运行及维护导则	方法
90	DL/T 25037—2014	压水堆核电站主给水系统调试导则	方法
91	DL/T 25038—2014	压水堆核电站循环水系统调试导则	方法
92	DL/T 25039—2014	核电站汽轮机防进水导则	方法
93	DL/T 25040—2014	核电站非安全数字化控制系统出厂验收测试（FAT）、现场验收测试（SAT）、现场综合测试（SIT）规范	方法
94	DL/T 25041—2014	核电站常规岛火灾自动报警系统功能安全技术要求	安全方法
95	DL/T 25042—2014	核电站常规岛焊接安全管理技术规程	方法
96	DL/T 25043.1—2014	核电站常规岛及辅助配套设施建设施工技术规范　第1部分：土建	方法
97	DL/T 25043.3—2014	核电站常规岛及辅助配套设施建设施工技术规范　第3部分：循环水系统设备	方法
98	DL/T 25044.1—2014	核电站常规岛及辅助配套设施建设施工质量验收规程　第1部分：土建	方法
99	DL/T 25044.3—2014	核电站常规岛及辅助配套设施建设施工质量验收规程　第3部分：循环水系统设备	方法

续表

编号	标准号	标准名称	标准分类
100	DL/T 42032.1—2014	核电主泵电机技术条件 第1部分：轴封泵异步电机	产品
101	DL/T 42032.2—2014	核电主泵电机技术条件 第2部分：屏蔽泵异步电机	产品
102	DL/T1033.5—2014	电力行业词汇 第5部分：核能发电	基础标准
103	DL/T 25010—2013	核电站常规设备大修监理规范	方法
104	DL/T 25011—2013	核电站水化学处理系统调试导则	方法
105	DL/T 25012—2013	核电站汽水分离再热器系统调试导则	方法
106	DL/T 25013—2013	核电站发电机组首次并网试验要求	方法
107	DL/T 25014—2013	核电站汽轮机首次核蒸汽冲转导则	方法
108	DL/T 25015—2013	核电站汽轮发电机组调试技术导则	方法
109	DL/T 25016.1—2013 ~ NB/T 25016.13—2013	核电站常规岛设备监造技术导则	方法
110	DL/T 25017—2013	核电站常规岛金属技术监督规程	方法
111	DL/T 20195—2012	压水堆核电站堆芯热功率测量规程	方法
112	DL/T 25009—2012	压水堆核电站能量统计规程	方法
113	DL/T 25001—2011	核电站选址质量保证要求	方法
114	DL/T 25002—2011	核电站海工构筑物设计规范	方法
115	DL/T 25003—2011	核电站选址阶段环境影响评价报告编制规定	方法
116	DL/T 25005—2011	核电站汽轮机气缸焊接修复技术规程	方法
117	DL/T 25006—2011	核电站汽轮机叶片焊接修复技术规程	方法
118	DL/T 25007—2011	核电站调试文件体系编制要求	方法
119	DL/T 25008—2011	核电站海水冷却系统腐蚀控制与电解海水防污	方法
120	DL/T 5409.2—2010	核电站工程勘测技术规程 第2部分：岩土工程	勘测方法
121	DL/T 5409.3 2010	核电站工程勘测技术规程 第3部分：水文气象	勘测方法
122	DL/T 5409.4—2010	核电站工程勘测技术规程 第4部分：测量	勘测方法
123	DL/T 1103—2009	核电站管道振动测试与评估	测试方法
124	DL/T 1117—2009	核电站常规岛焊接工艺评定规程	焊接方法
125	DL/T 1118—2009	核电站常规岛焊接技术规程	焊接方法
126	DL/T 1142—2009	核电站反应堆控制系统软件测试	测试方法
127	DL/T 1143—2009	压水堆核电站一回路主设备监造技术导向	监造方法
128	DL/T 5409.1—2009	核电站工程勘测技术规程 第1部分：地震地质	勘测方法
129	DL/T 5423—2009	核电站常规岛仪表与控制系统设计规程	设计方法
130	DL/T 1072—2007	核电站水泵定期试验规范	试验方法
131	DL/T 982—2005	核电站汽水管道与支吊架维修调整导则	维修方法
132	DL/T 983—2005	核电站蒸汽湿度测量技术规范	测量方法

5.3 本章小结

我国非常重视核电标准化工作，自 20 世纪 80 年代后期至今 30 多年的时间里共制定了 600 余项标准。从标准的分布来看，我国国家标准主要侧重于核电材料方面，主要包括铀芯测定、各类成分测定（如钒、氮、硼、钨等）、辐射防护测定、污染监测等；能源行业标准和电力行业标准主要侧重核电站建造方面设备要求标准等；团体标准主要侧重于核电金属材料相关标准。我国核电标准主要由相关职能机构主持制定，建议加强这些职能机构之间的交流、协调与合作。

6 总结与展望

6.1 主要国家（地区）核电材料发展的优劣势对比分析

全球国际组织和主要国家高度重视核电材料的发展，在出台相关规范政策的同时积极发展核电材料的标准化，以降低核能带来的潜在危险和核电站设备退役所带来的环境危害，保障核电站的安全运行。

国际原子能机构、国际自动化协会、国际标准化组织、国际电工委员会是开展核电标准的主要国际性组织，它们的标准化工作各有侧重。国际原子能机构主要关注核技术与应用、核安全与安保、保障与核查等领域的标准化工作，发布了数量较多的标准、规范、报告等技术文件，以指导核电领域相关工作的标准化开展。国际自动化协会主要关注核安全与资格认证领域的标准化工作。国际标准化组织主要关注术语、质量管理体系审核、核放射剂量测定、辐射防护等相关标准的制定和发布。国际电工委员会主要关注核电专用仪表、电子设备及系统的标准化工作。

美国是最早开发利用核能的国家，同时也高度重视核电的标准化工作。美国将核电标准和规范作为核安全法规体系的第五层次，将推动标准的使用作为推动导则和法规落地的抓手。美国不仅建立了完善的核电标准体系，还积极推进美国核电标准的国际化。美国国家标准学会、美国核学会、美国机械工程师协会、美国材料与试验协会和美国电力研究院是美国最主要的核电标准化机构，它们联合核电行业的利益相关者共同制定核电标准。美国的主要核电标准化机构职责明晰、分工明确。美国机械工程师协会重点关注核设施质量保证、核电站运行与维修、核电站机械设备鉴定、核电站空气和气体处理、核电站概率风险评估方面的标准和规范的制修订。美国材料与试验协会重点关注核反应堆堆芯、中子吸收材料、燃料包壳材料、压力壳材料、不锈钢材料、涂料、石墨、碘吸附剂及陶瓷材料等核材料标准的制修订。美国核学会负责核岛系统、核燃料和核应急系统等领域的标准制修订。美国电力研究院重点关注核电材料管理、核燃料可靠性和废物管理、核电站性能、核战略等方面的研发工作。在核电材料领域，美国电力研究院的研发重点涉及压水堆蒸汽发生器、沸水反应堆容器和内部部件、压水堆材料可靠性、材料焊修技术、材料的无损评估等方面。

欧盟对核电发展持保守态度，其标准化工作侧重于核电安全方面。欧盟出台了诸多法律，旨在加强安全标准并提升对核设施的监管，确保欧盟的每一个核电站都遵循最高的安全标准。法国通过核岛设备设计、建造及在役检查规则协会引进、吸取了美国核电的许多经验，结合本国国情，建立了自己的核电标准体系，并将压水堆核电站设计和建造规则（RCC）推广应用到全球 128 个核电站中。英国虽然在核能利用方面积累了许多经验，但绝大部分标准属于国际标准和欧盟标准的采标，自身制定的核电领域标准数量非常有限。德国是世界上首个宣布弃核的发达国家，它关注核电安全标准和退役核电站相关标准。

我国高度重视核电标准化工作，强调核电标准化是支撑我国核电安全和可持续发展的重要保障，是促进核电"走出去"的重要抓手。我国从国家标准、行业标准和团体标准三个层级进行管理。核工业标准化研究所是从事核领域标准化研究、管理和咨询服务机构，也是我国核工业技术标准的技术归口单位，下设 4 个全国标准化技术委员会。中国核学会是负责批准、制定、发布核材料相关团体标准的机构。国家能源局是能源领域（电力行业）标准化行政主管单位。从标准的分布来看，我国的核电国家标准主要侧重于核电材料方面，主要包括铀芯测定、各类成分测定（如钒、氮、硼、钨等）、辐射防护测定、污染监测等。能源行业标准和电力行业标准主要侧重核电站建造方面设备要求标准等。团体标准主要侧重于核电金属材料相关标准。

6.2　对我国核电材料领域发展的建议

核电是我国能源和电力的重要组成部分，对优化能源整体布局、保障能源供应安全具有重要意义。安全、高效地发展核电是我国能源和电力发展战略的重要内容。我国需要正确评估和评判全球核电发展，建立多源能源转型发展体系，推动核电高质量发展。

核电作为我国替代能源之一，在 2060 年实现碳中和目标中发挥着重要作用。我国应重视核电相关技术储备、科研储备，以应对国际气候变化问题。

我国已开展较多核电关键材料的研究，但与美国等发达国家相比，在材料的密封性、安全性、可靠性等方面还存在一定差距，部分关键材料还受制于人。亟须完善核电材料科技创新体系和能力建设，加大基础性、原创性技术研发投入。亟须加强核电材料标准化人才队伍建设，广泛吸纳核电技术专家，引进国际高级专业技术人才。

我国需要考虑保障核电安全，强调自主创新。在政策扶持和科研支撑的基础上，我国核电建设取得了突破性进展，但还需要凝练总结核电工程技术经验、科研成果，提升核电标准的自主化程度。"华龙一号"的启动、运行具有示范效应，但我国核电装备的设计、运行安全评价规范等均采用美国和法国等国家的标准，相关标准化工作还略显落后，这限制了我国核电技术的进一步发展。目前，中国电力企业联合会、中国核学会主要由中国核工业集团有限公司主导，建议我国标准化机构加大科研力量的参与性，支持和鼓励一线科研人员参与标准化工作，提高标准的质量。

核电材料科研要与产业创新联动，产业发展要与"一带一路"倡议联动，建议把国际标准化工作与产业和技术优势相结合，统筹规划标准化工作，与相关国际标准组织、国家和地区开展核电标准化国际合作与交流，总结我国核电标准与国外先进核电标准的差异，提升我国核电标准国际影响力，助推核电产业"走出去"。

附　　录

附件 1　ASME 核电标准清单

序号	标准编号	标准名称	发布年份	标准委员会
1	ASME PTC 32.1（版本：1969）	Nuclear Steam Supply Systems（核蒸汽供应系统）	1969	核蒸汽供应系统性能测试规范标准委员会（PTC 32.1）
2	ASME N278.1（版本：1975）	Self-Operated and Power-Operated Safety-Related Valves Functional Specification Standard（与安全相关的自动和机动阀门　功能规范标准）	1975	美国国家标准委员会 N45
3	ASME N509（版本：1989）	Nuclear Power Plant Air-Cleaning Units and Components with Addenda［核电站空气净化设备和部件（增修版）］	1989	核空气和气体处理标准委员会（CONAGT）
4	ASME PTC 6（版本：2004，1996，1982）	Steam Turbines with Errata［蒸汽轮机（附勘误表）］	2004	汽轮机标准委员会（PTC 6）
5	ASME STP/NU-001（版本：2005）	Risk Initiatives in ASME Nuclear Codes and Standards（ASME 核规范和标准中的风险）	2005	核电站使用与维护标准委员会（O&M）
6	ASME V & V 10（版本：2006）	Guide for Verification and Validation in Computational Solid Mechanics（计算固体力学的验证和校准用指南）	2006	计算力学验证与校准委员会（PTC 60）
7	ASME RA-S（版本：2008）	Standard for Level 1 / Large Early Release Frequency Probabilistic Risk Assessment for Nuclear Power Plant Applications（核电站用 1 级/大型早期释放频率随机风险评估标准）	2008	JCNRM 风险应用子员会
8	ASME V & V 20（版本：2009）	Standard for Verification and Validation in Computational Fluid Dynamics and Heat Transfer（计算流体力学和热传递的测试与校准标准）	2009	计算流体力学和热传递的测试与校准标准委员会（V & V 20）
9	ASME PTC PM（版本：2010）	Performance Monitoring Guidelines for Power Plants（发电厂的性能监测指南）	2010	性能测试规范标准委员会（PTC PM）
10	ASME PTC 6.2（版本：2011）	Steam Turbines in Combined Cycles（联合循环蒸汽轮机）	2011	性能测试规范标准委员会（PTC 6.2）

续表

序号	标准编号	标准名称	发布年份	标准委员会
11	ASME V & V 10.1（版本：2012）	An Illustration of the Concepts of Verification and Validation in Computational Solid Mechanics（计算固体力学的测试与校准标准用指南）	2012	计算固体力学的测试与校准标准委员会（V & V 10）
12	ASME TDP-2（版本：2012）	Prevention of Water Damage to Steam Turbines Used for Electric Power Generation：Nuclear-Fueled Plants（发电用蒸汽轮机防水损坏：核燃料发电站）	2012	涡轮机防水损坏委员会（TWDP）
13	ASME RA-S-1.4（版本：2013）	Probabilistic Risk Assessment Standard for Advanced Non-LWR Nuclear Power Plants［Standard for Trial Use］［先进非轻水反应堆核电站概率风险评估标准（试用标准）］	2013	JCNRM 风险应用子委员会
14	ASME RA-S-1.2（版本：2014）	Severe Accident Progression and Radiological Release（Level 2）PRA Standard for Nuclear Power Plant Applications for Light Water Reactors（LWRs）［轻水反应堆核电站用重大事故进展和放射性泄露（2级）随机风险评估标准］	2014	JCNRM 风险应用子委员会
15	ASME NOG-1（版本：2015，2010，2004）	Rules for Construction of Overhead and Gantry Cranes（Top Running Bridge，Multiple Girder）［桥式和门式起重机（支承桥和多横梁）的制造规则］	2015/2010/2004	桥式和门式起重机（支承桥和多横梁）委员会（NOG）
16	ASME ANDE-1（版本：2015）	ASME Nondestructive Examination and Quality Control Central Qualification and Certification Program［ASME 无损检测人员和质量控制技术人员认证项目］	2015	ASME 无损检测委员会（ANDE）
17	ASME BPVC-Ⅲ NH（版本：2015，2013）	BPVC Section Ⅲ-Rules for Construction of Nuclear Facility Components-Division 1-Subsection NH-Class 1 Components in Elevated Temperature Service（BPVC 第Ⅲ卷 核设施部件建造规则 第1册 分卷 NH-1 级耐高温部件）	2015/2013	BPVC 核设施部件建设委员会
18	ASME PVHO-1（版本：2016，2012，2007）	Safety Standard for Pressure Vessels for Human Occupancy（载人压力容器的安全标准）	2016/2012/2007	载人压力容器委员会（PVHO）
19	ASME PTC 46（版本：2015，1996）	Overall Plant Performance（设备综合性能）	2015/1996	性能测试规范标准委员会（PTC 46）
20	ASME QAI-1（版本：2018，2016，2010，2005，2003）	Qualifications for Authorized Inspection（授权检验认证）	2018/2016/2010/2005/2003	授权检验认证委员会（QAI）

续表

序号	标准编号	标准名称	发布年份	标准委员会
21	ASME NUM-1（版本：2016，2009）	Rules for Construction of Cranes, Monorails, and Hoists (with Bridge or Trolley or Hoist of the Underhung Type) [起重机、单轨吊车和提升机的制造规则（带有悬桥或悬挂式吊车或悬挂式提升机）]	2016/2009	核电悬挂式提升机与单轨吊车委员会（NUM）
22	ASME HRT-1（版本：2016）	Rules for Hoisting, Rigging, and Transporting Equipment for Nuclear Facilities （核设备的升降、安装、运输设备规则）	2016	升降、安装、运输设备委员会（HRT）
23	ASME NQA-1（版本：2017，2015，2012）	Quality Assurance Requirements for Nuclear Facility Applications （核设施质保要求）	2017/2015/2012	核设施质量保证标准委员会（NQA）
24	ASME BPVC-Ⅶ（版本：2019，2017）	BPVC Section Ⅶ-Recommended Guidelines for the Care of Power Boilers （BPVC第Ⅶ卷 动力锅炉维护推荐指南）	2019/2017	锅炉与压力容器委员会（BPVC）
25	ASME BPVC-Ⅲ NCA（版本：2019，2017，2015，2013）	BPVC Section Ⅲ-Rules for Constructions of Nuclear Facility Components-Subsection NCA-General Requirements for Division 1 and Division 2 （BPVC第Ⅲ卷 核设施部件建造规则 分册NCA 第1册和第2册总要求）	2019/2017/2015/2013	BPVC核设施部件建设委员会
26	ASME BPVC-Ⅲ APP（版本：2019，2017，2015，2013）	BPVC Section Ⅲ-Rules for Construction of Nuclear Facility Components-Division 1-Appendices （BPVC第Ⅲ卷 核设施部件建造规则 第1册 附录）	2019/2017/2015/2013	BPVC核设施部件建设委员会
27	ASME BPVC-Ⅲ NC（版本：2019，2017，2015，2013）	BPVC Section Ⅲ-Rules for Construction of Nuclear Facility Components-Division 1-Subsection NC-Class 2 Component （BPVC第Ⅲ卷 核设施部件建造规则 第1册 分卷NC 2级部件）	2019/2017/2015/2013	BPVC核设施部件建设委员会
28	ASME BPVC-Ⅲ NB（版本：2019，2017，2015，2013）	BPVC Section Ⅲ-Rules for Construction of Nuclear Facility Components-Division 1-Subsection NB-Class 1 Components （BPVC第Ⅲ卷 核设施部件建造规则 第1册 分卷NB 1级部件）	2019/2017/2015/2013	BPVC核设施部件建设委员会
29	ASME BPVC-Ⅲ ND（版本：2019，2017，2015，2013）	BPVC Section Ⅲ-Rules for Constructions of Nuclear Facility Components-Division 1-Subsection ND-Class 3 Components （BPVC第Ⅲ卷 核设施部件建造规则 第1册 分卷ND 3级部件）	2019/2017/2015/2013	BPVC核设施部件建设委员会

续表

序号	标准编号	标准名称	发布年份	标准委员会
30	ASME BPVC-Ⅲ NF（版本：2019，2017，2015，2013）	BPVC Section Ⅲ-Rules for Construction of Nuclear Facility Components-Division 1-Subsection NF-Supports（BPVC第Ⅲ卷 核设施部件建造规则 第1册 分卷NF 支撑件）	2019/2017/2015/2013	BPVC核设施部件建设委员会
31	ASME PCC-3（版本：2017，2007）	Inspection Planning Using Risk-Based Methods（用基于风险法的检验计划）	2017/2007	后建造委员会（PCC）
32	ASME BPVC-XI（版本：2019，2017，2015，2013）	BPVC Section XI-Rules for Inservice Inspection of Nuclear Power Plant Components（BPVC第XI卷 核电站部件在役检验规则）	2019/2017/2015/2013	在役核电检查委员会
33	ASME BPVC-Ⅲ NE（版本：2019，2017，2015，2013）	BPVC Section Ⅲ-Rules for Construction of Nuclear Facility Components-Division 1-Subsection NE-Class MC Components（BPVC第Ⅲ卷 核设施部件建造规则 第1册 分卷NE MC级部件）	2019/2017/2015/2013	BPVC核设施部件建设委员会
34	ASME BPVC-Ⅲ NG（版本：2019，2017，2015，2013）	BPVC Section Ⅲ-Rules for Construction of Nuclear Facility Components-Division 1-Subsection NG-Core Support Structures（BPVC第Ⅲ卷 核设施部件建造规则 第1册 分卷NG 堆芯支撑结构）	2019/2017/2015/2013	BPVC核设施部件建设委员会
35	ASME BPVC-Ⅲ-2（版本：2019，2017，2015，2013）	BPVC Section Ⅲ-Rules for Construction of Nuclear Facility Components-Division 2-Code for Concrete Containments（BPVC第Ⅲ卷 核设施部件建造规则 第2册 混凝土反应堆安全壳规范）	2019/2017/2015/2013	BPVC核设施部件建设委员会
36	ASME BPVC-CC-NUC（版本：2019，2017，2015，2013）	BPVC Code Cases：Nuclear Components（BPVC规范案例：核部件）	2019/2017/2015/2013	BPVC核设施部件建设委员会
37	ASME N511（版本：2017，2007）	In-Service Testing of Nuclear Air Treatment, Heating, Ventilating, and Air-Conditioning Systems（核电站空气处理、加热、通风和空调系统使用中的测试）	2017/2007	核空气和气体处理标准委员会（CONAGT）
38	ASME OM（版本：2017，2015，2012）	Operation and Maintenance of Nuclear Power Plants（核电站的运行与维护）	2017/2015/2012	运行与维护委员会（OM）
39	ASME QME-1（版本：2017，2012，2007，2002）	Qualification of Active Mechanical Equipment Used in Nuclear Facilities（核电站现用机械设备的合格鉴定）	2017/2012/2007/2002	核设施用机械设备鉴定标准委员会（QME）

续表

序号	标准编号	标准名称	发布年份	标准委员会
40	ASME BPVC-Ⅲ-3（版本：2019，2017，2015，2013）	BPVC Section Ⅲ-Rules for Construction of Nuclear Facility Components-Divison 3-Containment Systems & Transport Packagings for Spent Nuclear Fuel & High Level Radioactive Waste（BPVC第Ⅲ卷 核设施部件建造规则 第3册 乏核燃料和高位放射性材料和废料的储存与运输包装用安全容器系统）	2019/2017/2015/2013	BPVC核设施部件建设委员会
41	ASME BPVC-Ⅲ-5（版本：2019，2017，2015，2013）	BPVC Section Ⅲ-Rules for Construction of Nuclear Facility Components-Division 5-High Temperature Reactors（BPVC第Ⅲ卷 核设施部件建造规则 第5册 高温反应堆）	2019/2017/2015/2013	BPVC核设施部件建设委员会
42	ASME RA-S-1.3（版本：2017）	Standard for Radiological Accident Offsite Consequence Analysis (Level 3 PRA) to Support Nuclear Installation Applications［支持核电站安装应用的放射性事故后果分析（3级PRA）标准］	2017	ASME/ANS核电风险管理联合委员会（JC-NRM）
43	ASME AG-1（版本：2017，2015，2012）	Code on Nuclear Air and Gas Treatment（核空气和气体处理规范）	2017/2015/2012	核空气和气体处理标准委员会（CONAGT）
44	ASME BPVC-Ⅺ-1（版本：2019）	BPVC Section Ⅺ-Rules for Inservice Inspection of Nuclear Power Plant Components, Division 1, Rules for Inspection and Testing of Components of Light-Water-Cooled Plants（BPVC第Ⅺ卷 核电站部件在役检验规则 第1册 轻水冷却反应堆部件检验和测试准则）	2019	在役核电检查委员会
45	ASME BPVC-Ⅺ-2（版本：2019）	BPVC Section Ⅺ-Rules for Inservice Inspection of Nuclear Power Plant Components, Division 2, Requirements for Reliability and Integrity Management (RIM) Programs for Nuclear Power Plants（BPVC第Ⅺ卷 核电站部件在役检验规则 第2册 核电站可靠性和完整性管理项目要求）	2019	在役核电检查委员会

附件2 ANS核电标准清单

序号	标准编号	标准名称	发布日期	参与机构	分委员会	主要内容
1	ANS-8.20-1991 (R2015)	Nuclear Criticality Safety Training	1991年5月20日	ANS-8.20	反应堆外部可裂变材料分委员会	该标准为反应堆外部操作人员提供核临界安全培训标准
2	ANS-3.3-1988 [Withdrawn]	Security for Nuclear Power Plants	1988年1月1日	ANS-3.3	反应堆外部可裂变材料分委员会	该标准为核电站不受放射性破坏行为的影响而制定的安全计划提供标准
3	ANS-8.15-2014 (R2019)	Nuclear Criticality Safety Control of Selected Actinide Nuclides	2014年10月10日	ANS-8.15	反应堆外部可裂变材料分委员会	该标准适用于多种特定核素,针对独立单元提供亚临界质量限制,且不适用于交互单元
4	ANS-8.19-2014 (R2019)	Administrative Practice for Nuclear Criticality Safety	2014年7月28日	ANS-8.19	反应堆外部可裂变材料分委员会	该标准为核反应堆外部的裂变材料提供标准的核临界安全管理程序
5	ANS-6.4-2006 (R2016)	Nuclear Analysis and Design of Concrete Radiation Shielding for Nuclear Power Plants	2006年9月29日	ANS-6.4	屏蔽(旧称ANS-6)分委员会	该标准包含计算核电站辐射屏蔽效果所需混凝土厚度的方法和数据
6	ANS-2.2-2016	Earthquake Instrumentation Criteria for Nuclear Power Plants	2016年10月1日	ANS-2.2	选址:地震分委员会	该标准规定陆地核电站所需的地震仪器
7	ANS-2.23-2016	Nuclear Plant Response to an Earthquake	2016年4月7日	ANS-2.23	选址:地震分委员会	该标准描述核电站人员应对地震应采取的行动
8	ANS-8.1-2014 (R2018)	Nuclear Criticality Safety in Operations with Fissionable Materials Outside Reactors	2014年4月15日	ANS-8.1	反应堆外部可裂变材料分委员会	该标准适用于核反应堆外部可裂变材料的基本操作标准
9	ANS-8.24-2017	Validation of Neutron Transport Methods for Nuclear Criticality Safety	2017年12月12日	ANS-8.24	反应堆外部可裂变材料分委员会	该标准提供验证中子输运方程的方法,包括用于确定核临界安全分析的亚临界条件等
10	ANS-3.11-2015	Determining Meteorological Information at Nuclear Facilities	2015年8月20日	ANS-3.11	选址:大气分委员会	该标准提供在商业核电站、美国能源部/国家核安全局核设施及其他国际设施中收集、组装、处理、存储和传播气象信息的标准

续表

序号	标准编号	标准名称	发布日期	参与机构	分委员会	主要内容
11	ANS-58.3-1992 (R2018) [Withdrawn]	Physical Protection for Nuclear Safety-Related Systems and Components	1992年8月6日	ANS-58.3	—	该标准为使用轻水反应堆的核电站的安全系统和部件提供物理保护标准
12	ANS-8.23-2007 (R2012)	Nuclear Criticality Accident Emergency Planning and Response	2007年3月23日	ANS-8.23	反应堆外部可裂变材料分委员会	该标准讨论在核反应堆外部发生核事故的应急响应期间,如何将人员风险降到最低
13	ANS-8.22-1997 (R2016)	Nuclear Criticality Safety Based on Limiting and Controlling Moderators	1997年10月31日	ANS-8.22	反应堆外部可裂变材料分委员会	该标准适用于限制和控制慢化剂,使在慢化剂影响下的裂变材料控制在安全临界内
14	ANS-59.3-1992 (R2002) [Withdrawn]	Nuclear Safety Criteria for Control Air Systems	1992年1月1日	ANS-59.3	—	该标准为控制空气系统提供标准
15	ANS-3.1-2014	Selection, Qualification and Training of Personnel for Nuclear Power Plants	2014年11月20日	ANS-3.1	模拟器、仪器仪表、控制系统、软件和测试分委员会	该标准为核电站工作人员的选择、资格评定和培训提供标准
16	ANS-58.4-1979 [Withdrawn]	Criteria for Technical Specifications for Nuclear Power Stations	1979年1月1日	ANS-58.4	—	该标准适用于核电站相关法规、生产设施许可、技术规范编制的制定
17	ANS-58.16-2014	Safety Categorization and Design Criteria for Nonreactor Nuclear Facilities	2014年9月9日	ANS-58.16	无,只有NRNF-CC	该标准规定SSCs和SACs进行分类的制定
18	ANS-5.10-1998 (R2013)	Airborne Release Fractions at Non-Reactor Nuclear Facilities	1998年5月11日	ANS-5.1	屏蔽(旧称ANS-6)分委员会	该标准提供在非反应堆核设施事故的情况下,放射性材料的空气释放分数(ARFs)的标准
19	ANS-19.1-2019	Nuclear Data Sets for Reactor Design Calculations	2019年7月1日	ANS-19.1	反应堆物理学(旧称ANS-19)分委员会	该标准为反应堆设计计算中使用的核数据提供标准
20	ANS-2.9-1980 (R1989) [Withdrawn]	Evaluation of Ground Water Supply for Nuclear Power Sites	1980年1月1日	ANS-2.9	—	该标准提出确定核电站供应的地下水可用的准则

续表

序号	标准编号	标准名称	发布日期	参与机构	分委员会	主要内容
21	ANS-2.13-1979 (R1988) [Withdrawn]	Evaluation of Surface-Water Supplies for Nuclear Power Sites	1979年1月1日	ANS-2.13	—	该标准提出确定使核电站正常工作的地表水供应的标准,及低流量和低水平对核电站供水系统运行的影响
22	ANS-3.5-2009	Nuclear Power Plant Simulators for Use in Operator Training and Examination	2009年9月4日	ANS-3.5	模拟器、仪器仪表、控制系统、软件和测试分委员会	该标准规定用于操作人员培训和考核的全范围核电站控制室模拟器的功能要求
23	ANS-58.8-2019	Time Response Criteria for Manual Actions at Nuclear Power Plants	2019年8月8日	ANS-58.8	—	该标准建立识别、计算、验证、跟踪和记录核电站手动操作时间要求的方法与标准
24	ANS-2.26-2004 (R2017)	Categorization of Nuclear Facility Structures, Systems, and Components for Seismic Design	2004年12月2日	ANS-2.26	选址:地震分委员会	该标准为核设施结构、系统和部件(SSCs)选择抗震设计种类(SDC)以保证地震发生时核电站的安全
25	ANS-8.21-1995 (R2019)	Use of Fixed Neutron Absorbers in Nuclear Facilities Outside Reactors	1995年6月12日	ANS-8.21	反应堆外部可裂变材料分委员会	该标准为将固定中子吸收器作为反应堆外部可裂变材料加工设备的组成部分提供指导,此类吸收器提供临界安全控制
26	ANS-8.7-1998 (R2017)	Guide for Nuclear Critically Safety in the Storage of Fissile Materials	1998年12月2日	ANS-8.7	反应堆外部可裂变材料分委员会	该标准适用于裂变材料的储存
27	ANS-8.14-2004 (R2016)	Use of Soluble Neutron Absorbers in Nuclear Facilities Outside Reactors	2004年5月25日	ANS-8.14	反应堆外部可裂变材料分委员会	该标准规定使用可溶性中子吸收剂进行临界控制提供标准。包括:中子吸收器的选择、系统设计和修改、安全性评估和质量控制程序等
28	ANS-2.27-2008 (R2016)	Criteria for Investigations of Nuclear Facility Sites for Seismic Hazard Assessments	2008年7月31日	ANS-2.27	选址:地震分委员会	该标准为开展地质、地震和岩土技术调查提供标准
29	ANS-2.17-2010 (R2016)	Evaluation of Subsurface Radionuclide Transport at Commercial Nuclear Power Plants	2010年12月23日	ANS-2.17	选址:水文地质分委员会	该标准规定商业核电站放射性核素释放异常所导致问题的应对方法

续表

序号	标准编号	标准名称	发布日期	参与机构	分委员会	主要内容
30	ANS-51.1-1983 (R1988) [Withdrawn]	Nuclear Safety Criteria for the Design of Stationary Pressurized Water Reactor Plants	1983年1月1日	ANS-51.1	—	该标准规定固定压水堆(PWR)电站的结构、系统和部件的核安全标准与功能设计要求
31	ANS-53.1-2011 (R2016)	Nuclear Safety Design Process for Modular Helium-Cooled Reactor Plants	2011年12月21日	ANS-53.1	提前计划分委员会	该标准提供核电站建立顶级安全标准的过程、安全功能、设计标准、结构与部件标准等
32	ANS-19.3.4-2002 (R2017)	The Determination of Thermal Energy Deposition Rates in Nuclear Reactors	2002年3月20日	ANS-19.3.4	反应堆物理学(旧称ANS-19)分委员会	该标准提供不同类型的核反应堆能量产生和沉积速率的标准
33	ANS-59.1-1986 [Withdrawn]	Cooling Water Systems for Light Water Reactors, Nuclear Safety Related	1986年1月1日	ANS-59.1	—	该标准提出轻水反应堆(LWR)核安全相关的冷却水系统(NSRCWS)的要求
34	ANS-2.11-1978 (R1989) [Withdrawn]	Guidelines for Evaluating Site-Related Geotechnical Parameters at Nuclear Power Sites	1978年1月1日	ANS-2.11	—	该标准提出评估核电站场址相关岩土参数的准则
35	ANS-15.19-1991 [Withdrawn]	Shipment and Receipt of Special Nuclear Material by Research Reactor Facilities	1991年1月1日	ANS-15.19	—	该标准为反应堆的燃料和其他特制核材料的运输、接收与储存提供必要标准
36	ANS-10.4-2008 (R2016)	Verification and Validation of Non-Safety-Related Scientific and Engineering Computer Programs for the Nuclear Industry	2008年10月28日	ANS-10.4	数学与计算(旧称ANS-10)分委员会	该标准为核工业开发中与安全性无关的科学工程计算机程序的验证和确认(V&V)提供指导
37	ANS-3.2-2012 (R2017)	Managerial, Administrative, and Quality Assurance Controls for the Operational Phase of Nuclear Power Plants	2012年3月20日	ANS-3.2	模拟器、仪表、控制系统、软件和测试分委员会	该标准为管理控制与质量保证计划提供要求和建议,以确保与核电站运营相关的活动不危害公众健康和安全
38	ANS-2.3-2011 (R2016)	Estimating Tornado, Hurricane, and Extreme Straight Line Wind Characteristics at Nuclear Facility Sites	2011年4月22日	ANS-2.3	选址:大气分委员会	该标准评估发生在美国本土核设施现场的罕见气象事件(如龙卷风、飓风和极端直线风)相关的频率和参数

续表

序号	标准编号	标准名称	发布日期	参与机构	分委员会	主要内容
39	ANS-52.1-1983 (R1988) [Withdrawn]	Nuclear Safety Criteria for the Design of Stationary Boiling Water Reactor Plants	1983年1月1日	ANS-52.1	—	该标准规定固定沸水反应堆（BWR）电站的结构、系统和部件的核安全标准和功能设计要求
40	ANS-57.2-1983 [Withdrawn]	Design Requirements for Light Water Reactor Spent Fuel Storage Facilities at Nuclear Power Plants	1983年1月1日	ANS-57.2	—	该标准提出核电站设计用于储存和准备从轻水慢化及冷却的核电站运送乏燃料的设施设计要求
41	ANS-6.6.1-2015	Calculation and Measurement of Direct and Scattered Gamma Radiation from LWR Nuclear Power Plants	2015年8月21日	ANS-6.6.1	屏蔽（旧称ANS-6）分委员会	该标准讨论用于估算由现场封闭源或散射伽马射线引起的轻水反应堆（LWR）核电站附近的各项指标测量和计算要求
42	ANS-8.12-1987 (R2016)	Nuclear Criticality Control and Safety of Plutonium-Uranium Fuel Mixtures Outside Reactors	1987年9月11日	ANS-8.12	反应堆外部可裂变材料分委员会	该标准适用于反应堆外部使用钚铀氧化物燃料混合物的操作
43	ANS-8.10-2015	Criteria for Nuclear Criticality Safety Controls in Operations With Shielding and Confinement	2015年2月12日	ANS-8.1	反应堆外部可裂变材料分委员会	该标准适用于^{235}U、^{233}U、^{239}Pu等可裂变材料的核及堆外部操作，提供屏蔽和密闭措施，以保护工作人员和公众
44	ANS-3.4-2013	Medical Certification and Monitoring of Personnel Requiring Operator Licenses for Nuclear Power Plants	2013年4月29日	ANS-3.4	模拟器、仪器仪表、控制系统、软件和测试分委员会	该标准规定核电站反应堆操作人员和高级操作人员的身心健康要求
45	ANS-2.10-2017	Criteria for Retrieval, Processing, Handling, and Storage of Records from Nuclear Facility Seismic Instrumentation	2017年12月19日	ANS-2.1	选址：地震分委员会	该标准为核电站、非动力核设施地震模拟、数字地震仪等的数据检索、处理及存储提供标准
46	ANS-19.4-2017	A Guide for Acquisition and Documentation of Reference Power Reactor Physics Measurements for Nuclear Analysis Verification	2017年9月22日	ANS-19.4	反应堆物理学（旧称ANS-19）分委员会	该标准规定轻水动力反应堆中反应堆几何形状、反应性和操作参数的测量值

续表

序号	标准编号	标准名称	发布日期	参与机构	分委员会	主要内容
47	ANS-2.6-2018	Guidelines for Estimating Present & Projecting Future Population Distributions Surrounding Nuclear Facility Sites	2018年3月16日	ANS-2.6	常规与监控分委员会	该标准为估计和预测核设施周围人口分布的程序提供参考
48	ANS-10.8-2015	Non-Real-Time, High-Integrity Software for the Nuclear Industry-User Requirements	2015年11月19日	ANS-10.8	数学与计算（旧称 ANS-10）分委员会	该标准规定核工业中用于设计和分析非实时、高完整性软件使用的最低要求
49	ANS-2.30-2015	Criteria for Assessing Tectonic Surface Fault Rupture and Deformation at Nuclear Facilities	2015年5月26日	ANS-2.3	选址：地震分委员会	该标准为评估核设施因构造断层破裂和变形引起的永久地面变形（PGD）危害提供标准与指南
50	ANS-2.15-2013（R2017）	Criteria for Modeling and Calculating Atmospheric Dispersion of Routine Radiological Releases from Nuclear Facilities	2013年2月27日	ANS-2.15	选址：大气分委员会	该标准建立评估设施场地边界处常规释放放射性气体对大气影响的标准
51	ANS-HPSSC-6.8.1-1981[Withdrawn]	Location and Design Criteria for Area Radiation Monitoring Systems for Light Water Nuclear Reactors	1981年5月21日	ANS/HPSSC-6.8	—	该标准为轻水反应堆中固定连续区域伽马辐射监测仪器的位置设置提供标准
52	ANS-3.7.1-1995[Withdrawn]	Facilities and Medical Care for On-Site Nuclear Power Plant Radiological Emergencies	1995年1月1日	ANS-3.7.1	—	该标准为急救和对过度暴露于穿透性辐射现场人员提供初步医疗护理标准
53	ANS-10.7-2013（R2018）	Non-Real-Time, High-Integrity Software for the Nuclear Industry-Developer Requirements	2013年3月18日	ANS-10.7	数学与计算（旧称 ANS-10）分委员会	该标准规定满足核工业使用要求的高完整性软件质量标准
54	ANS-IEEE-7.4.3.2-1982[Withdrawn]	Standard Criteria for Digital Computers in Safety Systems of Nuclear Power Generating Stations	1982年7月6日	ANS-4.3.2/IEEE SC-6.4	—	该标准为核电站安全系统中建立数字计算机系统应用提供标准
55	ANS-3.8.6-1995	Criteria for the Conduct of Offsite Radiological Assessment for Emergency Response for Nuclear Power Plants	1995年1月1日	ANS-3.8.6	—	该标准描述剂量评估的目的，并提供为公众制定保护行动建议时使用的剂量评估标准

续表

序号	标准编号	标准名称	发布日期	参写机构	分委员会	主要内容
56	ANS-8.9-1987(R1995)[Withdrawn]	Nuclear Criticality Safety Criteria for Steel-Pipe Intersections Containing Aqueous Solutions of Fissile Materials	1987年1月1日	ANS-8.9	—	该标准仅适用于在管道几何形状相交处含有^{235}U同位素的硝酸铀酰的均相水溶液的存储和处理
57	ANS-54.1-1989[Withdrawn]	General Safety Design Criteria for a Liquid Metal Reactor Nuclear Power Plant	1989年1月1日	ANS-54.1	—	该标准提供液态金属反应堆(LMR)的最低安全要求标准
58	ANS-58.2-1988[Withdrawn]	Design Basis for Protection of Light Water Nuclear Power Plants Against the Effects of Postulated Pipe Rupture	1988年1月1日	ANS-58.2	—	该标准构建保护轻水反应堆核电站免受管道破裂影响的基础设计标准
59	ASME-/ANS RA-S-1.4-2013	Probabilistic Risk Assessment Standard for Advanced Non-LWR Nuclear Power Plants	2013年12月9日		标准制定分委员会(SC-SD)	该标准规定非轻水反应堆(LWR)核电站的风险概率评估(PRA)要求
60	ANS-6.1.2-2013(R2018)	Group-Averaged Neutron and Gamma-Ray Cross Sections for Radiation Protection and Shielding Calculations for Nuclear Power Plants	2013年	ANS-6.1.2	屏蔽(旧称ANS-6)分委员会	该标准规定核电站辐射防护和屏蔽计算中的能量范围、材料的组平均中子与伽马射线截面数据
61	ASME-/ANS RA-S-1.2-2014	Severe Accident Progression and Radiological Release(Level 2) PRA Stancard for Nuclear Power Plant Applications for Light Water Reactors(LWRs)	2015年1月5日		标准制定分委员会(SC-SD)	该标准仅限于分析严重事故的发展过程,从发生核损害到向环境释放放射性核素,到最终确定停止向外部释放核素
62	ASME-/ANS RA-S-1.3-2017	Standard for Radiological Accident Offsite Consequence Analysis(Level 3 PRA) to Support Nuclear Installation Applications	2017年7月13日		标准制定分委员会(SC-SD)	该标准规定用于支持商业核电站风险知情决策的PRA
63	ANS-57.1-1992(R2015)	Design Requirements for Light Water Reactor Fuel Handling Systems	1992年7月28日	ANS-57.1	新旧燃料(仅供设计)分委员会	该标准规定轻水反应堆核电站燃料处理系统的必要功能
64	ANS-2.29-2008(R2016)	Probabilistic Seismic Hazard Analysis	2008年7月31日	ANS-2.29	选址:地震分委员会	该标准为设计和建造核设施提供地震概率危险分析(PSHA)的标准

续表

序号	标准编号	标准名称	发布日期	参与机构	分委员会	主要内容
65	ANS-5.1-2014 (R2019)	Decay Heat Power in Light Water Reactors	2014年11月4日	ANS-5.1	反应堆物理学（旧称 ANS-19）分委员会	该标准列出在使用 ^{235}U 和 ^{238}U 核燃料的轻水反应堆（LWRs）关闭后，裂变产物和锕系元素的衰变热功率值
66	ANS-8.17-2004 (R2019)	Criticality Safety Criteria for the Handling, Storage, and Transportation of LWR Fuel Outside Reactors	2004年11月3日	ANS-8.17	反应堆外部可裂变材料分委员会	该标准为处理、储存和运输轻水反应堆燃料棒与反应堆芯外部的装置提供核临界安全标准
67	ANS-8.3-1997 (R2017)	Criticality Accident Alarm System	1997年5月28日	ANS-8.3	反应堆外部可裂变材料分委员会	该标准适用于钚、^{233}U、^{235}U 浓缩铀和其他可裂变材料的所有操作
68	ANS-59.2-1985 [Withdrawn]	Safety Criteria for HVAC Systems Located Outside Primary Containment	1985年1月1日	ANS-59.2	—	该标准为位于轻水反应堆（LWR）核电站主反应堆安全壳外部的供暖、通风和空调（HVAC）系统设定标准
69	ANS-55.1-1992 (R2017)	Solid Radioactive Waste Processing System for Light-Water-Cooled Reactor Plants	1992年7月28日	ANS-55.1	高水平、GTCC、低水平和混合废物分委员会	该标准阐述轻水反应堆冷却反应堆固体放射性废物处理系统的设计、结构和性能要求
70	ANS-51.10-1991 (R2018)	Auxiliary Feedwater System for Pressurized Water Reactors	1991年5月10日	ANS-51.10	轻水反应堆及反应堆辅助系统设计分委员会	该标准规定与核安全有关的功能要求、性能要求、设计准则、测试及维修要求，及压水堆核电站辅助给水系统（AFS）与核安全有关部分的接口
71	ANS-18.1-2016	Radioactive Source Term for Normal Operation of Light Water Reactors	2016年11月1日	ANS-18.1	轻水反应堆及反应堆辅助系统设计分委员会	该标准提供一套放射性核素放射性浓度，用于估计轻水反应堆流体系统的放射性核素释放量
72	ANS-40.37-2009 (R2016)	Mobile Low-Level Radioactive Waste Processing Systems	2009年11月20日	ANS 40.37	高水平、GTCC、低水平和混合废物分委员会	该标准为经修订的《原子能法》所规定的产生低放射性废物的核设施的移动放射性废物处理（MRWP）系统（包括组件）提出设计、制造和性能建议及要求
73	ANS-57.3-2018	Design Requirements for New Fuel Storage Facilities at Light Water Reactor Plants	2018年3月20日	ANS 57.3	新旧燃料（仅供设计）分委员会	该标准定义轻水反应堆核电站新燃料干式存储设施的必要功能

续表

序号	标准编号	标准名称	发布日期	参与机构	分委员会	主要内容
74	ANS-58.8-1984 [Withdrawn]	Time Response Design Criteria for Safety Related Operator Actions	1984年9月14日	ANS 58.8	—	该标准规定适用于减少核安全有关的操作员行动的最小响应时间
75	ANS-2.21-2012 (R2016)	Criteria for Assessing Atmospheric Effects on the Ultimate Heat Sink	2012年6月5日	ANS 2.21	选址：大气分委员会	该标准描述在设计核动力装置安全系统的最终散热器时要考虑大气影响情况
76	ANS-2.8-1992 [Withdrawn]	Determining Design Basis Flooding at Power Reactor Sites	1992年1月1日	ANS 2.8	—	该标准提出动力反应堆现场与安全相关特性的标准
77	ANS-6.4.2-2006 (R2016)	Specification for Radiation Shielding Materials	2006年9月28日	ANS 6.4.2	屏蔽（旧称ANS-6）分委员会	该标准规定需要特殊报告的物理特性和核特性，以便作为选择辐射屏蔽材料的基础
78	ANS-58.14-2011 (R2017)	Safety and Pressure Integrity Classification Criteria for Light Water Reactors	2011年4月22日	ANS 58.14	轻水反应堆及反应堆辅助系统设计分委员会	该标准规定轻水反应堆核电站中的项目结构、系统、组件和零件的安全分类标准
79	ANS-58.9-1981 (R2015)	Single Failure Criteria for Light Water Reactor Safety-Related Fluid Systems	1981年2月17日	ANS 58.9	—	该标准为设计人员提供以下方面的要求：解释联邦法规第10章第50部分"生产和使用设施的许可，附录A"核电站的一般设计标准
80	ANS-6.4.3-1991 (R2015)	Gamma-Ray Attenuation Coefficients and Buildup Factors for Engineering Materials	1991年1月1日	ANS 6.4.3	—	该标准为发电厂和其他核设施结构计算中使用的选定工程材料提供伽马射线伽马元素衰减系数与单物质累积因子的评估标准
81	ANS-19.6.1-2011 (R2016)	Reload Startup Physics Tests for Pressurized Water Reactors	2011年1月13日	ANS 19.6.1	反应堆物理学（旧称ANS-19）分委员会	该标准适用于对压水堆（PWR）进行换料或其他堆芯改造后的反应堆物理试验
82	ANS-6.3.1-1987 (R2015)	Program for Testing Radiation Shields in Light Water Reactors	1987年7月24日	ANS 6.3.1	屏蔽（旧称ANS-6）分委员会	该标准描述用于评估包括预期运行事件在内的正常运行条件下核反应堆设施中的生物辐射屏蔽效果的测试程序
83	ANS-57.10-1996 (R2016)	Design Criteria for Consolidation of LWR Spent Fuel	1996年5月7日	ANS 57.10	新旧燃料（仅供设计）分委员会	该标准为在潮湿或干燥环境中合并轻水反应堆乏燃料的过程提供设计标准

续表

序号	标准编号	标准名称	发布日期	参与机构	分委员会	主要内容
84	ANS-59.51-1997 (R2015)	Fuel-Oil Systems for Emergency Diesel Generators	1997年10月23日	ANS 59.51	发电和电站支持系统分委员会	该标准为柴油发电机的燃油系统提供功能、性能和初始设计要求
85	ANS-19.5-1995 [Withdrawn]	Requirements for Reference Reactor Physics Measurements	1995年1月1日	ANS-19.5	—	该标准是为验证从次临界、临界和其他实验获得反应堆物理测量值的使用标准
86	ANS-40.35-1991 [Withdrawn]	Volume Reduction of Low-Level Radioactive Waste or Mixed Waste	1991年1月1日	ANS-40.35	—	该标准规定用于核和其他核设施的低水平放射性废物（LLRW）和混合废物（MW）减少体积（VR）处理系统的总体设计规范、采购与性能要求
87	ANS-58.21-2007 [Withdrawn]	External Events in PRA Methodology	2007年3月1日	ANS-58.21	—	该标准的目标是对外部事件进行概率风险评估，用于支持商业轻水反应堆核电站的风险决策
88	ANS-3.8.1-1995 [Withdrawn]	Criteria for Radiological Emergency Response Functions and Organizations	1995年1月1日	ANS-3.8.1	—	该标准为核电站的总体计划中的应急组织的建立提供标准
89	ANS-57.8-1995 (R2017)	Fuel Assembly Identification	1995年4月6日	ANS-57.8	新旧燃料（仅供设计）分委员会	该标准描述核电站所用燃料组件的唯一标识要求
90	ANS-59.52-1998 [Withdrawn]	Lubricating Oil Systems for Safety Related Emergency Diesel Generators	1998年10月23日	ANS-59.52	发电和电厂支持系统分委员会	该标准为柴油发电机的润滑油系统提供功能、性能和设计要求
91	ANS-58.23-2007 [Withdrawn]	Fire PRA Methodology	2007年11月20日	ANS-58.23	—	该标准规定用于在所有类型的核反应堆电站的火灾概率风险评估的要求
92	ANS-19.3-2011 (R2017)	Steady-state Neutronics Methods for Power Reactor Analysis	2011年8月26日	ANS-19.3	反应堆物理学（旧称 ANS-19）分委员会	该标准为商业轻水堆电站的核反应堆中预测反应速率、反应活性和同位素组成随时间的变化等提供标准
93	ANS-3.8.3-1995 [Withdrawn]	Criteria for Radiological Emergency Response Plans and Implementing Procedures	1995年1月1日	ANS-3.8.3	—	该标准为制定放射应急计划和必要的实施程序建立标准
94	ANS-3.8.7-1998 [Withdrawn]	Criteria for Planning, Development, Conduct, and Evaluation of Drills and Exercises for Emergency Preparedness	1998年1月1日	ANS-3.8.7	—	该标准建立用于支持核电站应急准备演习的计划和管理标准

续表

序号	标准编号	标准名称	发布日期	参写机构	分委员会	主要内容
95	ANS-2.19-1981 (R1990) [Withdrawn]	Guidelines for Establishing Site-Related Parameters for Site Selection and Design of an Independent Spent Fuel Storage Installation	1981年1月1日	ANS-2.19	—	该标准为独立的乏燃料存储装置（ISFSI）的选址和设计提供参数标准
96	ANS-19.11-2017	Calculation and Measurement of the Moderator Temperature Coefficient of Reactivity for Water Moderated Power Reactors	2017年04月11日	ANS 19.11	反应堆物理学（旧称 ANS-19）分委员会	该标准为确定 PWRs 中的 MTC 提供标准
97	ANS-8.5-1996 (R2017)	Use of Borosilicate-Glass Raschig Rings as a Neutron Absorber in Solutions of Fissile Material	1996年06月19日	ANS 8.5	反应堆外部可裂变材料分委员会	该标准适用于在含有 ^{235}U、^{239}Pu 或 ^{233}U 的溶液中使用硼硅玻璃拉西环作为中子吸收剂标准
98	ANS-8.6-1983 (R2017)	Safety in Conducting Subcritical Neutron-Multiplication Measurements in Situ	1983年05月16日	ANS 8.6	反应堆外部可裂变材料分委员会	该标准为进行亚临界中子倍增测量提供安全标准
99	ANS-8.26-2007 (R2016)	Criticality Safety Engineer Training and Qualification Program	2007年06月20日	ANS 8.26	反应堆外部可裂变材料分委员会	该标准为负责执行临界安全工程的技术人员提供培训和资格认定程序
100	ANS-10.2-2000 (R2009) (W2019) [Withdrawn]	Portability of Scientific and Engineering Software	2000年12月20日	ANS 10.2	—	该标准提供推荐算法的规范要求
101	ANS-10.5-2006 (R2016)	Accommodating User Needs in Computer Program Development	2006年4月17日	ANS 10.5	数学与计算（旧称 ANS-10）分委员会	该标准提出科学和工程的计算机应用软件标准
102	ANS-19.10-2009 (R2016)	Methods for Determining Neutron Fluence in BWR and PWR Pressure Vessel and Reactor Internals	2009年2月24日	ANS 19.10	反应堆物理学（旧称 ANS-19）分委员会	该标准提供评估堆芯和容器内表面之间，通过压力容器和反应堆底，顶部和底部之间的环形区域中快中子通量最佳值
103	ANS-8.27-2015	Burnup Credit for LWR Fuel	2015年11月10日	ANS 8.27	反应堆外部可裂变材料分委员会	该标准为计算乏燃料辐照和放射性衰变的反应性提供标准